U0314681

冶金专业教材和工具书经典传承国际传播工程

普通高等教育"十四五"规划教材

"十四五"国家重点
出版物出版规划项目 | 深部智能绿色采矿工程
金属矿深部绿色智能开采系列教材
冯夏庭　主编

# 深部工程地质学

## Deep Engineering Geology

李正伟　周扬一　主编

扫码看本书

数字资源

北 京

冶 金 工 业 出 版 社

2023

# 内 容 提 要

本书针对各类深部工程地质问题的产生条件、形成机制、发展演化规律、防治措施以及分类、评价方法，介绍了深部岩体地质与结构特征、深部工程地质环境、深部工程地质灾害及深部工程地质勘察技术等内容。本书适应当前人类工程向深部发展的趋势，力图为深部工程的安全施工与运营提供基础理论支撑，同时服务于深部工程地质理论体系的构建与深部工程地质人才的培养。

本书可作为采矿工程、地质工程、土木工程（岩土、地下与隧道工程方向）等专业本科生和研究生教材，也可供从事深部矿山、深部地下工程建设的工程技术人员、科研人员和管理人员阅读参考。

**图书在版编目（CIP）数据**

深部工程地质学/李正伟，周扬一主编 . —北京：冶金工业出版社，2023. 11

（深部智能绿色采矿工程/冯夏庭主编）

"十四五"国家重点出版物出版规划项目

ISBN 978-7-5024-9535-0

Ⅰ. ①深…　Ⅱ. ①李…　②周…　Ⅲ. ①工程地质—高等学校—教材
Ⅳ. ①P642

中国国家版本馆 CIP 数据核字（2023）第 110100 号

**深部工程地质学**

出版发行　冶金工业出版社　　　　　　　　　电　　话　（010）64027926
地　　址　北京市东城区嵩祝院北巷 39 号　　邮　　编　100009
网　　址　www. mip1953. com　　　　　　　电子信箱　service@ mip1953. com

责任编辑　刘小峰　刘思岐　美术编辑　彭子赫　版式设计　郑小利
责任校对　王永欣　责任印制　禹　蕊
三河市双峰印刷装订有限公司印刷
2023 年 11 月第 1 版，2023 年 11 月第 1 次印刷
787mm×1092mm　1/16；16 印张；383 千字；238 页
定价 49. 00 元

投稿电话　（010）64027932　投稿信箱　tougao@ cnmip. com. cn
营销中心电话　（010）64044283
冶金工业出版社天猫旗舰店　yjgycbs. tmall. com
（本书如有印装质量问题，本社营销中心负责退换）

# 冶金专业教材和工具书
# 经典传承国际传播工程
# 总　序

　　钢铁工业是国民经济的重要基础产业，为我国经济的持续快速增长和国防现代化建设提供了重要支撑，做出了卓越贡献。当前，新一轮科技革命和产业变革深入发展，中国经济已进入高质量发展新时代，中国钢铁工业也进入了高质量发展的新时代。

　　高质量发展关键在科技创新，科技创新离不开高素质人才。党的二十大报告指出："教育、科技、人才是全面建设社会主义现代化国家的基础性、战略性支撑。必须坚持科技是第一生产力、人才是第一资源、创新是第一动力，深入实施科教兴国战略、人才强国战略、创新驱动发展战略，开辟发展新领域新赛道，不断塑造发展新动能新优势。"加强人才队伍建设，培养和造就一大批高素质、高水平人才是钢铁行业未来发展的一项重要任务。

　　随着社会的发展和时代的进步，钢铁技术创新和产业变革的步伐也一直在加速，不断推出的新产品、新技术、新流程、新业态已经彻底改变了钢铁业的面貌。钢铁行业必须加强对科技进步、教育发展及人才成长的趋势研判、规律认识和需求把握，深化人才培养体制机制改革，进一步完善相应的条件支撑，持续增强"第一资源"的保障能力。中国钢铁工业协会《"十四五"钢铁行业人力资源规划指导意见》提出，要重视创新型、复合型人才培养，重视企业家培养，重视钢铁上下游复合型人才培养。同时要科学管理，丰富绩效体系，进一步优化人才成长环境，造就一支能够支撑未来钢铁行业高质量发展的人才队伍。

高素质人才来源于高水平的教育和培训，并在丰富多彩的创新实践中历练成长。以科技创新为第一动力的发展模式，需要科技人才保持知识的更新频率，站在钢铁发展新前沿去思考未来，系统性地将基础理论学习和应用实践学习体系相结合。要深入推进职普融通、产教融合、科教融汇，建立高等教育+职业教育+继续教育和培训一体化行业人才培养体制机制，及时把钢铁科技创新成果转化为钢铁从业人员的知识和技能。

一流的专业教材是高水平教育培训的基础，做好专业知识的传承传播是当代中国钢铁人的使命。20世纪80年代，冶金工业出版社在原冶金工业部的领导支持下，组织出版了一批优秀的专业教材和工具书，代表了当时冶金科技的水平，形成了比较完备的知识体系，成为一个时代的经典。但是由于多方面的原因，这些专业教材和工具书没能及时修订，导致内容陈旧，跟不上新时代的要求。反映钢铁科技最新进展和教育教学最新要求的新经典教材的缺失，已经成为当前钢铁专业人才培养最明显的短板和痛点。

为总结、提炼、传播最新冶金科技成果，完成行业知识传承传播的历史任务，推动钢铁强国、教育强国、人才强国建设，中国钢铁工业协会、中国金属学会、冶金工业出版社于2022年7月发起了"冶金专业教材和工具书经典传承国际传播工程"（简称"经典工程"），组织相关高校、钢铁企业、科研单位参加，计划用5年左右时间，分批次完成约300种教材和工具书的修订再版和新编，以及部分教材和工具书的对外翻译出版工作。2022年11月15日在东北大学召开了工程启动会，率先启动了高等教育和职业教育教材部分工作。

"经典工程"得到了东北大学、北京科技大学、河北工业职业技术大学、山东工业职业学院等高校，中国宝武钢铁集团有限公司、鞍钢集团有限公司、首钢集团有限公司、河钢集团有限公司、江苏沙钢集团有限公司、中信泰富特钢集团股份有限公司、湖南钢铁集团有限公司、包头钢铁（集团）有限责任公司、安阳钢铁集团有限责任公司、中国五矿集团公司、北京建龙重工集团有限公司、福建省三钢（集团）有限责任公司、陕西钢铁集团有限公司、酒泉钢铁（集团）有限责任公司、中冶赛迪集团有限公司、连平县昕隆实业有限公司等单位的大力支持和资助。在各冶金院校和相关钢铁企业积极参与支持下，工程相关工作正在稳步推进。

征程万里，重任千钧。做好专业科技图书的传承传播，正是钢铁行业落实习近平总书记给北京科技大学老教授回信的重要指示精神，培养更多钢筋铁骨高素质人才，铸就科技强国、制造强国钢铁脊梁的一项重要举措，既是我国钢铁产业国际化发展的内在要求，也有助于我国国际传播能力建设、打造文化软实力。

让我们以党的二十大精神为指引，以党的二十大精神为强大动力，善始善终，慎终如始，做好工程相关工作，完成行业知识传承传播的使命任务，支撑中国钢铁工业高质量发展，为世界钢铁工业发展做出应有的贡献。

中国钢铁工业协会党委书记、执行会长

2023 年 11 月

# 金属矿深部绿色智能开采系列教材

## 编 委 会

**主 编** 冯夏庭

**编 委** 王恩德 顾晓薇 李元辉

杨天鸿 车德福 陈宜华

黄 菲 徐 帅 杨成祥

赵兴东

# 金属矿深部绿色智能开采系列教材
## 序　言

　　新经济时代，采矿技术从机械化全面转向信息化、数字化和智能化；极大程度上降低采矿活动对生态环境的损害，恢复矿区生态功能是新时代对矿产资源开采的新要求；"四深"（深空、深海、深地、深蓝）战略领域的国家部署，使深部、绿色、智能采矿成为未来矿产资源开采的主趋势。

　　为了适应这一发展趋势对采矿专业人才知识结构提出的新要求，依据新工科人才培养理念与需求，系统梳理了采矿专业知识逻辑体系，从学生主体认知特点出发，构建以地质、测量、采矿、安全等相关学科为节点的关联化教材知识结构体系，并有机融入"课程思政"理念，注重培育工程伦理意识；吸纳地质、测量、采矿、岩石力学、矿山生态、资源综合利用等相关领域的理论知识与实践成果，形成凸显前沿性、交叉性与综合性的"金属矿深部绿色智能开采系列教材"，探索出适应现代化教育教学手段的数字化、新形态教材形式。

　　系列教材目前包括《金属矿山地质学》《深部工程地质学》《深部金属矿水文地质学》《智能矿山测绘技术》《金属矿床露天开采》《金属矿床深部绿色智能开采》《井巷工程》《智能金属矿山》《深部工程岩体灾害监测预警》《深部工程岩体力学》《矿井通风降温与除尘》《金属矿山生态-经济一体化设计与固废资源化利用》《金属矿共伴生资源利用》，共13个分册，涵盖地质与测量、采矿、选矿和安全4个专业、近10个相关研究领域，突出深部、绿色和智能采矿的最新发展趋势。

　　系列教材经过系统筹划，精细编写，形成了如下特色：以深部、绿色、智能为主线，建立力学、开采、智能技术三大类课群为核心的多学科深度交叉融合课程体系；紧跟技术前沿，将行业最新成果、技术与装备引入教材；融入课程思政理念，引导学生热爱专业、深耕专业，乐于奉献；拓展教材展示手段，采用全新数字化融媒体形式，将过去平面二维、静态、抽象的专业知识以三维、动态、立体再现，培养学生时空抽象能力。系列教材涵盖地质、测量、开采、智能、资源综合利用等全链条过程培养，将各分册教材的知识点进行梳理与整合，避免了知识体系的断档和冗余。

系列教材依托教育部新工科二期项目"采矿工程专业改造升级中的教材体系建设"（E-KYDZCH20201807）开展相关工作，有序推进，入选《出版业"十四五"时期发展规划》，得到东北大学教务处新工科建设和"四金一新"建设项目的支持，在此表示衷心的感谢。

主编　冯夏庭

2021 年 12 月

# 前　　言

　　向地球深部进军是我们必须解决的战略科技问题。随着国民经济的不断发展，资源开采与地下工程建设不断向地球深部发展。这样的趋势表现在金属与非金属矿山开发、交通隧道与水利水电隧洞建设、油气资源开采、深层地热资源开发、核废料深地质处置、深层$CO_2$地质封存等众多工程领域。

　　与浅部工程相比，深部工程的安全建设与运行面临更大的挑战。深部工程在岩体结构特征、地质环境条件、地质灾害孕育规律与致灾机理、勘察设计方法等方面存在较大差别。本书为适应当前人类工程向深部发展的趋势而组织撰写，力图为深部工程的安全施工与运营提供基础理论支撑，服务于深部工程地质理论体系的构建与深部工程地质人才的培养。

　　本书针对各类深部工程地质问题的产生条件、形成机制、发展演化规律、防治措施以及分类、评价方法，介绍以下内容：一是深部岩体地质与结构特征研究，包括深部岩体结构面的类型与级别、描述体系、调查方法、模拟技术等，深部岩体结构类型及其工程性质等。二是深部岩体工程地质环境研究，包括深部地应力、地下水、地温场的各自特点及其工程地质效应。三是深部岩体工程地质灾害研究，包括围岩内部破裂、片帮、大变形、塌方、岩爆、冲击地压、突水突泥、高温热害、活断层错动等。四是深部岩体工程地质勘察的理论和技术方法研究，包括勘察对象与方法，工程地质测绘、工程地质勘探的主要内容、程序、方法等。另外，还介绍了矿区、铁路隧道、水利水电等典型深部工程的勘察内容与要点。

　　本书由李正伟、周扬一主编。其中，绪论、第 1、2 章由李正伟编写；第3章由周扬一、李正伟编写；第4章由周扬一编写。

　　本书的编写是在中国工程院院士、东北大学校长冯夏庭教授的指导下完成的。同时，编写过程还得到了东北大学深部工程与智能技术研究院各位老师的支持和帮助。谨向他们致以衷心的感谢。

　　由于编者水平所限，书中不妥之处，恳请读者批评指正。

编　者

2022年11月于沈阳

# 目　　录

# 绪　　论

本章课件

## 0.1　深部开采与深部工程

随着我国国民经济的不断发展，资源开采与地下工程建设不断向地壳深部发展。据不完全统计，截至 2021 年，我国开采深度超过 1000m 金属矿山已达 16 座，深度超过 1000m 的金属、非金属矿山在建和拟建矿井达到 45 条。在交通隧道领域，川藏铁路巴玉隧道最大埋深 2080m，峨汉高速公路隧道最大埋深 1944m。水利水电隧洞领域，锦屏水电站引水隧洞最大埋深 2025m，引汉济渭输水隧洞最大埋深 2012m。中国锦屏地下实验室的最大埋深达 2400m。此外，深层地热资源开发、核废料深地质处置、深层油气资源开发、深层油气储存、深层 $CO_2$ 地质处置等工程的埋深也在不断增大。

与浅部工程相比，深部工程的安全建设与运行面临更大的挑战。如地质条件与赋存环境更为复杂，主要表现在高地应力、高流体压力、高地温等方面。深部工程活动带来的强烈扰动诱发系列深部工程地质灾害，如岩爆、大变形和大体积塌方、突涌水、高温热害、断层活化等。此外，随着深度增加，矿山、地热、油气等开采效率急剧下降。

深部工程地质学是研究深部特有的工程地质环境与人类深部工程活动之间相互关系的学科。当前，国内外研究者对深部工程中的地质与力学问题非常重视，但是在"深部""深部工程"等认识上存在较大差异，至今尚无公认的概念或划分标准。如地球科学领域的研究中，将深部理解为岩石圈之下的厚达 6200km 的地幔和地核。在地质工程（探矿）领域，将 10km 以深的地下视为深部。而在地热领域，将 3km 以深的地热资源视为深部地热资源。在采矿与岩体工程领域，深部的定义也存在不同的表述。如谢和平院士认为深部的概念，应该综合反映深部的应力水平、应力状态和围岩属性，深部不是深度，而是一种力学状态。何满潮院士认为与浅部岩体相比，深部岩体更突显出具有漫长地质历史背景、充满建造和改造历史遗留痕迹，并具有现代地质环境特点的复杂地质力学材料。冯夏庭院士将深部硬岩工程定义为埋深超过 1000m 或水平构造应力为主且大于 20MPa、岩块单轴饱和抗压强度大于 60MPa 的地下岩石工程。王明洋院士基于分区破裂机制，根据围岩的变形与破坏状态，界定浅部及深部工程活动为：浅部工程活动——坑道最大支撑压力区不破坏的深度；深部工程活动——坑道最大支撑压力区发生破坏的深度。

## 0.2　深部工程地质学的研究对象、研究内容和研究方法

深部工程地质学的研究对象为各类深部工程地质问题的产生条件、形成机制、发展演化规律、防治措施以及分类、评价方法。深部工程地质问题是指人类深部工程活动与深部地质环境之间相互作用所引起的、能对建筑物或地质环境造成危害的问题，这些问题是由

工程动力地质作用引起的。所谓工程动力地质作用包括自然地质作用，如断层错动等，也包括由人类工程活动引起的工程地质作用，如深部工程开挖、深部资源开采等。

深部工程地质研究的内容主要是深部工程所赋存的地质状况，包括地质体的物质组成、结构构造、动力变化、表面形态、分布规律与形成历史等。应当注意的是，即使是所谓的深部工程，仍然局限于地壳表层，该区域是各种内力作用和外力作用的集中场所，情况最为复杂，往往在很短的距离内工程地质条件就有截然的变化。因此，针对某一特定的工程而言，总是具有其特有的工程地质条件的，这是长时期地质历史发展的产物，有赖于人们去研究、认识。深部工程地质学的研究内容在性质上是属于地质学范畴的，所以深部工程地质学是地质学的一个分支，是由地质学孕育发展而来的。它是一门实用的地质学，服务于深部工程。

传统工程地质学的研究内容包括土体的工程地质性质研究，如土的物质组成、粒度成分、物理力学性质等。岩体工程地质力学研究，如结构面与结构体，及其物理力学属性。工程动力地质作用研究，如内外动力组合作用，如风化、崩滑流、岩溶、地震等。区域工程地质研究，如岩土体类型、地质构造等的区域性工程地质分布特征。工程地质勘察的理论和技术方法研究，如相关设备、方法、手段等。

深部工程地质学的研究内容可以归纳为深部岩体工程地质力学研究，如深部岩体工程地质环境下的结构面与结构体性质。深部工程动力地质作用的研究，如岩爆、大变形、大体积塌方、断层活化、突水突泥等各种深部工程地质灾害的研究。深部工程地质勘察的理论和技术方法研究，如各种适用于深部工程的新设备、新方法和新手段等。

深部工程地质学的研究方法可以分为地质方法、试验方法与计算方法。

地质方法：各种地质体、地质构造、地质现象以及地貌形态都是地质历史发展的产物，它们的特征都是一定的地质发展过程赋予的，而且随着所处条件的变化，还要继续发展变化。此外，任何地质现象都不是孤立的，而是与其他现象密切联系着的。因此，要研究深部岩体、地质构造或地质现象，要预测它们在深部工程兴建之后的变化，都不能脱离开自然历史条件，都必须应用自然历史分析法。例如评价地下工程的岩体稳定性时，必须抓住岩体结构，以此为研究基础，再加上相应的物理、力学测试和试验，以便认识工程岩体的本质。而岩体结构是长时期地质历史的产物，只有用地质力学的观点和方法，才能把岩体的结构体系的形成过程搞清楚，正确理解它们的配套组合。

试验方法：在任何深部工程地质勘察中都不能满足于仅仅采用地质方法，这只能做出区域性的和定性的评价。而生产实际还要求定量评价，要具体计算围岩变形量、储库渗漏量、地下工程围岩压力等，作为采取必要处理措施的依据，为此需要通过试验方法取得计算用的参数。例如，通过实验室试验或野外现场试验取得岩石的各种物理、水理和力学性质指标；通过勘探和地面量测取得软弱夹层的厚度及其在延伸方向上的变化；通过长期观测工作取得各种物理地质现象发展速度和发育程度的数据；通过模型或模拟试验取得有关数据或检验计算结果。

计算方法：在进行定量评价时，须根据用试验方法取得的有关数据，利用有关的理论计算公式进行计算。在论证工程地质问题时，通过计算方法，做出定量分析是重要的。但是，这并不是说通过地质方法进行定性分析是可以忽视的，脱离开定性分析，单纯追求定量分析，是不会得出正确结论的。只有在正确的定性评价的基础上，根据实际情况，搞清边界条件，用计算方法所得到的定量评价才是正确的。

深部工程地质学的基本任务是研究人类深部工程活动与深部地质环境之间的相互制约的主要形式和基本规律，以便科学评价、合理利用、有效改造和妥善保护地质环境的科学。有效地改造深部地质环境也是深部工程地质学所要面临的重要任务。深部工程地质工作的具体任务包括：为拟修建深部工程选择地质条件最优良的地点；阐明深部工程区的地质条件，指出有利的条件和不利的条件；解决与深部工程有关的工程地质问题，进行定性和定量评价，得出正确的结论；根据所选定地点的工程地质条件提出有关深部工程的类型、规模、结构及施工方法的合理建议及保证深部工程正常使用所应注意的地质要求；拟定改善和防治不良地质条件的措施方案。

## 0.3　深部工程地质学的发展历史与趋向

工程地质学是地质学与工程学相结合的边缘学科，是地质学的一个分支学科。20 世纪 50 年代以前，工程地质已成为一门独立的学科。受科学技术水平发展的限制，早期的研究方法主要以传统的地质学研究方法为主。

20 世纪 70 年代以来，随着现代工程建设规模日益增大以及科学技术的进步，学科发展才有明显的突破。（1）工程建设规模的不断增大——面临的问题日趋复杂，例如三峡工程、川藏铁路隧道等；（2）科学技术的进步——原来难以解决的问题可以得到较好的解决，例如计算机技术、遥感技术、计算机模拟技术等。

工程地质学在其发展的过程中曾形成不同的学术流派，（1）强调工程地质学是地质学的分支，注重地质基础问题。研究中的第一性地质资料比较扎实，但吸收工程学科的成就较迟缓。（2）从工程角度研究问题，注重定量分析。习惯于将复杂的地质问题用简单的数学、力学模型来代替，忽视了地质条件的复杂性，对地质学的发展观重视不够。国内：（1）从岩体力学的结构控制角度研究问题。强调岩体结构及力学属性对岩体变形破坏的控制作用。（2）地质过程的机制分析-定量评价。注重地质发展过程的定性分析与岩体力学定量评价相结合。

目前，随着人类工程活动不断向深部发展，深部工程地质学相关研究正受到越来越多的关注。本课程主要讲授深部岩体地质与结构特征、深部工程地质环境、深部岩体工程地质灾害，及深部岩体工程地质勘察技术等方面的内容。学生通过本课程的学习，掌握深部工程地质学的基础理论知识，认识到深部工程地质环境的特点及其对深部工程的影响机制，了解常见的深部岩体工程地质问题，熟悉深部岩体工程地质勘察方法。更重要的是，将上述知识灵活运用于深部工程建设所要解决的各类问题中，为解决深部工程的安全施工与运营奠定基础。

# 1　深部岩体地质与结构特征

本章课件

**本章提要**

　　本章主要讲授深部岩体的地质与结构特征，从岩石的物质组成与结构特征、岩体结构面特征、岩体结构面描述体系与调查方法、岩体结构面统计分析与网络模拟、岩体结构特征及结构控制理论等方面，介绍深部工程开展的载体。通过本章的学习，学生应重点掌握以下知识点：

　　（1）火成岩、沉积岩、变质岩的物质组成与结构特征。

　　（2）结晶联结与胶结联结的主要特点。

　　（3）岩体结构面的地质成因分类与力学成因分类。

　　（4）岩体结构面按照其规模进行分级的方法，及不同等级结构面的特征。

　　（5）岩体结构面两类描述体系的建立。

　　（6）岩体结构面网络模拟的主要步骤。

　　（7）岩体结构类型的划分。

　　（8）岩体结构控制论的内涵。

　　深部岩体是指与人类深部工程活动密切相关的，在地质历史过程中形成的，由深部岩石和结构面网络组成的，具有一定的结构并赋存于深部地质环境中的地质体。深部地质环境主要包括深部地应力环境、深部地下水环境及深部地温场环境等方面。深部岩体由结构面网络及其所围限的岩石块体所组成，其物理力学属性往往表现出较强的非均匀性（inhomogeneity）、非连续性（non-continuity）、各向异性（anisotropy）及非线弹性（nonlinear elasticity）等特征，这很大程度上受形成和改造深部岩体的各种地质作用过程所控制，因此在深部工程地质学的研究中，应将深部岩体地质与结构特征的研究置于重要的地位。

　　早期的工程分析方法往往是按岩石成因，取小块试件在室内进行矿物成分、结构构造及物理力学性质的测定，以评价其对工程的适宜性。随着对于岩体工程地质问题研究的深入，国内外工程地质和岩体力学工作者都注意到岩体与岩块在性质上有本质的区别，用岩块性质来代表原位工程岩体的性质是不合适的。其根本原因之一就是岩体中存在不同规模、不同成因、不同性质的结构面。因此，要研究深部岩体的工程地质性质，首先应掌握深部岩体的地质与结构特征，本章将结合深部工程的特点，重点讨论岩石的物质组成与结构构造、岩体结构面特征、结构面统计分析与网络模拟、岩体结构特征及结构控制论等内容。

# 1.1 岩石的物质组成与结构特征

### 1.1.1 岩石的物质组成

岩石是由天然产出的矿物或类似矿物的物质，如有机质、玻璃、非晶质等，组成的固体集合体。绝大多数岩石是由不同矿物组成的，只有极少数岩石由单矿物组成。岩石不仅是地球物质的重要组成部分，而且也是类地行星的组成部分，如陨石和月岩。

根据成因，自然界的岩石可划分为火成岩、沉积岩和变质岩三大类。

火成岩（igneous rocks）：又称岩浆岩，是指由地壳深部或上地幔岩石部分熔融形成的岩浆冷凝固结的产物。岩浆是一种高温熔融体，既可以完全由熔体构成，也可以含有少量固体物质和挥发分。

沉积岩（sedimentary rocks）：是指在地表或接近地表条件下，由松散沉积物经固结成岩而形成的岩石。这些沉积物既包括由母岩机械破碎或剥蚀形成的碎屑（岩石、矿物和生物碎屑）经水、风或冰川的机械搬运和沉积作用所形成的碎屑沉积物，也包括由化学及生物化学溶液和胶体沉积作用所形成的化学沉积物，同时还包括由上述两种作用综合形成的沉积物。这些沉积物经过胶结、压实和重结晶等成岩作用便形成了沉积岩，这些岩石通常呈层状产出。

变质岩（metamorphic rocks）：是指在变质作用条件下（温度、压力或流体变化），在基本保持固态条件下，通过矿物成分、化学成分或结构构造的改变所形成的一种岩石。变质岩形成的温压条件介于地表的沉积作用和岩石的熔融作用之间。

三大类岩石彼此之间有着密切联系，并且可以相互转化。从图 1-1 可以看出，已经存在的沉积岩、变质岩和火成岩抬升到地表后，经风化剥蚀、机械破碎、搬运、沉积等作用

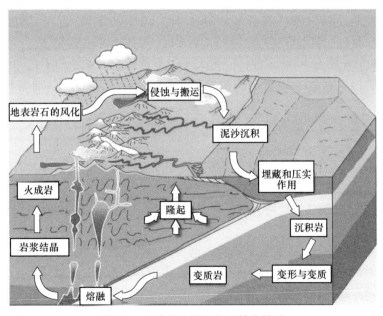

图 1-1 三大岩之间的相互转化关系

彩色原图

可以形成沉积岩；已经存在的沉积岩、火成岩或变质岩，因温压条件的变化或流体的作用等可转变成变质岩；温压条件的进一步变化，可使原来的沉积岩、变质岩或火成岩发生熔融形成岩浆，岩浆再固结形成新的火成岩。

岩块是指不含显著结构面的岩石块体，是构成岩体的最小岩石单元体。这一定义里的显著一词是个比较模糊的说法，一般来说，能明显地将岩石切割开来的分界面称作显著结构面，包含在岩石块体内结合比较牢固的面，如微层面、微裂隙等，都属于显著的结构面或微结构面。

岩石是由具有一定结构构造的矿物（含结晶和非结晶的）集合体组成的。因此，新鲜岩块的力学性质主要取决于组成岩块的矿物成分及其相对含量。

矿物具有不同的硬度，矿物的硬度是指其抵抗外力作用的强度。在肉眼鉴定中，主要指矿物抵抗外力刻画的能力。硬度的大小主要由矿物内部原子、离子或分子联结力的强弱所决定。通常用摩氏硬度计作为标准进行测量。摩氏硬度计由 10 种硬度不同的矿物组成，如表 1-1 所示。当测定某矿物的硬度时，一般将待测矿物同硬度计中的标准矿物相互刻画，进行比较。

表 1-1    摩氏硬度计

| 硬度等级 | 代表矿物 | 硬度等级 | 代表矿物 |
| --- | --- | --- | --- |
| 1 | 滑石 | 6 | 正长石 |
| 2 | 石膏 | 7 | 石英 |
| 3 | 方解石 | 8 | 黄玉 |
| 4 | 萤石 | 9 | 刚玉 |
| 5 | 磷灰石 | 10 | 金刚石 |

岩石中的矿物成分对岩石的力学性质产生十分重要的影响。含硬度大的粒柱状矿物（如石英、长石、角闪石、辉石等）越多时，岩块强度越高；含硬度小的片状矿物（如云母、绿泥石、蒙脱石和高岭石等）越多时，则岩块强度越低。

地球上已知的矿物有 4000 多种，但绝大多数不常见，最常见的不过 200 多种。地壳中常见的造岩矿物只有 20~30 种，按矿物的化学成分与化学性质，通常将矿物划分为五类。

（1）自然元素矿物：如自然金（Au）、自然铜（Cu）、自然硫（S）、金刚石与石墨（C）等。

（2）含氧盐矿物：1）碳酸盐类、硝酸盐类和硼酸盐类矿物，如方解石、钠硝石、硼镁石；2）硫酸盐类、钨酸盐类、磷酸盐类、砷酸盐类和钒酸盐类矿物，如硬石膏、白钨矿、独居石等；3）硅酸盐类矿物，种类多，分布广，占地壳总质量80%，如长石、云母、辉石等。

（3）氧化物及氢氧化物矿物：如石英、刚玉、水镁石等。

（4）卤化物矿物：包含氟化物类与氯化物类矿物，如萤石、石盐等。

（5）硫化物矿物：如黄铁矿、毒砂等。

以上矿物中，氧化物矿物石英及长石、云母等硅酸盐矿物的种类占92%，而石英和长石含量高达63%。常见的硅酸盐类矿物有长石、辉石、角闪石、橄榄石、云母和黏土矿物等。这类矿物除云母和黏土矿物外，硬度大，呈粒、柱状晶形。因此，含这类矿物多的岩石，如花岗岩、闪长岩及玄武岩等，强度高，抗变形性能好。但该类矿物多生成于高温环境，与地表自然环境相差较大，在各种风化营力的作用下，易风化成高岭石、伊利石等。尤以橄榄石、基性斜长石等抗风化能力最差，长石、角闪石次之。黏土矿物属于层状硅酸盐类矿物，主要有高岭石、伊利石及蒙脱石三类，具薄片状或鳞片状构造，硬度小。因此含这类矿物多的岩石，如黏土岩、黏土质岩，物理力学性质差，并具有不同程度的胀缩性，特别是含蒙脱石多的膨胀岩，其物理力学性质更差。

碳酸盐类矿物是灰岩和白云岩类的主要造岩矿物。岩石的物理力学性质取决于岩石中 $CaCO_3$、$MgCO_3$ 及酸不溶物的含量。$CaCO_3$、$MgCO_3$ 含量越高，岩石的强度越高、抗变形和抗风化性能越好，如纯灰岩、白云岩等。泥质含量高的岩石，如泥质灰岩、泥灰岩等，力学性质较差。但随岩石中硅质含量的增高，岩石性质将不断变好。另外，在碳酸盐类岩体中，常发育各种岩溶现象，使岩体性质趋于复杂化。

氧化物类矿物以石英最常见，是地壳岩石的主要造岩矿物。石英呈等轴晶系，硬度大，化学性质稳定。因此，一般随石英含量增加，岩块的强度和抗变形性能都得到明显增强。

岩块的矿物组成与岩石的成因及类型密切相关。

火成岩中的矿物成分既反映岩石的化学成分，又表征岩石形成的温度、压力和流体条件。火成岩中常见的矿物有 20 多种，根据组成矿物的化学成分，将其分为铁镁矿物和硅铝矿物。其中，铁镁矿物是指 MgO、FeO 含量较高的矿物，主要有橄榄石、斜方辉石、单斜辉石、角闪石、黑云母等，它们在岩石中呈现黑色、黑绿色、黑褐色等深色色调，故又称暗色矿物。硅铝矿物是指不含 MgO、FeO，富含 $SiO_2$、$Al_2O_3$ 的矿物，主要包括石英、斜长石、碱性长石和似长石等矿物，它们在岩石中呈现无色、灰白色等浅色色调，因此又称浅色矿物。岩浆岩多以硬度大的矿物为主，所以其物理力学性质一般较好。

沉积岩中的常见矿物有石英、白云母、黏土矿物、钾长石、酸性斜长石、方解石、白云石、石膏、硬石膏、赤铁矿、褐铁矿、玉髓、蛋白石、铝土矿、磷矿物、锰矿物等。其中石英、钾长石、酸性斜长石、白云母也是组成火成岩的常见矿物，因而它们是火成岩与沉积岩共有的矿物。火成岩中常见的橄榄石、辉石、角闪石、黑云母、中性及基性斜长石在沉积岩中很少见，而火成岩中一般难以出现或不存在的矿物，如方解石、白云石、黏土矿物、石膏、硬石膏等，在沉积岩中相当普遍。引起这一差别的原因在于，沉积岩是在常温、常压条件下由外动力地质作用形成的。那些只能形成于高-中温条件下的矿物，如橄榄石、辉石、角闪石、黑云母、中性及基性斜长石等，在外动力地质作用下不能生成；同时，构成这些矿物的钙、镁、铁离子因化学活动性强，容易发生化学变化，因此，经风化剥蚀迁移到水体中的这些硅酸盐类矿物，难以抵抗化学分解和流失作用，很难长期在水介质中存在并沉淀。相反，石英、钾长石、酸性斜长石及白云母等矿物具有适应温度变化的能力，且化学性质较稳定，不易溶解流失，故在地表条件下能够作为碎屑物而稳定存在；而黏土矿物、石膏、硬石膏、方解石以及白云石等，则基本上是在地表条件下形成的特征性沉积矿物。沉积岩中的粗碎屑岩如砂砾岩等，其碎屑多为硬度大的粒柱状矿物，岩块的力学性质除与碎屑成分有关外，在很大程度上取决于胶结物成分及其类型。细碎屑岩如页岩、泥岩等，矿物成分多以片状的黏土矿物为主，其岩块力学性质很差。

变质岩常具有某些特征性矿物。这些矿物只能由变质作用形成，称为特征变质矿物。特征变质矿物有红柱石、蓝晶石、硅线石、硅灰石、石榴子石、滑石、十字石、透闪石、阳起石、蓝闪石、柯石英、透辉石、蛇纹石、石墨等。变质矿物的出现就是发生过变质作用的最有力的证据。除了典型的变质矿物之外，变质岩中也有既能存在于火成岩又能存在于沉积岩的矿物，它们或者在变质作用中形成，或者从原岩中继承而来。属于这样的矿物有石英、钾长石、钠长石、白云母、黑云母等。这些矿物能够适应较大幅度的温度、压力变化而保持稳定。总的来说，变质岩的矿物组成与母岩类型及变质程度有关。浅变质中的副变质岩，如千枚岩、板岩等，多含片状矿物（如绢云母、绿泥石及黏土矿物等），岩块力学性质较差。深变质岩，如片麻岩、混合岩、石英岩等，多以粒柱状矿物（如长石、石英、角闪石等）为主，因而其岩块力学性质好。

### 1.1.2　岩石的结构特征

虽然岩石中的矿物成分对岩石的力学性质有十分重要的影响，但应当注意，矿物的力学性质并不等同于由该种矿物所组成的岩石的力学性质，即使是由单一矿物组成的岩石，也是如此。如石英和由石英组成的石英岩，及方解石和由方解石组成的大理岩，两者的性质就大不相同。这是由于岩石的力学特性除了受其矿物组成的影响以外，结构特征也起着非常重要的作用。岩石的结构特征与岩石的成因及类型密切相关。

（1）火成岩的结构特征。火成岩的结构指火成岩中矿物的结晶程度、晶粒大小、形态及晶粒间的相互关系。它能反映岩浆结晶的冷凝速度、温度和深度。影响火成岩结构的因素首先是岩浆冷凝的速度。冷凝慢时，晶粒粗大，晶形完好；冷凝快时，众多晶芽同时析出，彼此争夺生长空间，导致矿物晶粒细小、晶形不规则；冷凝速度极快时，形成非晶质。岩浆的冷凝速度与岩浆的成分、规模、冷凝深度以及温度有关。此外，岩浆中矿物结晶的先后顺序也是影响结构的重要因素。早结晶的矿物晶粒较粗，晶形较好；晚结晶的矿物受到空间的限制，晶粒细小，晶形不完整或不规则。按照矿物晶粒的大小，将火成岩的结构分为粗粒（粒径大于 5mm）、中粒（粒径 5~1mm）、细粒（粒径 1~0.1mm）。这些结构用肉眼均可识别，统称显晶质结构。按矿物颗粒之间的相对大小，可分为等粒结构（矿物颗粒大小相等）及不等粒结构（矿物颗粒大小不等）两种。在不等粒结构中，如两类颗粒大小悬殊（相差一个数量级以上），其中粗大者称为斑晶，其晶形完整，是在温度较高的深处慢慢结晶形成的；细小者称为基质，其晶形多不规则，通常形成于冷凝较快的较浅环境。如果基质为显晶质，且基质的成分与斑晶的成分相同者，称为似斑状结构；如果基质为隐晶质或非晶质者，则称为斑状结构。斑状结构是熔岩和浅成-超浅成侵入岩的特有结构，而似斑状结构基本出现在中深成-深成侵入岩中。

（2）沉积岩的结构特征。沉积岩的结构指沉积岩中颗粒的性质、大小、形态及其相互关系。主要分为两类，碎屑结构和非碎屑结构。

碎屑结构：岩石中的颗粒是机械沉积的碎屑物。碎屑物可以是岩石碎屑（岩屑）、矿物碎屑（如长石、石英、白云母）、石化的生物有机体或其碎片（生物碎屑）以及火山喷发的固体产物（火山碎屑）等。按粒径大小，碎屑结构可分为：砾状结构：粒径大于 2mm；砂状结构：粒径 2~0.1mm；粉砂状结构：粒径 0.1~0.01mm；泥状结构：粒径小于 0.01mm。

砾状结构可进一步划分为：巨砾（>25.6cm）、中砾（6.4～25.6cm）、小砾（<6.4cm）。具有砾状与砂砾状结构者用肉眼就能辨认其中碎屑的外形，同时可以看出其中碎屑颗粒与基质（碎屑之间的细小填充物，也叫杂基）、胶结物的关系；具有砂状、粉砂状结构者，用放大镜能辨认其中碎屑的界线；泥状结构的岩石，只有借助于显微镜甚至电子显微镜才能辨认其中的黏土碎屑颗粒。碎屑颗粒粗细的均匀程度，称为分选性。大小均匀者，称分选良好；大小混杂者，称分选差。

碎屑颗粒棱角的磨损度，称为磨圆度或圆度。磨圆度有不同级别：棱角全部被磨损并圆化者，称为圆形；棱角大部分被磨损者，称为次圆形；棱角部分被磨损者，称为次棱角形；棱角完全未被磨损者，称为棱角形。

非碎屑结构：岩石中的组成物质是由化学沉积作用或生物化学沉积作用形成，其中大多数为晶质或隐晶质，少数为非晶质，或呈凝聚的颗粒状结构。常见者如内碎屑结构，粒、球粒结构等。内碎屑结构的重要辨识特征是，颗粒大小可以不一，但矿物成分相同。如果由呈生长状态的生物骨骼构成格架，格架内部充填其他性质的沉积物者，称为生物骨架结构。

（3）变质岩的结构特征。变质岩的结构可分为变晶结构、变余结构、碎裂结构、交代结构等。

变晶结构指岩石在固体状态下，通过重结晶和变质结晶而形成的结构。它表现为原矿物的长大、新矿物的形成，以及晶粒相互紧密嵌合。重结晶作用在沉积岩的固结成岩过程中即已开始，在变质过程中尤为重要和普遍。变晶结构的出现意味着火成岩及沉积岩中特有的非晶质结构、碎屑结构及生物骨架结构趋于消失，并伴随着物质成分的迁移（移出和带入）以及新矿物的形成。由变质作用形成的晶粒称为变晶。按变晶的大小可分为粗粒、中粒、细粒等。按变晶大小的相对关系可分为等粒变晶及斑状变晶。前者的变晶颗粒等大，后者的变晶颗粒有两种，其粒径相差悬殊。变晶形态各异：由石英、长石等矿物组成者为粒状；由云母、绿泥石等组成者为片状；由阳起石、硅灰石等组成者为柱状、纤状、放射状。

变余结构指变质程度不深时残留的原岩结构，如变余斑状结构（保留有岩浆岩的斑状结构）、变余砾状或砂状结构（保留有沉积岩的砾状或砂状结构）等。

碎裂结构指动力变质作用使岩石发生机械破碎而形成的一类结构。特点是矿物颗粒破碎成外形不规则的带棱角碎屑，碎屑边缘常呈锯齿状，并具有扭曲变形等现象。按碎裂程度的不同，可分为碎裂结构、碎斑结构、碎粒结构等。

交代结构指变质作用过程中，通过化学交代作用（物质的带出和加入）形成的结构。其特点是在岩石中原有矿物被分解消失，形成了新矿物。

一种变质岩有时具有两种或更多种结构，如兼有斑状变晶结构与鳞片变晶结构等。此外，在同一岩石中变余结构也可与变晶结构并存。

总的来说，岩石的结构反映的是岩石内矿物颗粒的大小、形状、排列方式和颗粒间联结方式以及微结构面发育情况。岩石的结构特征，尤其是矿物颗粒间的联结及微结构面的发育特征对岩块的力学性质影响很大。一般地，岩石矿物颗粒间的联结分结晶联结与胶结联结两类，如图1-2所示。

结晶联结是指矿物颗粒通过结晶相互嵌合在一起，如岩浆岩、大部分变质岩及部分沉

图 1-2 结晶联结 (a) 和胶结联结 (b)

积岩均具备这种联结。它是通过共用原子或离子使不同晶粒紧密接触，故一般强度较高。但是不同的结晶结构对岩块性质的影响不同。一般来说，等粒结构的岩块强度比非等粒结构的高，且抗风化能力强。在等粒结构中，细粒结构岩块强度比粗粒结构的高。在斑状结构中，具有细粒基质的岩块强度比玻璃质基质的高。总之，结晶越细、越均匀，非晶质成分越少，岩块强度越高。

　　胶结联结是指矿物颗粒通过胶结物联结在一起，如碎屑岩等具备这种联结方式。胶结联结的岩块强度取决于胶结物成分及胶结类型。一般来说，硅质胶结的岩块强度最高，铁质、钙质胶结的次之，泥质胶结的岩块强度最低，且抗水性差。从胶结类型来看，常以基底式胶结的岩块强度最高，孔隙式胶结的次之，接触式胶结的最低，如图 1-3 所示。

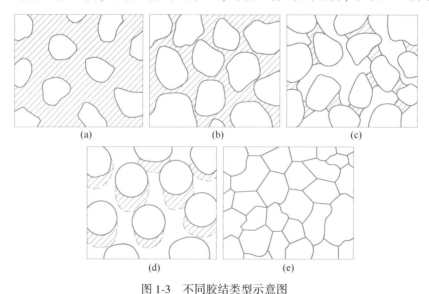

图 1-3 不同胶结类型示意图

(a) 基底式胶结；(b) 孔隙式胶结；(c) 接触式胶结；(d) 悬挂式胶结；(e) 镶嵌式胶结

　　微结构面是指存在于矿物颗粒内部或颗粒间的软弱面或缺陷，包括矿物解理、晶格缺陷、粒间空隙、微裂隙、微层面及片理面、片麻理面等。它们的存在不仅降低了岩块的强度，还往往导致岩块力学性质具有明显的各向异性。

岩块的结构特征不同，其力学性质也不同，常表现出一定程度的各向异性和不连续性。但与岩体相比，其各向异性和不连续性往往可以忽略，在深部岩体工程地质学的研究中，通常将岩块近似地视为均质、各向同性的连续介质。

# 1.2　岩体结构面特征

结构面是指地质历史发展过程中，在岩体内形成的具有一定的延伸方向和长度，厚度相对较小的地质界面或带。它包括物质分异面和不连续面，如层面、不整合面、节理面、断层、片理面等。在结构面中，那些规模较大、强度低、易变形的结构面又称为软弱结构面。结构面对工程岩体的完整性、渗透性、物理力学性质及应力传递等都有显著的影响，是造成岩体非均质、非连续、各向异性和非线弹性的本质原因之一。

结构面是由一定的地质实体抽象出来的概念术语，它在横向延展上具有面的几何特征，而在垂直向上则与几何学中的面不同，它常充填有一定物质、具有一定的厚度，不是等同于真实几何学的面。在地质实体中，结构面是由一定的物质组成的。如节理和裂隙是由两个面及面间充填的水或气的实体组成的；断层及层间错动面也是由上下盘两个面及面间充填的断层泥和水构成的实体组成的。从力学作用和地质体运动角度来考察，这种地质实体在一定程度上具有面的作用机理，它完全可以抽象为一种面，称为结构面。在变形上，它的机理是两盘闭合或滑移；在破坏上，或者沿着它滑动，或者追踪它开裂。

在漫长的地质历史中，深部工程岩体大多经受过多期次的构造运动，且可能伴随着岩浆活动、沉积过程、变质作用的交替影响，因此，深部岩体中往往存在大量的结构面。本节将主要介绍这些结构面的成因分类、结构面的规模等级，及结构面的等距性与韵律性特征等内容。

## 1.2.1　岩体结构面的成因分类

### 1.2.1.1　地质成因类型

根据地质成因的不同，可将结构面划分为原生结构面、构造结构面和次生结构面三类，各类结构面的主要特征如表 1-2 所示。

表 1-2　岩体结构面的类型及其特征

| 成因类型 | | 地质类型 | 主要特征 | | | 工程地质评价 |
|---|---|---|---|---|---|---|
| | | | 产状 | 分布 | 性质 | |
| 原生结构面 | 沉积结构面 | 1. 层理、层面<br>2. 软弱夹层<br>3. 不整合面、假整合面<br>4. 沉积间断面 | 一般与岩层产状一致，为层间结构面 | 海相岩层中此类结构面分布稳定，陆相岩层中呈交错状，易尖灭 | 层面、软弱夹层等结构面较为平整；不整合面及沉积间断面多由碎屑泥质物构成，且不平整 | 国内外较大的坝基滑动及滑坡很多是由此类结构面所造成的，如奥斯汀、圣弗朗西斯、马尔帕塞坝的破坏，瓦依昂水库附近的巨大滑坡 |

| 成因类型 | | 地质类型 | 主要特征 | | | 工程地质评价 |
|---|---|---|---|---|---|---|
| | | | 产状 | 分布 | 性质 | |
| 原生结构面 | 岩浆结构面 | 1. 侵入体与围岩接触面<br>2. 岩浆岩墙接触面<br>3. 原生冷凝节理 | 岩脉受构造结构面控制，而原生节理受岩体接触面控制 | 接触面延伸较远，比较稳定，而原生节理往往短小密集 | 与围岩接触面可具有熔合及破碎两种不同的特征，原生节理一般为张裂面，较粗糙不平 | 一般不造成大规模的岩体破坏，但有时与构造断裂配合，也可以造成岩体的滑移，如有的坝肩局部滑移 |
| | 变质结构面 | 1. 片理<br>2. 片岩软弱夹层<br>3. 片麻理<br>4. 板理及千枚理 | 产状与岩层或构造方向一致 | 片理短小，分布极密，片岩软弱夹层延展较远，具有固定层次 | 结构面光滑平直，片理在岩层深部往往闭合成隐蔽结构面，片岩软弱夹层具片状矿物，呈鳞片状 | 在变质较浅的沉积岩，如千枚岩等路堑边坡常见塌方。片岩夹层有时对工程及地下洞体稳定也有影响 |
| 构造结构面 | | 1. 节理（X型节理、张节理）<br>2. 断层（正断层、逆断层等）<br>3. 层间错动<br>4. 羽状裂隙、劈理 | 产状与构造线呈一定关系，层间错动与岩层一致 | 张性断裂较短小，剪切断裂延展较远，压性断裂规模巨大，但有时为横断层切割成不连续状 | 张性断裂不平整，常具次生填充，呈锯齿状，剪切断裂较平直，具羽状裂隙，压性断裂具多种构造岩，成带状分布，往往含断层泥、糜棱岩 | 对岩体稳定影响很大，在上述许多岩体破坏过程中，大都有构造结构面的配合作用。此外常造成边坡及地下工程的塌方、冒顶等 |
| 次生结构面 | | 1. 卸荷裂隙<br>2. 风化裂隙<br>3. 风化夹层<br>4. 泥化夹层<br>5. 次生夹泥层 | 受地形及原始结构面和临空面产状控制 | 分布上往往呈不连续状，透镜状，延展性差，且主要在地表风化带内发育 | 一般为泥质物填充，水理性质很差 | 在天然斜坡及人工边坡上造成危害，有时对坝基、坝肩及浅埋隧洞等工程也有影响，但一般在施工中予以清基处理 |

### A 原生结构面

原生结构面是岩体在成岩过程中形成的结构面。其特征与岩体成因密切相关，因此可进一步细分为沉积结构面、岩浆结构面和变质结构面三类（图 1-4）。

沉积结构面是沉积岩在成岩过程中形成的，包括层理、层面、软弱夹层、沉积间断面、不整合面、假整合面等。沉积结构面的特征与沉积岩的成层性有关，一般延伸性较强，常贯穿整个岩体，产状随岩层而变化。如在海相沉积岩中分布稳定而清晰；在陆相岩层中常呈透镜状。

岩浆结构面是在岩浆侵入及冷凝过程中形成的结构面，包括岩浆岩体与围岩的接触面、各期岩浆岩之间的接触面和原生冷凝节理等。

变质结构面可分为残留结构面和重结晶结构面。残留结构面主要是沉积岩经变质后，在层面上绢云母、绿泥石等鳞片状矿物富集并呈定向排列而形成的结构面，如千枚岩的千枚理面和板岩的板理面等。重结晶结构面主要有片理面和片麻理面等，它是岩石发生深度变质和重结晶作用下，片状矿物和柱状矿物富集并呈定向排列形成的结构面，它改变了原岩的面貌，对岩体的物理力学性质常起控制性作用。

原生结构面中，除岩浆岩中的原生节理面以外，一般为非开裂式的，即结构面内存在大小不等的联结力。

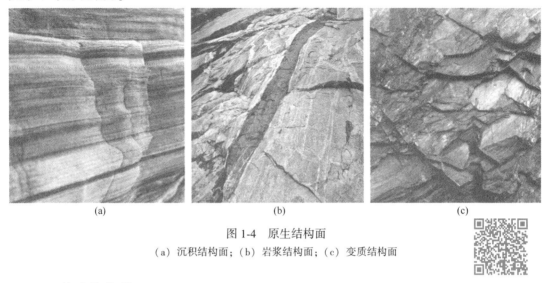

(a)　　　　　　　　　　(b)　　　　　　　　　　(c)

图 1-4　原生结构面

（a）沉积结构面；（b）岩浆结构面；（c）变质结构面

彩色原图

**B　构造结构面**

构造结构面是岩体形成后在构造应力作用下形成的各种破裂面，包括断层、节理、劈理和层间错动等，如图 1-5 和图 1-6 所示。构造结构面除被胶结者外，绝大部分都是脱开的。规模较大的如断层、层间错动等，多数有厚度不等、性质各异的填充物，并发育有由构造岩组成的构造破碎带，具多期活动特征。此类结构面在地下水的作用下，可进一步发生泥化或变为软弱夹层。因此这部分构造结构面（带）的工程地质性质很差，其强度接近于岩体的残余强度，常导致工程岩体的滑动破坏。规模小者如节理、劈理等，多数短小而密集，一般无填充或只具有薄层填充，主要影响岩体的完整性和力学性质。

**C　次生结构面**

次生结构面是岩体形成后在外营力作用下产生的结构面，包括卸荷裂隙、风化裂隙、次生夹泥层和泥化夹层等。次生结构面多为张裂隙，结构面不平坦，产状不规则，延展性不大。

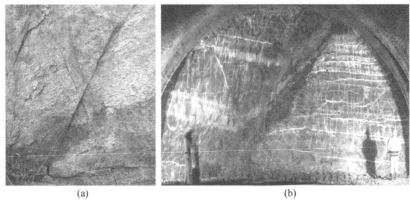

(a)　　　　　　　　　　　　　(b)

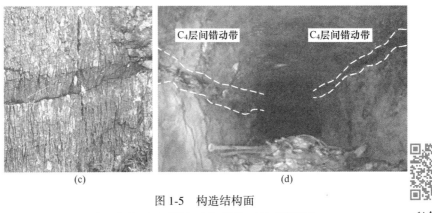

(c)                                                (d)

图 1-5　构造结构面

（a）节理；（b）断层；（c）劈理；（d）层间错动

彩色原图

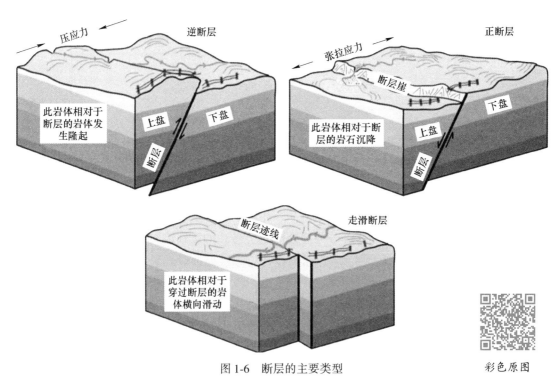

图 1-6　断层的主要类型

彩色原图

　　卸荷裂隙是因表部被剥蚀卸荷造成应力释放和调整而产生的，产状与临空面近于平行，并具张性特征。

　　风化裂隙一般仅限于地表风化带内，常沿原生结构面和构造结构面叠加发育，使其性质进一步恶化。新生成的风化裂隙，延伸短，方向紊乱，连续性差。

　　泥化夹层是原生软弱夹层在构造及地下水共同作用下形成的；次生夹泥层则是地下水携带的细颗粒物质及溶解物沉淀在裂隙中形成的。它们的性质一般都很差，属于软弱结构面。

　　深部工程由于开挖引起的卸荷效应，导致应力场重分布，渗流场发生改变，进而在临空面（如隧道、地下洞室围岩等）附近形成不同类型的次生结构面，如图1-7所示。

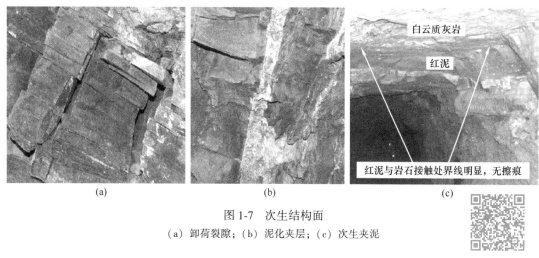

图 1-7　次生结构面
（a）卸荷裂隙；（b）泥化夹层；（c）次生夹泥

彩色原图

#### 1.2.1.2　力学成因类型

从大量的野外观察、试验资料及强度理论分析可知，在较低的围压作用（相对岩体强度而言）下，岩体的破坏方式有张拉破坏、压性破坏和剪切破坏三种基本类型。相应地，按破裂面的力学成因可将其分为张性结构面、压性结构面和剪性结构面三类，如图1-8所示。

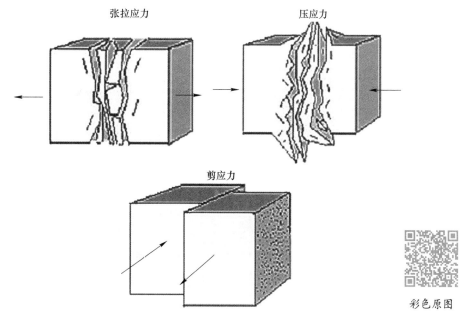

彩色原图

图 1-8　结构面的力学成因类型（张性结构面、压性结构面与剪性结构面）

张性结构面是由拉应力形成的，如羽毛状张裂面、纵张及横张破裂面、岩浆岩中的冷凝节理等。羽毛状张裂面是剪性断裂在形成过程中派生力偶所形成的，它的张开度在邻近主干断裂一端较大，且沿延伸方向迅速变窄，乃至尖灭。纵张破裂面常发生在背斜轴部，走向与背斜轴近于平行，呈上宽下窄。横张破裂面走向与褶皱轴近于垂直，它的形成机理与单向压缩条件下沿轴向发展的劈裂相似。一般来说，张性结构面产状不甚稳定，延伸不远。张性节理往往短而弯曲，常侧列产出。壁面往往粗糙不平，无擦痕。在胶结不好的砾岩或砂岩中，张节理常绕砾石或粗砂粒而过。即使切穿砾石，破裂面也凹凸不平。多张开，常被矿脉等充填，多为楔形、扁豆状以及其他不规则形状，脉宽变化较大，脉壁不平直。张节理有时呈不规则的树枝状、各种网络状，有时也成一定几何形态，如追踪 X 型节理的锯齿状张节理、单列或共轭雁列式张节理；有时也呈放射状或同心圆状组合形式。张节理尾端变化或连接形式有树枝状、多级分叉、杏仁状结环以及各种不规则形状等。总的来说，张性结构面具有张开度大、连续性差、形态不规则、面粗糙、起伏度大及破碎带较宽等特征。其构造岩多为角砾岩，易被充填，常含水丰富，导水性强。玄武岩柱状节理属于较为典型的张性结构面，如图 1-9 所示。

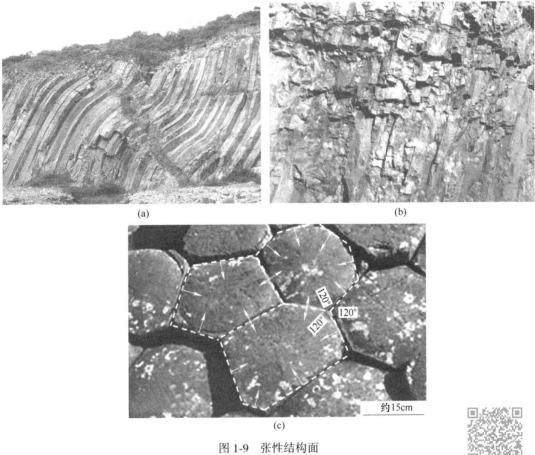

(a)　　　　　　　　　　　　　　　　(b)

(c)

图 1-9　张性结构面
(a) 柱状节理玄武岩经受后期的构造作用发生弯曲变形；
(b) 地下隧洞中揭露的玄武岩柱状节理；(c) 玄武岩柱状节理剖面图

彩色原图

压性结构面是由压应力形成的，产状不稳定，沿走向、倾向有较大变化，呈波状起伏；压应力作用下形成的断层带中破碎物质常会发生挤压，出现片理、拉长、透镜体等现象；断层两侧岩石常形成挤压破碎带，为地下水运移和储集提供有利条件，而断层带本身由于挤压密实，反倒形成隔水层；断层两盘或一盘岩层常直立或呈倒转褶皱、牵引褶皱；断层带内常产生一些应变矿物（受压受热重结晶）如云母、滑石、绿泥石、绿帘石等，并多定向排列。压性结构面的现场照片如图 1-10 所示。

图 1-10　压性结构面

彩色原图

　　剪性结构面是由剪应力形成的，破裂面两侧岩体产生相对滑移。剪性结构面产状较稳定，沿走向和倾向延伸较远，面较平直光滑，有时具有因剪切滑动而留下的擦痕（图 1-11（a））。缝隙未被矿物充填时是平直闭合的，如被充填，脉宽较为均匀，壁面较平直。发育于砾岩、砂岩等岩石中的剪性结构面，往往会切穿砾石、胶结物等。典型的剪节理常组成共轭 X 型节理系（图 1-11（b））。X 型节理发育良好时，则将岩石切成菱形或棋盘格式。如一组发育另一组不发育，则形成一组平行延伸的节理，往往呈等距排列。主剪裂面由羽状微裂面组成。羽状微裂面与主剪裂面交角一般为 10°～15°，基本上相当于岩石内摩擦角的一半。

(a)　　　　　　　　　　　　　　(b)

图 1-11　剪性结构面

（a）剪性结构面形成的擦痕及摩擦镜面；（b）共轭剪节理

彩色原图

## 1.2.2　岩体结构面的规模与分级

　　在对岩体结构面的研究中，除了系统的分类思想外，还应注意按照其规模的大小进行分级。结构面的规模大小不仅影响岩体的力学性质，而且影响工程岩体力学作用及其稳定性。按结构面延伸长度、切割深度、破碎带宽度及其力学效应，可将结构面分为如下五级（表1-3）。

**表1-3 结构面分级及其特性**

| 级序 | 分级依据 | 地质类型 | 力学属性 | 对岩体稳定性的作用 |
|---|---|---|---|---|
| Ⅰ级 | 延伸数十千米，深度可切穿一个构造层，破碎带宽度在数米，数十米以上 | 主要指区域性深大断裂或大断裂 | 属于软弱结构面，构成独立的力学介质单元 | 影响区域稳定性，山体稳定性，如直接通过工程区。是岩体变形或破坏的控制条件，形成岩体力学作用边界 |
| Ⅱ级 | 延伸数百米至数千米，破碎带宽度比较窄，几厘米至数米 | 主要包括不整合面、假整合面、原生软弱夹层、层间错动带、断层侵入接触带、风化夹层等 | 属于软弱结构面，形成块裂边界 | 控制山体稳定性，与Ⅰ级结构面可形成大规模的块体破坏，即控制岩体变形和破坏方式 |
| Ⅲ级 | 延展十米或数十米，无破碎带，面内不含泥，有的具泥膜。仅在一个地质时代的地层中分布，有时仅仅在某一种岩性中分布 | 各种类型的断层、原生软弱夹层、层间错动带等 | 多数属于坚硬结构面，少数属软弱结构面 | 控制岩体的稳定性，与Ⅰ级、Ⅱ级结构面组合可形成不同规模的块体破坏。划分Ⅱ类岩体结构的重要依据 |
| Ⅳ级 | 延展数米，未错动，不夹泥，有的呈弱结合状态，统计结构面 | 节理、劈理、片理、层理、卸荷裂隙、风化裂隙等 | 坚硬结构面 | 划分Ⅱ类岩体结构的基本依据，是岩体力学性质、结构效应的基础，破坏岩体的完整性，与其他结构面结合形成不同类型的边坡破坏方式 |
| Ⅴ级 | 连续性极差，刚性接触的细小或隐微裂面，统计结构面 | 微小节理、隐微裂隙和线理等 | 硬性结构面 | 分布随机，降低岩块强度，是岩块力学性质效应基础。若十分密集，又因风化，可形成松散介质 |

注：结构面内夹有软弱物质者属于软弱结构面，无填充物者则属于坚硬结构面。

（1）Ⅰ级结构面，指大断层或区域性断层，一般延伸数千米至数十千米以上，破碎带宽数米至数十米乃至几百米以上。有些区域性大断层往往具有现代活动性，给工程建设带来很大的危害，直接关系着建设地区的地壳稳定性，影响山体稳定性及岩体稳定性。所以，一般的工程应尽量避开，如不能避开时，也应认真进行研究，采取适当的处理措施。

（2）Ⅱ级结构面，指延伸长而宽度不大的区域性地质界面，如较大的断层、层间错动、不整合面及原生软弱夹层等。其规模贯穿整个工程岩体，长度一般数百米至数千米，破碎带宽数十厘米至数米。常控制工程区的山体稳定性或岩体稳定性，影响工程布局，具体建筑物应避开或采取必要的处理措施。

（3）Ⅲ级结构面，指长度数十米至数百米的断层、区域性节理、延伸较好的层面及层间错动等。宽度一般数厘米至1m左右。它主要影响或控制工程岩体，如地下洞室围岩及边坡岩体的稳定性等。

（4）Ⅳ级结构面，指延伸较差的节理、层面、次生裂隙、小断层及较发育的片理、劈理面等。长度一般为数十厘米至 20~30m，小者仅数厘米至十几厘米，宽度为 0 至数厘米不等，是构成岩块的边界面。该级结构面数量多，分布具随机性，主要影响岩体的完整性、物理力学性质和应力分布状态，是岩体分类及岩体结构研究的基础，也是结构面统计分析和模拟的对象。

（5）Ⅴ级结构面，又称微结构面。指隐节理、微层面、微裂隙及不发育的片理、劈理等，其规模小，连续性差，常包含在岩块内，主要影响岩块的物理力学性质。

上述五级结构面中，Ⅰ级、Ⅱ级结构面又称为软弱结构面，Ⅲ级结构面多数也为软弱结构面，Ⅳ级、Ⅴ级结构面为硬性结构面。不同级别的结构面，对岩体力学性质的影响及在工程岩体稳定性中所起的作用不同。如Ⅰ级结构面控制工程建设地区的地壳稳定性，直接影响工程岩体稳定性；Ⅱ级、Ⅲ级结构面控制着工程岩体力学作用的边界条件和破坏方式，它们的组合往往构成可能滑移岩体的边界面，直接威胁工程的安全稳定性；Ⅳ级结构面主要控制着岩体的结构、完整性和物理力学性质，是岩体结构研究的重点，也是难点，因为相对于工程岩体来说，Ⅲ级以上结构面分布数量少，甚至没有，且规律性强，容易搞清楚，而Ⅳ级结构面数量多且具随机性，其分布规律不太容易搞清楚，需用统计方法进行研究；Ⅴ级结构面控制岩块的力学性质等。虽然不同级别的结构面对岩体力学性质的影响及在工程岩体稳定性中所起的作用不同，但各级结构面之间互相制约、互相影响，并非是孤立的。

### 1.2.3 岩体结构面的等距性与韵律性

同一组结构面，在岩体内的分布有一定规律，其中一个十分有意义而又重要的现象就是结构面的发育既有等距性，又有韵律性。它提供了研究岩体结构、岩体力学及其模型等的一个重要依据，有助于判断各结构面的力学特性以及指导寻找隐伏的不同级序的结构面。

#### 1.2.3.1 结构面分布的等距性

结构面分布的等距性是指同一组结构面在一定范围内、一定尺度上具有相同的间距。无论是从小的尺度范围，还是从大的尺度范围，结构面分布都表现出某种程度的等距性。例如，从小的尺度来讲，实验室内岩石抗压试验，岩样破裂带附近，剪张破裂往往会将岩石劈裂成厚度几乎相等的岩片；从中等尺度来讲，在板岩夹层内发育的破劈理多具有等距性；从大的尺度来讲，无论是洋底断裂，还是陆地上的深大断裂，大体上也具有等距性。由此可见，结构面等距性是地质作用中一个普遍的规律，如图 1-12 所示。

结构面等距性受以下几种因素的影响：岩石的强度大，结构面比较稀疏，反之，结构面密集；应力作用强，结构面间距小，反之则大；褶皱断层等构造作用往往在一些部位形成应力集中，在应力集中处，结构面发育较密集；同一岩层，厚度大者结构面发育相对稀疏，厚度小者，结构面发育相对密集。研究表明，节理间距大体上等于所切割岩层厚度的0.5~2 倍，多数为 1 倍。

#### 1.2.3.2 结构面分布的韵律性

结构面的分布除了等距性外，还表现出韵律性，即结构面发育稀疏区和密集区相间出

图 1-12　结构面发育的等距性　　　　　　　　彩色原图

现，区与区之间又有一定的间距。而且，结构面稀疏区和密集区大体也呈现出等距性的特点。结构面等距性和韵律性分布的形成机制尚不完全明朗，目前有两种理论模式解释这一现象。

饱和模式理论认为在变形材料中各个破裂先后形成，但在已形成的破裂构造的最近距离内不可能产生新的破裂，这个过程将发展下去直到一定范围内岩体的各可能位置都被结构面占据为止。因此，各相邻破裂之间就保持一定区间的大致相等的间距。

传播模式认为由于材料的非均匀性，首先会产生一个破裂，该破裂又会激发邻近一定距离的位置产生新的破裂。这个过程持续下去就形成了一条又一条新的等间距的破裂。由于岩石介质的不均匀性、地质环境的差异和所处地质构造部位的不同，导致地应力场分布的不均一，使结构面发育呈现出韵律规律。结构面发育的韵律特征，要求在结构面现场量测工作和岩体结构面概率模型建模过程中，必须分区、分段进行，在相对均一的结构区中进行抽样和建模。这样建立的模型才有针对性，才能反映客观的自然特性，也才有实际意义。

# 1.3　岩体结构面特征描述与调查方法

## 1.3.1　岩体结构面描述体系

结构面对岩体力学性质的影响程度主要取决于结构面的发育特征。如岩性完全相同的两种岩体，由于结构面产状、连续性、密度、形态、张开度及其组合关系等的不同，在工程扰动作用下，这两种岩体将呈现出完全不同的力学响应。

对结构面工程地质特性的系统研究，除了上述分类分级的层次观点以外，对一具体结构面的性状进行描述至关重要，这直接关系到对结构面工程地质性质的判断。在上述结构面工程地质等级划分体系的基础上，建立相应的结构面描述体系。其中，Ⅰ级、Ⅱ级、Ⅲ级结构面一般具有确定的延伸方向和延伸长度，且有一定厚度的影响带等特征。Ⅳ级、Ⅴ级结构面具有随机断续分布，延伸长度较小等特点，且数量上也远远大于前者。因此，在结构面的性状描述中，分别针对Ⅰ级、Ⅱ级、Ⅲ级结构面和Ⅳ级、Ⅴ级结构面建立两套描述体系。

### 1.3.1.1　Ⅰ级、Ⅱ级、Ⅲ级结构面描述体系

Ⅰ级、Ⅱ级、Ⅲ级结构面在地质体中位置确定，方位明确，因此，通常采用确定性的方法进行逐条的描述，可采用表1-4推荐的描述指标体系。

**表1-4　Ⅰ级、Ⅱ级、Ⅲ级结构面描述指标体系**

| 内容 | | | 指标体系 | |
|---|---|---|---|---|
| 破碎带 | 物质组成 | 构造岩描述 | 破裂岩、角砾岩、碎裂岩、糜棱岩、断层泥、次生泥、岩脉、矿脉 | |
| | | 工程地质描述 | 单矿物或脉体 | 石英脉、方解石脉、片状绿泥石、绿帘石 |
| | | | 非单矿物 | 1. 按岩块、砾、岩屑、泥描述：<br>岩块（>60mm）；砾（粗砾：60~20mm，中砾：20~5mm，细砾：5~2mm）；岩屑（2~0.075mm）；泥（<0.075mm）<br>2. 可按各种物质组成进行组合命名：<br>岩块型：岩块含量大于90%<br>含砾块型：岩块含量大于70%，砾含量小于30%<br>砾（细砾、中砾、粗砾）型：砾含量大于90%<br>含屑砾型：砾含量大于70%，岩屑含量小于30%<br>岩屑砾型：岩屑和砾的含量各占50%±20%<br>岩屑型：岩屑含量大于90% |
| | 结构类型 | 单结构型 | 裂隙型 | 破裂面两侧岩体完整，无明显构造破坏痕迹，但裂面平直，延伸较远 |
| | | | 破裂岩型 | 由蚀变破裂岩或岩块构成的"断层"带，无明显的断层面 |
| | | | 压片岩型 | 由挤压片理或扁平状透镜体构成的破碎带，胶结好 |
| | | | 岩块型 | |
| | | | 砾型 | |
| | | 复结构型 | 硬接触型 | 单面破裂型 | 破裂面可位于破碎带的上、中、下部位，破碎带内物质固结紧密 |
| | | | | 双面破裂型 | 破裂面可位于破碎带的两侧，破碎带内物质固结紧密 |
| | | | 含软弱物质 | 破碎夹屑（泥）型 | 破碎带结构为中间有0.5~2cm的岩屑，或含泥屑或片状绿泥石夹层，两侧为砾型或岩块型构造岩的破碎带，一般性状较差 |
| | | | | 破碎双裂夹屑（泥）型 | 破碎带具有两个夹屑（或泥）的破裂面，位于破碎带的上、下侧 |
| | | | | 破碎单列夹屑（泥）型 | 破碎带具有一个夹屑（或泥）的破裂面，位于破碎带的上侧或下侧 |
| 性状描述 | 蚀变特征 | | 钾长石化、黄铁矿-石英化（硅化）、绿帘石（石英）化、绿泥石化、方解石化 | |
| | 风化状态 | | 新鲜：无浸染或零星轻微浸染<br>微风化：零星轻微浸染，有水蚀痕迹<br>弱风化：普遍浸染，或呈淡黄色，有岩粉、岩屑 | |

注：表中的"硬接触型"列需合理对齐。

| | 内容 | 指标体系 |
|---|---|---|
| 性状描述 | 胶结类型 | 好：硅质或硅化胶结（褐铁矿、黄铁矿）、绿帘石 |
| | | 较好：完整方解石脉胶结 |
| | | 中等：局部方解石脉或方解石团块胶结 |
| | | 差：岩屑、粉或少量钙质，片状绿泥石 |
| | 密实程度（破碎带） | 密实：胶结好、紧密，片理闭合 |
| | | 中密：胶结中等（钙质或方解石脉），但有局部的空区 |
| | | 疏松：胶结差-中等，呈架空状 |
| | | 松散：胶结差，呈散体状 |
| | 地下水 | 干燥、潮湿、渗水、滴水、线状流水、股状涌水 |
| | 起伏特征 | 平直+光滑、稍粗、粗糙 |
| | | 波状+光滑、稍粗、粗糙 |
| | | 阶坎+光滑、稍粗、粗糙 |

### A 结构面的构造岩描述

结构面中的构造岩一般属于脆性变形环境下形成的碎裂岩系列，可进一步分为破裂岩、构造角砾岩、碎裂岩、糜棱岩和断层泥等，如图 1-13 所示。

破裂岩由碎块及充填隙间的碎裂物固结而成，可进一步分为粗裂岩和嵌裂岩两类，分布在断层影响带、挤压破碎带和松弛拉张带中。

构造角砾岩由构造角砾和碎裂物组成。构造角砾：砾径为 60~2cm，其中磨圆或压扁者可称为磨砾或眼球体。碎裂物：砾径小于 2cm，进一步可分为：（1）碎斑（2~0.2cm），肉眼可辨；（2）碎粒（0.2~0.02cm），手搓可感，镜下可辨；（3）碎粉（<0.02cm），呈粉状。

碎裂岩中的碎裂物含量大于 50%。根据碎裂物特征可分为碎斑岩、碎粒岩、碎粉岩及超碎裂岩等。

糜棱岩为断层错动形成的细碎屑岩。

断层泥是由碎裂物在破碎带中因水化作用等蚀变形成的黏土矿物。

### B 结构面物质组成的工程地质描述

对包含破碎带的结构面而言，结构面物质组分的描述可根据其颗粒组成进行，这是因为颗粒组成与结构面工程地质特性有着最为密切的联系。

为了查明结构面物质组成的基本情况，可采用现场筛分的方式，以粒度成分分析为基础，将结构面物质定义为以下四种类型，即泥（<0.075mm）、岩屑（0.075~2mm）、砾（2~60mm）、岩块（>60mm），其中砾又可分为细砾（2~5mm）、中砾（5~20mm）和粗砾（20~60mm）。

根据结构面中上述四种物质类型所占的比例，可按以下原则对结构面物质组成进行定名描述：

（1）结构面中某种成分占绝对优势（>90%），则以单成分进行命名，如砾型等。

（2）结构面中主成分含量为 70%~90%，次成分含量 10%~30%，则以"含××主成分"命名，如含屑砾型。

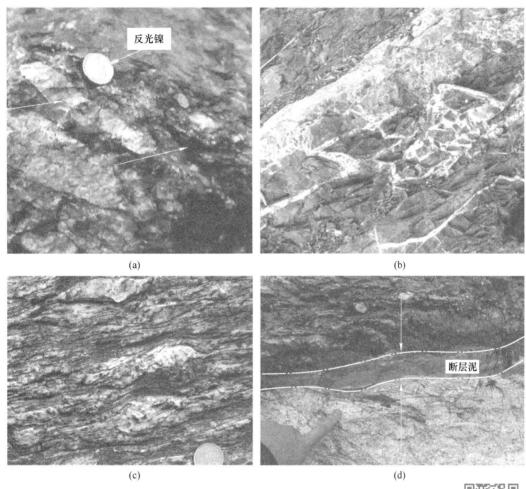

图 1-13 断层破碎带内物质结构

（a）断层碎裂岩；（b）断层角砾岩；（c）断层糜棱岩；（d）断层泥

彩色原图

（3）结构面中主成分含量 50%~70%，次成分含量 30%~50%，命名时次成分冠于主成分之前，如岩屑砾型。

（4）结构面中若夹断层泥或次生泥，则在名称前冠以"夹泥××型"命名。

C 蚀变特征

结构面因热液活动或水化作用等常发生蚀变，常见的类型包括钾长石化、黄铁矿-石英化（硅化）、绿帘石（石英）化及方解石化等。

钾长石化是地质历史时期岩浆热液蚀变产物。在破碎带中表现为裂隙壁或碎块的红化（钠长石蚀变为微斜长石等），为地质历史时期热液蚀变产物。

黄铁矿-石英化（硅化）表现为黄铁矿细脉及黄铁矿石英细脉沿裂隙穿插、交代，也为地质历史时期热液蚀变产物。

绿帘石（石英）化由黄绿色绿帘石（石英）脉沿裂隙充填、交代而成，脉厚一般为 2~5mm。

绿泥石化表现为深绿色绿泥石薄膜沿结构面充填，多由碎裂物蚀变而成，是野外最常见的蚀变现象。绿泥石与绿帘石的对比如图 1-14 所示。

方解石化由方解石脉或团块充填裂缝而成，也是野外常见的蚀变现象。其中发育晶簇者多为近期构造作用形成空间后，因地下水活动而形成。

(a)                       (b)

图 1-14　绿帘石（a）和绿泥石（b）

彩色原图

### 1.3.1.2　Ⅳ级、Ⅴ级结构面描述体系

Ⅳ级、Ⅴ级结构面是指岩体中大量发育的各类裂隙型结构面，也称基体裂隙、硬性结构面等。这类结构面在岩体中大量发育，随机展布，断续分布，构成岩体结构最基本的层次。它们不仅控制了岩体的基本力学特性，而且在一定条件下，可以构成工程岩体失稳的潜在几何和力学边界，在典型的节理岩体中，它还是岩体局部失稳最具普遍意义的控制边界。

对Ⅳ级、Ⅴ级结构面的描述，是由其基本特征指标所决定的。这些指标一般包括结构面优势方位、组数、间距、迹长、壁面几何特征（粗糙度）、张开度、充填度、地下水特征等（图 1-15）。关于Ⅳ级、Ⅴ级结构面描述的基本指标体系，国际岩石力学学会曾建议一套标准（表 1-5）。

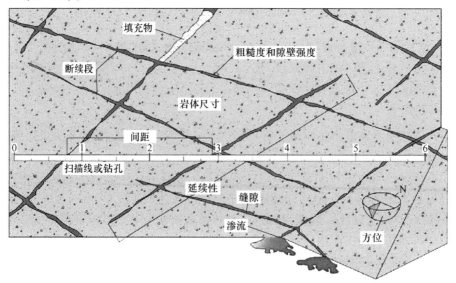

图 1-15　岩体结构面网络及其属性（Hudson and Harrison，1997）

表 1-5　Ⅳ级、Ⅴ级结构面描述指标体系

| 指标 | 描述内容 |
|---|---|
| 方位 | 不连续面的空间位置，用倾向和倾角来描述 |
| 组数 | 组成相互交叉裂隙系的裂隙组的数目，岩体可被单个不连续面进一步分割 |
| 间距 | 相邻不连续面之间的垂直距离，通常指的是一组裂隙的平均间距或典型间距 |
| 延续性 | 在露头中所观测到的不连续面的可追索长度 |
| 迹长 | 结构面在露头上的出露长度 |
| 粗糙度 | 固有的表面粗糙度和相对于不连续面平均平面的起伏程度 |
| 隙壁强度 | 不连续面相邻岩壁的等效抗压强度 |
| 张开度 | 不连续面两相邻岩壁间的垂直距离，其中充填有空气或水 |
| 充填物 | 隔离不连续面两相邻岩壁的物质，通常比母岩弱 |
| 地下水 | 在单一的不连续面中或整个岩体中可见的水流和自由水分 |

### A　结构面产状

结构面产状常用走向、倾向和倾角表示。结构面走向即结构面在空间延伸的方向，用结构面与水平面交线（即走向线）的方位角或方向角表示。走向线两端延伸方向均是走向，虽相差 180°，但是表示的是同一走向。结构面倾向即结构面在空间的倾斜方向，是指用垂直走向顺倾斜面向下引出的一条射线对水平面投影的指向。结构面倾角即结构面在空间倾斜角度的大小，用结构面与水平面所夹的锐角表示，如图 1-16 所示。

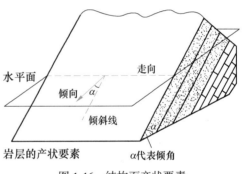

图 1-16　结构面产状要素

结构面与最大主应力间的关系控制着岩体的破坏机理与强度。当结构面与最大主平面的夹角 $\beta$ 为锐角时，岩体将沿结构面滑移破坏；当 $\beta = 0°$ 时，表现为横切结构面产生剪断岩体破坏；当 $\beta = 90°$ 时，则表现为平行结构面的劈裂拉张破坏（图 1-17）。随破坏方式不同，岩体强度也发生变化。

### B　结构面连续性

结构面连续性反映结构面的贯通程度，常用线连续性系数和面连续性系数表示。线连续性系数 $K_1$ 是指沿结构面延伸方向上，结构面各段长度之和与测线长度的比值，如图 1-18 所示，即：

$$K_1 = \frac{\sum a}{\sum a + \sum b} \tag{1-1}$$

式中，$\sum a$，$\sum b$ 分别为结构面及完整岩石长度之和。

$K_1$ 变化在 0~1，$K_1$ 值越大，说明结构面的连续性越好，当 $K_1 = 1$ 时，结构面完全贯通。

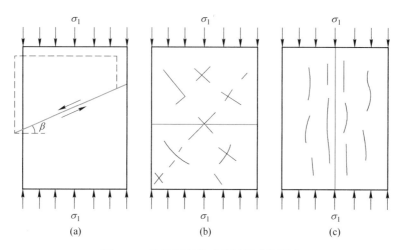

图 1-17    结构面产状对破坏模式的影响

(a) $\beta$ 为锐角；(b) $\beta=0°$；(c) $\beta=90°$

面连续性系数 $K_2$ 是指沿结构面延伸方向，结构面面积之和与总面积的比值，如图 1-19 所示，即：

$$K_2 = \frac{\sum S_i}{S_总}$$

式中，$\sum S_i$ 为结构面裂开面积之和；$S_总$ 为结构面所在平面的总面积。

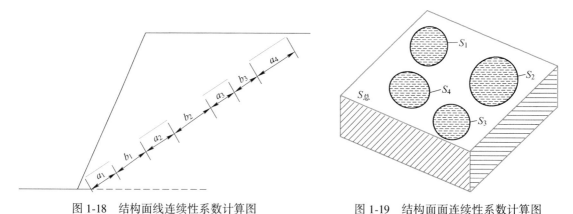

图 1-18    结构面线连续性系数计算图                图 1-19    结构面面连续性系数计算图

无论是 $K_1$，还是 $K_2$，其值均在 $0\sim1$。$K_1$ 和 $K_2$ 越大，说明结构面的连续性越好。当 $K_1=1$ 和 $K_2=1$ 时，结构面完全贯通。结构面的连续性对岩体的变形、破坏机理、强度和渗透性都有很大的影响。

C    结构面迹长

结构面与露头面的交线，称为结构面迹线，其长度称为迹长。无论结构面呈什么形状，都难以直接量测结构面规模的真正大小，对于深部工程而言，只能够观察开挖揭露的岩壁上的迹线，并测量其迹长（图 1-20）来推算结构面的规模。因此，对结构面迹线和迹长的观测很重要，它可以在一定程度上反映结构面的产状和规模。

图 1-20  结构面迹长

对于同一条结构面，如果开挖面位置不同，该结构面在开挖揭露面上的迹线和迹长也不同，甚至会因不在开挖面上出露而无法被观测到。因此，根据少量结构面迹线和迹长是无法准确反映结构面规模大小的。但如果有足够数量的结构面在开挖面上出露而被观测到，由于结构面与开挖面相对位置是随机分布的，它们与结构面的规模大小相关，因此可以通过对迹长的统计分析，推断出结构面的规模。

国际岩石力学学会主张用结构面的迹长来描述和评价结构面的连续性，并制订了相应的分级标准（表 1-6）。结构面迹长是指结构面与开挖揭露面交线的长度，由于它易于测量，所以应用较广。结构面的连续性对岩体的变形、破坏机理、强度及渗透性都有很大的影响。

表 1-6  国际岩石力学学会根据结构面迹长进行连续性分级

| 描述 | 迹长/m | 描述 | 迹长/m |
| --- | --- | --- | --- |
| 很低连续性 | <1 | 高连续性 | 10~20 |
| 低的连续性 | 1~3 | 很高连续性 | >20 |
| 中等连续性 | 3~10 | | |

D  结构面密度与间距

结构面密度反映结构面发育的密集程度，常用线密度、间距等指标表示。

线密度 $K_d$ 是指结构面法线方向单位测线长度上交切结构面的条数，单位为条/m。间距 $d$ 则是指同一组结构面法线方向上相邻两个结构面的平均距离。结构面线密度与间距互为倒数关系，即：

$$K_d = \frac{1}{d} \tag{1-2}$$

按以上定义，在进行结构面密度或间距的调查时，要求测线沿结构面法线方向布置。

但在实际结构面测量中，由于揭露面条件的限制，往往达不到这一要求。如果测线是水平布置的，且与结构面法线的夹角为 $\alpha$，结构面的倾角为 $\beta$，则 $K_d$ 可用下式计算：

$$K_d = \frac{n}{L\sin\beta\cos\alpha} = \frac{K'_d}{\sin\beta\cos\alpha} \tag{1-3}$$

式中，$L$ 为测线长度，一般应为 $20\sim50\mathrm{m}$；$K'_d$ 为测线方向某组结构面的线密度；$n$ 为结构面条数。

当岩体中包含多组结构面时，可用叠加方法求得水平测线方向上的结构面线密度。结构面的密度控制着岩体的完整性和岩块块度。一般来说，结构面发育越密集，岩体的完整性越差，岩块的块度越小，进而导致岩体的力学性质变差，渗透性增强。Priest 等提出用线密度 $K_d$ 来估算岩体质量指标 RQD（Rock Quality Designation）为：

$$\mathrm{RQD} = 100\,\mathrm{e}^{-0.1K_d}(0.1K_d + 1) \tag{1-4}$$

为了统一描述结构面密度的术语，国际岩石力学学会规定了分级标准，如表 1-7 所示。

表 1-7   结构面间距分级表

| 描述 | 间距/mm | 描述 | 间距/mm |
|---|---|---|---|
| 极密集的间距 | <20 | 宽的间距 | 600~2000 |
| 很密的间距 | 20~60 | 很宽的间距 | 2000~6000 |
| 密集的间距 | 60~200 | 极宽的间距 | >6000 |
| 中等的间距 | 200~600 | | |

#### E   结构面张开度

结构面张开度是指结构面两壁面间的垂直距离。结构面两壁面一般不是紧密接触的，而是呈点接触或局部接触，接触点大部分位于起伏或锯齿状的凸起点。在这种情况下，由于结构面实际接触面积减少，必然导致其黏聚力降低，因此当结构面张开且被其他物质填充时，其强度将主要由填充物决定。另外，结构面的张开度对岩体的渗透性有很大的影响。如在层流条件下，平直两壁平行的单个结构面的渗透系数（$K_f$）可表达为：

$$K_f = \frac{ge^2}{12\nu} \tag{1-5}$$

式中，$e$ 为结构面张开度，mm；$\nu$ 为水的运动黏滞系数，$\mathrm{cm^2/s}$；$g$ 为重力加速度，$\mathrm{m^2/s}$。结构面张开度的描述术语和分级标准如表 1-8 所示。

表 1-8   结构面张开度分级

| 描述 | 结构面张开度/mm | 备 注 |
|---|---|---|
| 很紧密 | <0.1 | 闭合结构面 |
| 紧密 | 0.1~0.25 | |
| 部分张开 | 0.25~0.5 | |
| 张开 | 0.5~2.5 | 裂开结构面 |
| 中等宽的 | 2.5~10 | |
| 宽的 | >10 | |

| 描　述 | 结构面张开度/mm | 备　注 |
|---|---|---|
| 很宽的 | 10~100 | |
| 极宽的 | 100~1000 | 张开结构面 |
| 似洞穴的 | >1000 | |

F　结构面形态

结构面形态对岩体的工程地质性质存在显著影响，结构面的形态可以从侧壁的起伏形态及粗糙度两方面进行研究。结构面侧壁的起伏形态可分为平直的、波状的、锯齿状的、台阶状的和不规则状的几种，如图 1-21 所示。

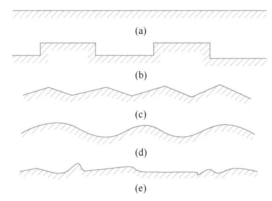

图 1-21　结构面的起伏形态示意图

(a) 平直的；(b) 台阶状的；(c) 锯齿状的；(d) 波状的；(e) 不规则状的

侧壁的起伏程度可用起伏角 $i$ 表征（图 1-22），其计算公式为：

$$i = \tan^{-1}\frac{2h}{L} \tag{1-6}$$

式中，$h$ 为平均起伏差；$L$ 为平均基线长度。

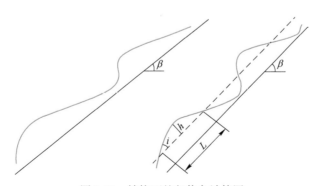

图 1-22　结构面的起伏角计算图

结构面粗糙度可用粗糙度系数 JRC（joint roughness coefficient）表示，随粗糙度的增大，结构面的摩擦角也增大。据 Barton 的研究可将结构面的粗糙度系数划分为如图 1-23 所示的 10 级。在实际工作中，可用结构面纵剖面仪测出所研究结构面的粗糙剖面，然后与图中所示的标准剖面进行对比，即可求得结构面的粗糙度系数 JRC。

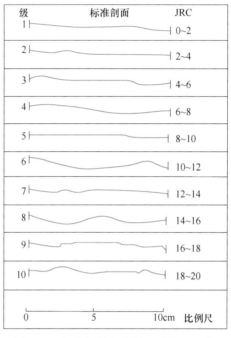

图 1-23   标准粗糙程度剖面及其 JRC 值

岩体结构面粗糙度系数 JRC 数据采集手段可分为接触式与非接触式两种。图 1-24 所示为一简单的接触式结构面测量装置。接触式测量装置的精度取决于探针的直径与间距，精度往往较低，由于是接触式测量，该方法不适用于软岩结构面表面形态的数据采集，并且大多数仪器只能做到二维剖面测量，对测量进行了简化，不能很好地代表结构面表面几何形态。非接触式测量包括 ATS 照相量测系统、三维激光扫描法、图像摄影法等（图 1-25），相对于接触式测量，测量精度高，实验周期短，并且可得到软硬岩体结构面的三维模型，近年来得到了广泛的应用。

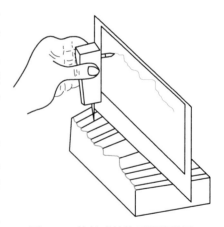

图 1-24   接触式结构面测量装置

G   结构面填充胶结特征

结构面经胶结后，其力学性质一般会有所改善。改善的程度因胶结物成分不同而异。以铁质硅质胶结的强度最高，往往与岩石强度差别不大，甚至超过岩石强度，这类结构面一般不予研究。而泥质与易溶盐类胶结的结构面强度最低，且抗水性差，如图 1-26 和图 1-27 所示。结构面胶结物成分及其主要特征见表 1-9。

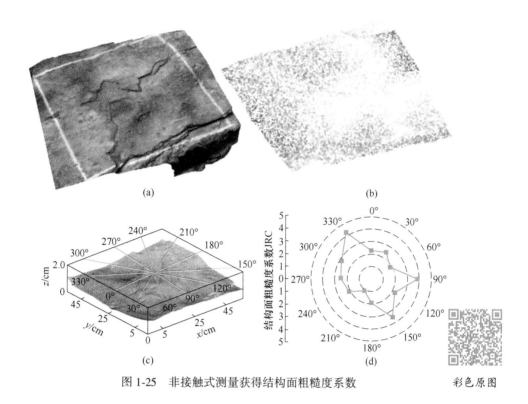

图 1-25　非接触式测量获得结构面粗糙度系数      *彩色原图*

图 1-26　硅质胶结与钙质胶结

（a）不规则状石英岩脉；（b）方解石岩脉

　　未胶结的具有一定张开度的结构面往往被外来物质所填充，其力学性质    *彩色原图* 取决于填充物成分、厚度、含水性及壁岩的性质等。就填充物成分来说，以 砂质、砾质等粗粒填充的结构面性质最好，黏土质（如高岭石、绿泥石、水云母、蒙脱石 等）和易溶盐类填充的结构面性质最差。

(a)　　　　　　　　　　　　　　　　(b)

图 1-27　铁质胶结与泥质胶结

（a）铁质氧化物充填泥页岩节理；（b）砂岩节理被泥质物充填

彩色原图

**表 1-9　结构面胶结物成分及其主要特征**

| 胶结物成分 | 颜色 | 岩石固结程度 | 胶结物成分 | 加稀盐酸 |
|---|---|---|---|---|
| 钙质 | 灰白 | 中等 | <小刀 | 剧烈起泡 |
| 硅质 | 灰白 | 致密坚硬 | >小刀 | 无反应 |
| 铁质 | 褐红、褐 | 致密坚硬 | ≈小刀 | 无反应 |
| 泥质 | 灰白 | 松软 | <小刀 | 无反应 |

　　按填充物厚度和连续性，结构面的填充可分为薄膜填充、断续填充、连续填充及厚层填充四类。薄膜填充是结构面两壁附着一层极薄的矿物膜，厚度多小于 1mm，多为应力矿物和蚀变矿物等。这种填充厚度虽薄，但因多是性质不良的矿物，因而明显地降低了结构面的强度。断续填充的填充物不连续且厚度小于结构面的起伏差，结构面的力学性质与填充物性质、壁岩性质及结构面的形态有关。连续填充的填充物分布连续，结构面的力学性质主要取决于填充物性质。厚层填充的填充物厚度远大于结构面的起伏差，大者可达数十厘米以上，结构面的力学性质很差，岩体往往易于沿这种结构面滑移而失稳。结构面的不同充填厚度如图 1-28 所示。

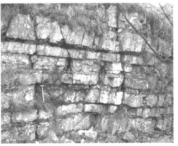

图 1-28　充填厚度由左至右逐渐增加

Ⅱ　结构面的组合关系

　　结构面的组合关系控制着可能失稳岩体的几何边界条件、形态、规模、失稳方向及失稳破坏类型，它是工程岩体稳定性预测与评价的基础。任何坚

彩色原图

硬岩体的块体失稳破坏都必须具备一定的几何边界条件。因此，在研究深部工程岩体稳定性时，必须研究结构面之间及其与开挖临空面之间的组合关系，确定可能失稳块体的形态、规模等。结构面组合关系的分析可用赤平投影、立体投影和三角几何计算法等进行。

## 1.3.2 岩体结构面调查方法

对结构面进行现场调查是获取岩体结构信息最直接、最有效的手段。与上述结构面描述体系相似，结构面的调查方法也根据结构面的规模进行区分。即针对Ⅰ级、Ⅱ级、Ⅲ级结构面和Ⅳ级、Ⅴ级结构面分别有不同的调查方法。对Ⅰ级、Ⅱ级、Ⅲ级结构面，通常采用确定性的方法进行逐条调查。Ⅳ级、Ⅴ级结构面则需采用统计的方法进行调查。

### 1.3.2.1 Ⅰ级、Ⅱ级、Ⅲ级结构面调查方法

Ⅰ级、Ⅱ级、Ⅲ级结构面的现场调查可采用表 1-10 进行，基本步骤如下：

（1）对现场揭露的每一条此类结构面，沿结构面布置测线，按描述指标体系逐点记录地质特征，点距一般为 0.5~1.0m。

（2）逐点调查的同时，绘制结构面展布的素描图，并逐点拍照。

（3）将在不同露头调查得到的同一结构面资料汇总，并对各指标进行统计分析，得到各项指标的统计规律，从而建立对结构面空间展布规律、构造特征和工程地质特征的总体认识。

（4）将上述调查内容纳入数据管理系统，实现数据信息的有效管理。

**表 1-10　Ⅰ级、Ⅱ级、Ⅲ级结构面调查描述表**

编号：

| 位置： | | 坐标 $X$： | $Y$： | 方向： | 高程： | 岩性： |
|---|---|---|---|---|---|---|
| 观测点 | | 1 | 2 | 3 | 4 | 5 |
| 测点硐深/m | | | | | | |
| 距底板/m | | | | | | |
| 产状 | | | | | | |
| 破碎带 | 宽度/m | | | | | |
| | 结构 | | | | | |
| | 物质组成 | | | | | |
| | 胶结状况 | | | | | |
| | 密实程度 | | | | | |
| 影响带 | 宽度/m | | | | | |
| | 结构 | | | | | |
| | 其他特征 | | | | | |
| 风化状态 | | | | | | |
| 地下水 | | | | | | |
| 力学类型 | | | | | | |
| 工程类型 | | | | | | |
| 三壁贯通状况 | | | | | | |
| 总体特征描述 | | | | | | |
| 备注 | | | | | | |

### 1.3.2.2 Ⅳ级、Ⅴ级结构面调查方法

由于Ⅳ级、Ⅴ级结构面在岩体中分布具有随机性、大量普遍性及提供调查揭露面的局限性，如何查明随机结构面，描述体系中的各项指标参数，一直是工程地质领域的难题。目前主要通过在开挖揭露面上布置各种形式的测线、测网或统计窗对现场的随机结构面进行大量的调查与测量，在此基础上，通过统计模型，获取表征结构面的各项参数，从而建立定量化的岩体结构模型。目前，针对深部岩体Ⅳ级、Ⅴ级结构面的调查方法，主要有以下几类：（1）基于深部岩体开挖揭露面的测线法或普遍测网法；（2）基于钻孔岩心或钻孔摄像技术的统计方法；（3）摄影测量方法。下面主要介绍两种最常用的现场调查方法：测线法和普遍测网法。

（1）测线法。测线法是指在开挖揭露的岩壁表面布置一条测线，逐一测量与测线相交切的各条结构面几何参数。

由于揭露面的局限，准确测量结构面迹长非常困难，一般只能测量到结构面的半迹长或删节半迹长。结构面半迹长是指结构面迹线与测线的交点到迹线端点的距离，应当注意的是，所谓结构面半迹长并非真正是结构面迹长的一半。在测线一侧适当距离布置一条与测线平行的删节线，测线到删节线之间的距离称为删节长度（图1-29），结构面迹线处于测线与删节线之间的长度便称为删节半迹长。

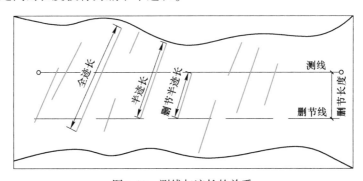

图1-29　测线与迹长的关系

半迹长针对与测线相交且端点在删节线内侧的结构面；删节半迹长针对同时与测线和删节线相交的结构面。在一次采样中，结构面半迹长应统计布置有删节线一侧的长度，另一侧则不在采样之列。

为了保证采样的系统、客观、科学，应在采样前对研究区工程岩体进行结构区的划分，把岩性相同、地质年代相同、构造部位相同、岩体结构类型相同的结构区作为采样的同一结构区。结构面采样和统计分析应在同一结构区内进行。

在采样中应尽量选择条件好的开挖揭露面，这样不仅采样方便，更能保证采样精度。一般应尽量选择平坦的、新鲜的、未扰动的、揭露面积较大的铅直面进行采样，并尽可能在三个正交的面上采样。

在揭露面上确定出采样区域，布置测线和删节线，删节线应与测线平行，删节长度应根据揭露面的具体情况和结构面规模来确定。记录测线的方位、删节长度。从测线一端开始逐条统计与测线相交的每条结构面，包括结构面位置、产状、半迹长（删节半迹长）、端点类型、张开度和类型，观察结构面的胶结和填充情况以及结构面的含水性等。

结构面端点划分为三种类型：1）结构面端点中止于删节线与测线之间（图1-30中A）；2）结构面端点中止在另一条结构面上，即被另一条结构面所切（图1-30中B）；3）结构面延伸到删节线以外（图1-30中C）。结构面的成因类型，可用不同的符号表示。

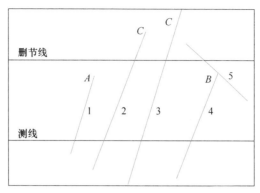

图 1-30 结构面端点类型

1~5—结构面

（2）普遍测网法。普遍测网法是指通过在工程区范围内布置大量测网，对各部分工程岩体实施有效的控制与覆盖，在通过现场的精细测量获得单个测网详细结构面特征指标的前提下，采用统计的方法，提出工程区各区段或各具体工程部位的岩体结构参数。普遍测网法是一种基于统计学的确定性模型方法，其基本出发点就是当采样的点数足够多时，具有统计意义的参数估计（数学期望）可以逼近其真实值。

当工程区有足够的勘探工作，并能对整个工程区的岩体结构做到基本有效的控制时，普遍测网法所提供的信息量及其在有效地提供不同部位岩体结构参数方面所显示的优越性是其他方法不能比拟的。但是，普遍测网法调查的工作量往往很大。

普遍测网法的基础是单个结构面测量网点。单个测网的布置可有多种形式，但由于揭露面尺寸的限制（勘探硐），实际测网的高度一般小于2m。在测网高度一定的前提下，测网宽度的确定应尽可能考虑满足结构面迹长的估计，因为在有限的测网高度范围内，获得裂隙的全迹长是困难的。理论研究表明，当结构面的迹长小于3m时，采用4m×2m的测网可以获得满足于结构面全迹长估计的截断迹长。为了在更大范围内获取结构面的一般特征指标，在以4m×2m测网为基础精测网的前提下，在测网的两端各延长2m构成粗测网，故实际测网的控制长度为8m。在4m×2m的精测网内，对应硐室腰线的测线被定义为主测线或中测线，对应硐顶和硐底的上测线和下测线称为辅助测线（图1-31）。

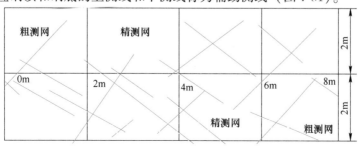

图 1-31 普遍测网法测网布置示意图

现场调查可以采用表1-11进行，工作要点如下：

1）根据前述的测网形式和布置方式，在揭露面岩壁上布置好测网和测线。

2）准备好裂隙调查记录表格和绘图纸。

3）首先测量精测网内的裂隙：对每一条裂隙，根据其出露情况按1:20的比例将其准确地描绘在绘图纸上，然后根据上述指标体系，观测描述裂隙，并逐项记录在表格上。

4）对于粗测网内的裂隙，除了不做绘图描述外，其观测与记录内容与精测网是一致的。

5）裂隙测量记录完毕后，分别以中测线和上下两条辅助测线为基线，测量这三条测线上的RQD值，并取其平均值代表测量段岩体在水平方向上的RQD值；同样，取竖直的中测线和两侧的边测线为基线，分别测量三条测线在垂直方向上的RQD值，并取其平均值代表测段岩体在垂直方向上的RQD值。

6）最后，对测段岩体做综合描述，包括岩性、层位、岩体的风化卸荷、岩体结构类型、地下水状况、岩体质量的初步分级及其他重要的地质现象等。

表1-11　IV级、V级结构面调查表

| 测量位置： | | | | | | 测面方向： | | | | | 测网大小： | | |
| 层位：　岩性： | | | | | | | | | | | 测量日期：　年　　月　　日 | | |
| 编号 | 产状 | 迹长/m | | | 延续性 | 间距/m | 充填物 | | | 张开度/mm | 风化程度 | 粗糙度 | 地下水 | 备注 |
| | | 全 | 半 | 截断半 | | | 物质 | 厚度/mm | 胶结程度 | | | | | |
| | | | | | | | | | | | | | | |
| | | | | | | | | | | | | | | |
| | | | | | | | | | | | | | | |
| | | | | | | | | | | | | | | |
| | | | | | | | | | | | | | | |
| | | | | | | | | | | | | | | |

| 上测线RQD： | 左测线RQD： |
|---|---|
| 中横线RQD： | 中竖线RQD： |
| 下测线RQD： | 右测线RQD： |
| 水平RQD（平均）： | 垂直RQD（平均）： |
| 综合评述： | |
| 测量：　　　　　　记录： | |

## 1.4　岩体结构面统计分析与网络模拟

### 1.4.1　岩体结构面统计分析

由于Ⅰ级、Ⅱ级、Ⅲ级结构面为确定性的结构面，本节所述的结构面统计分析主要针对Ⅳ级、Ⅴ级结构面。

### 1.4.1.1　样本数量

结构面样本数量的多少决定着统计分析的精度。样本数目过少，则难以有效反映其统计规律，建立的概率模型可能与实际差别较大。样本数量过多则大大增加采样的难度和工作量，并且也不一定有足够大的揭露面用来大量统计结构面。国际岩石力学学会建议统计样本数目应介于80~300，一般情况下可取150。工程实践表明，当结构面分为4~5组时，样本数目如果超过200条，就可以很明确地进行结构面分组，并确定结构面的概率模型。当分组不超过3组时，样本数目应在100条以上。因为结构面概率模型是分组构建的，为保证概率模型的可靠性，每组结构面不应少于30条。

### 1.4.1.2　结构面分组

前已述及，岩体中结构面的发育往往具有一定的规律性。将同样属性的结构面进行分组，对于结构面概率模型的构建与网络模拟十分必要。一般来说，结构面分组时应遵循以下原则：(1) 结构面分组应在现场工程地质调查的基础上进行。现场调查时要对研究区发育有几组结构面，各自的工程特征如何有一个总体的宏观认识，在此指导下进行结构面分组。否则，完全依靠采样数据分组可能会由于分组界限划分得过细或过粗，而导致结构面分组与实际情况有较大差别。(2) 分组时应保证结构面不被遗漏，否则会影响结构面间距和数量的准确性。(3) 各组结构面之间应相互排斥，每条结构面都必须并且只能被分到一个组内。(4) 结构面分组应主要依据结构面产状进行。图1-32所示为岩体剖面出露的三组结构面。

图1-32　三组结构面（Zheng et al.，2016）　　　　彩色原图

结构面分组常用的方法包括结构面方位等面积赤平投影法、动态聚类分组法等。

结构面方位等面积赤平投影作图法具有直观、简洁、容易与工程地质宏观判断相结合的特点，是综合"方位图解+工程判断"的方法。该方法通过将统计到的结构面产状逐一点在赤平投影图中，作等密度图。根据投影点分布的密集程度把结构面划分成不同组别，如图1-33所示，可以将结构面划分为3组。

但该方法也存在一些不足之处，如赤平投影法所采用的等密度投影网，倾角非等间距划分，图上读取数据误差较大。因投影网非等间距，通过内插作等密度图误差也较大。投影网构造相对复杂，结构面投放到投影网中也不方便，尤其是施密特等面积投影网。容易

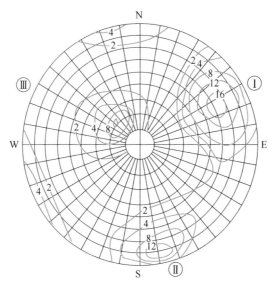

图 1-33　结构面方位等面积投影图

导致少量结构面在分组中被"遗失",没有被分到任何一组,从而影响结构面概率模型的精度。结构面密集点有时较分散,组数较多,不能较好地分类,特别是结构面样本数量较少时更不易分组。

动态聚类分组法的基本原理如下,根据样本情况,按照一定的方法选择凝聚点,按照样本与凝聚点的距离大小将样本进行初始分类,并计算各类的重心作为新的凝聚点,直到各类凝聚点不再发生变化,分类结果比较合理为止。

根据野外调查,可以初步确定结构面的组数 $k$,根据组数设置 $k$ 个聚核,按照动态聚类法,可以将结构面分为 $k$ 组。由于控制结构面产状的是倾向、倾角两个量,如何合理选择"距离"这个关键的聚类指标就显得极为重要。

采用动态聚类分组方法可以确保每一条结构面都进入分组,不会造成遗漏。该方法不需要进行人工判读,便于使用计算机编程实现。

### 1.4.1.3　结构面参数的概率分布

#### A　常用的概率分布

结构面参数常用的概率分布包括均匀分布、负指数分布、正态分布、对数正态分布等,如表 1-12 所示。

均匀分布的一般表达式为:

$$f(x) = \frac{1}{b - a} \tag{1-7}$$

式中, $x$ 的取值范围为 $(a, b)$,其均值与方差分别为 $(a+b)/2$ 和 $(b-a)^2/2$。

负指数分布的一般表达式为:

$$f(x) = \lambda e^{-\lambda x} \tag{1-8}$$

式中, $x$ 的取值范围为 $(0, +\infty)$,其均值与标准差均为 $\lambda$。

正态分布的一般表达式为:

$$f(x) = \frac{1}{\sqrt{2\pi}\sigma} e^{-\frac{1}{2\sigma^2}(x-\mu)^2} \tag{1-9}$$

式中，$x$ 的取值范围为（$-\infty$，$+\infty$），其均值与标准差分别为 $\mu$ 和 $\sigma$。

对数正态分布的一般表达式为：

$$f(x) = \frac{1}{\sqrt{2\pi}\sigma} e^{-\frac{1}{2\sigma^2}(\ln x-\mu)^2} \tag{1-10}$$

式中，$x$ 的取值范围为（0，$+\infty$），其均值与标准差分别为 $\mu$ 和 $\sigma$。

**表 1-12 结构面几何参数经验概率分布形式**

| 研究者 | 产状分布形式 | 迹长分布形式 | 间距分布形式 | 隙宽分布形式 |
| --- | --- | --- | --- | --- |
| Fisher（1953） | 均匀 | — | — | — |
| Snow（1968，1965） | — | — | 负指数 | 对数正态 |
| Robertson（1970） | — | 负指数 | — | — |
| Louis 等（1970） | — | — | 负指数 | — |
| Mardia（1970） | 均匀 | — | — | — |
| Steffen 等（1975） | — | 对数正态 | 对数正态 | — |
| Bridges（1976） | — | 对数正态 | — | — |
| Call 等（1976） | 正态 | 负指数 | 负指数 | 负指数 |
| Priest 和 Hudson（1976） | — | — | 负指数 | — |
| Baccher 等（1977，1978） | — | 对数/负指数 | 负指数 | — |
| Barton（1978，1986） | — | 对数正态 | 对数正态 | 负指数 |
| Cruden（1977） | — | 负指数 | — | — |
| Herget（1978） | 正态 | 负指数 | — | — |
| Einstein（1980） | — | 对数正态 | 负指数 | — |
| Segall 等（1983） | — | 双曲线 | — | — |
| Grossman（1985） | 双正态 | — | — | 对数正态 |
| Kulatilake（1990） | 双正态 | — | — | — |
| Piteau（1970） | — | 负指数 | — | — |
| Kokichikikuch 等（1987） | — | 负指数 | 负指数 | — |
| McMahon（1974） | — | 对数正态 | — | — |
| Dershowitz（1984） | Fisher | 伽马-1 | — | — |
| 潘别桐（1988） | 均匀/正态 | 正态/对数正态 | 负指数 | 负指数 |

**B  结构面产状的概率分布**

研究表明，结构面产状往往服从均匀分布、Fisher 分布、正态分布、双正态分布和双Fisher 分布等。其中，倾向一般多服从正态分布和对数正态分布，倾角一般多服从正态分布。

**C  结构面规模的概率分布**

结构面规模是指结构面平面大小或在空间的延展程度。若结构面为圆形，可用其半径（或直径）来反映其规模大小。但结构面半径（直径）无法直接量测，应根据可以直接量测到的结构面迹长（半迹长）来确定。

根据统计学的理论，结构面半迹长与全迹长的分布形式应是一致的，它们的分布形式主要有负指数、对数正态等，最常见的为负指数分布。Priest 和 Hudson（1981）利用测线法对结构面迹长、半迹长和删节半迹长的概率分布形式进行了研究。各类迹长理论分布函数及其平均值如表 1-13 所示。

表 1-13    各类迹长理论分布函数及其平均值

| 分布形式 | 总体迹长分布函数 | | 交切迹长分布函数 | | 交切半迹长分布函数 | |
|---|---|---|---|---|---|---|
| | 概率密度 $f(l)$ | 均值 $1/\mu$ | 概率密度 $g(l)$ | 均值 $1/\mu_g$ | 概率密度 $h(l)$ | 均值 $1/\mu_b$ |
| 均匀分布 | $\mu/2 < l \ll 2/\mu$ | $1/\mu$ | $\mu^2 l/2$ | $4\mu/3$ | $\mu(1 - \mu l/2)$ | $2\mu/3$ |
| 负指数分布 | $\mu e^{-\mu l}$ | $1/\mu$ | $\mu^2 l e^{-\mu l}$ | $2/\mu$ | $\mu e^{-\mu l}$ | $1/\mu$ |
| 正态分布 | $\dfrac{1}{\sqrt{2\pi}\,\sigma} e^{-\frac{(l-1/\mu)^2}{2\sigma^2}}$ | $1/\mu$ | $\dfrac{\mu l}{\sqrt{2\pi}\,\sigma} e^{-\frac{(l-1/\mu)^2}{2\sigma^2}}$ | $1/\mu + \sigma^2\mu$ | $\mu[1 + F(l)]$ | $(1/\mu + \sigma^2\mu)/2$ |

假设结构面为圆盘形，则露头面与结构面交切的迹线即为结构面圆盘的弦，平均迹长（$\bar{l}$）即是平均弦长，则：

$$\bar{l} = \frac{2}{r} \quad \text{或} \quad \sqrt{r^2 - x^2}\,\mathrm{d}x = \frac{\pi}{2}r = \frac{\pi}{4}a \tag{1-11}$$

式中，$r$ 和 $a$ 分别为结构面的半径和直径。

假设结构面半径 $r$ 服从分布 $f_r(r)$，直径 $a$ 服从分布 $f_a(a)$，由式（1-11）则有：

$$\begin{cases} f_r(r) = \dfrac{\pi}{2} f\left(\dfrac{\pi}{2}r\right) \\[2mm] f_a(a) = \dfrac{\pi}{4} f\left(\dfrac{\pi}{4}a\right) \end{cases} \tag{1-12}$$

式中，$f(l)$ 为迹长概率分布。

如果结构面迹长 $l$ 服从负指数分布，即 $f(l) = \mu e^{-\mu l}$，将其代入式（1-12），则有：

$$\begin{cases} f_r(r) = \dfrac{\pi}{2}\mu e^{-\frac{\pi}{2}\mu r} \\[2mm] f_a(a) = \dfrac{\pi}{4}\mu e^{-\frac{\pi}{4}\mu a} \end{cases} \tag{1-13}$$

因此，结构面半径和直径的均值 $r$ 和 $a$ 为：

$$\begin{cases} \bar{r} = \displaystyle\int_0^\infty r f_r(r)\,\mathrm{d}r = \dfrac{2}{\pi}\bar{l} \\[3mm] \bar{a} = \displaystyle\int_0^\infty a f_a(a)\,\mathrm{d}t = \dfrac{2}{\pi}\bar{l} \end{cases} \tag{1-14}$$

D    结构面间距和密度的概率分布

大量实测资料和理论分析都证实，相邻两条同组结构面的垂直距离（间距观测值 $d$）多服从负指数分布（图 1-34），其分布密度函数为：

$$f(d) = \mu e^{-\mu d} \tag{1-15}$$

式中, $\mu = \dfrac{1}{\overline{d}} = \overline{\lambda}_d$ , 其中 $\overline{d}$ 和 $\overline{\lambda}_d$ 分别为结构面平均间距和平均线密度。

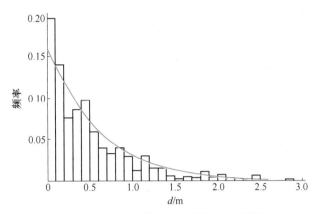

图 1-34　某组结构面间距的分布直方图

由于结构面间距与线密度成倒数关系, 所以有:

$$f\left(\frac{1}{\lambda_d}\right) = \mu e^{-\mu \frac{1}{\lambda_d}} \tag{1-16}$$

若结构面迹长服从负指数分布 $f(l) = \mu e^{-\mu l}$ , 可以得到结构面面密度 $\lambda_s$ , 为:

$$\lambda_s = \mu\,\lambda_d = \frac{\lambda_d}{l} \tag{1-17}$$

根据结构面呈薄圆盘状的假设条件, 对于如图 1-35 所示的模型, 假设测线 $L$ 与结构面法线平行, 即 $L$ 垂直于结构面。取圆心在 $L$ 上, 半径为 $R$ , 厚为 $dR$ 的空心圆筒, 其体积为 $dV = 2\pi RL dR$ , 若结构面体密度为 $\lambda_V$ , 则中心点位于体积 $dV$ 内的结构面数 $dN$ 为:

$$dN = \lambda_V dV = 2\pi RL\lambda_V dR \tag{1-18}$$

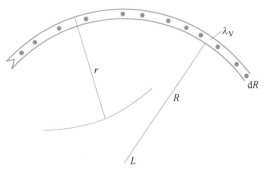

图 1-35　$\lambda_V$ 求取示意图

但是, 对于中心点位于 $dV$ 内的结构面, 只有其半径 $r \geqslant R$ 时才能与测线相交。若结构面半径 $r$ 的密度为 $f(r)$ , 则中心点在 $dV$ 内且与测线 $L$ 相交的结构面数目 $dn$ 为:

$$dn = dN\int_R^\infty f(r)\,dr = 2\pi L\,\lambda_V R\int_R^\infty f(r)\,dr dR \tag{1-19}$$

对 $R$ 从 $0 \rightarrow \infty$ 积分, 可得全空间内结构面在测线 $L$ 上的交点数 $n$ 为:

$$n = \int_0^\infty \mathrm{d}n = 2\pi L \, \lambda_V \int_0^\infty R \int_R^\infty f(r) \, \mathrm{d}r \mathrm{d}R \qquad (1-20)$$

所以，结构面线密度 $\lambda_d$ 为：

$$\lambda_d = 2\pi \, \lambda_V \int_0^\infty R \int_R^\infty f(r) \, \mathrm{d}r \mathrm{d}R \qquad (1-21)$$

可得结构面体密度 $\lambda_V$ 为：

$$\lambda_V = \frac{\lambda_d}{2\pi \, \bar{r}^2} \qquad (1-22)$$

式中，$\bar{r}$ 为结构面半径均值。

如果岩体中存在 $m$ 组结构面，则结构面总体密度 $\lambda_{V总}$ 为：

$$\lambda_{V总} = \frac{1}{2\pi} \sum_{k=1}^m \frac{\lambda_{dk}}{\bar{r}_k^2} \qquad (1-23)$$

式中，$\lambda_{dk}$ 和 $\bar{r}_k$ 分别为第 $k$ 组结构面的线密度和半径均值。

E  结构面张开度的概率分布

据研究，结构面张开度 $e$ 多服从负指数分布，有时也服从对数正态分布。图 1-36 为结构面张开度的统计直方图，基本上服从负指数分布。

### 1.4.1.4  结构面概率模型建立方法

在进行结构面网络模拟之前，要建立模拟所涉及结构面各形态要素的概率模型，包括概率分布形式和与之对应的数字特征值。

A  概率分布形式的确定方法

对于概率分布形式的选择，在很多情况下可根据先验知识及对产生该随机变量的认识，决定应采用哪种分布，或拒绝哪种分布，这主要是从定性的角度来判断。

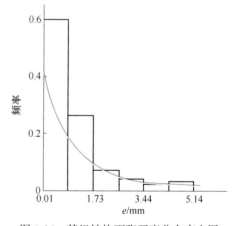

图 1-36  某组结构面张开度分布直方图

采样数据对选择概率分布形式有着决定性作用，一般来说，如果有足够数量的数据，就可以确定出概率分布形式和对应的数字特征。选择的分布形式是否合适，还必须进行检验。确定概率分布形式通常采用频率直方图法、点估计法和概率图法等方法。

（1）频率直方图法。频率直方图法是确定连续性随机变量分布形式最常用的方法，因为直方图是密度函数的近似，很直观，也很简洁。可以通过作结构面的倾向、倾角、迹长、隙宽等形态参数的频率直方图来确定它们的分布形式，并进一步计算它们的数字特征。

以结构面倾向为例，采用合理的角度间距（一般采用 2°~5° 的间隔）作频数的直方图。如图 1-37 所示的示例，根据直方图的形态可以判断其倾向分布接近于正态分布。

（2）点估计法。概率分布的变异系数 $C_V$ 是分布参数的函数，不同的概率分布其变异系数有不同的取值范围，见表 1-14。因此，可以根据样本数据的变异系数来确定合适的分布形式。

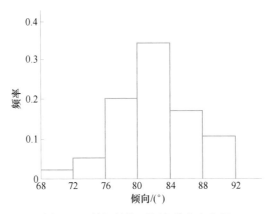

图 1-37 某组结构面倾向分布直方图

**表 1-14 概率分布的变异系数特征表**

| 分布类型 | 变异系数 $C_V$ | $C_V$ 取值范围 |
|---|---|---|
| 均匀分布 | $\dfrac{b-a}{\sqrt{3}(a+b)}$ | $(-\infty, 0),\ (0, +\infty)$ |
| 负指数分布 | 1 | 1 |
| 正态分布 | $\sigma/\mu$ | $(-\infty, 0),\ (0, +\infty)$ |
| 对数正态分布 | $\sqrt{e^{\sigma^2}-1}$ | $(0, +\infty)$ |

（3）概率图法。概率图法是指针对不同概率分布形式预先准备好坐标纸，在坐标纸中绘出样本数据与累积概率的关系曲线。当关系曲线为一条直线时，表明该组数据服从坐标纸所代表的分布形式。如果不是直线，则拒绝这一分布形式，换其他可能的分布形式的坐标纸重新进行判别，直到确定出合适的分布形式。

B　数字特征值的确定方法

由结构面样本值确定出其概率分布函数 $F(x)$ 或密度函数 $f(x)$ 后，还要确定其数字特征值，主要包括均值 $\mu$ 和方差 $\sigma^2$（或标准差 $\sigma$）。它们可以运用最大似然估计法和最小二乘法来估算。

（1）最大似然估计法。最大似然估计法是指在随机变量概率分布密度函数已知的情况下，利用变量观测值估算其参数。

设随机变量 $X$ 的分布密度为 $p(X; \theta_1, \theta_2, \cdots, \theta_m)$，其中 $X; \theta_1, \theta_2, \cdots, \theta_m$ 为未知参数，若样本值为 $x_1, x_2, \cdots, x_n$，令 $X$ 的似然函数 $L_n$ 为：

$$L_n(x_1, x_2, \cdots, x_n; \theta_1, \theta_2, \cdots, \theta_m) = \prod_{i=1}^{n} p(x_i; \theta_1, \theta_2, \cdots, \theta_m) \qquad (1-24)$$

如果 $L_n$ 在 $\theta_1^e, \theta_2^e, \cdots, \theta_m^e$ 上达到最大值，则称 $\theta_1^e, \theta_2^e, \cdots, \theta_m^e$ 为 $\theta_1, \theta_2, \cdots, \theta_m$ 的最大似然估计。

对于正态分布，有：

$$\begin{cases} \mu^e = \dfrac{1}{n} \displaystyle\sum_{i=1}^{n} x_i = \bar{x} \\ \sigma^e = \dfrac{1}{n} \displaystyle\sum_{i=1}^{n} (x_i - \bar{x})^2 \end{cases} \tag{1-25}$$

对于对数正态分布，有：

$$\begin{cases} \mu^e = \dfrac{1}{n} \displaystyle\sum_{i=1}^{n} \ln x_i = \ln \bar{x} \\ \sigma^e = \dfrac{1}{n} \displaystyle\sum_{i=1}^{n} (\ln x_i - \ln \bar{x})^2 \end{cases} \tag{1-26}$$

对于负指数分布，有：

$$\mu^e = \dfrac{n}{\displaystyle\sum_{i=1}^{n} x_i} = \dfrac{1}{\bar{x}} \tag{1-27}$$

（2）最小二乘法。经验表明，最大似然估算法确定出的统计参数所建立的理论分布与经验分布之间通常存在较大的差异，为保证理论分布函数与经验分布函数间能够较好地吻合，可以采用非线性函数的最小二乘法来计算有关的统计参数，即对已经选定的概率密度函数 $f(x)$，寻找一组 $\mu$、$\sigma$ 值，使得到的 $f(x)$ 的图形最为接近根据实际数据而绘制的直方图。

对于给定的 $n$ 对数据点 $(x_i, y_i)$，$i = 1, 2, \cdots, n$，要求确定函数 $y = f(x, B)$ 中的非线性参数 $B$，使得下式计算得到的 $Q$ 最小：

$$Q = \sum_{k=1}^{n} [y_k - f(x_k, B)]^2 \tag{1-28}$$

式中，$x_k$ 可以是单个的变量，也可以是 $p$ 个变量，即：

$$x_k = (x_{1k}, x_{2k}, \cdots, x_{p_k})(k = 1, 2, \cdots, n) \tag{1-29}$$

与之相应，$B$ 可以是单个的变量也可以是 $m$ 个变量，即：

$$B = (b_1, b_2, \cdots, b_m)(m \leqslant n) \tag{1-30}$$

在结构面几何参数统计分析中，$x_i$ 相对于直方图中每个统计间隔的中点值，$y_i$ 是相应的概率密度值。如果纵坐标用相应于一定间隔 $\Delta x$ 的频率 $y_i'$ 来表示，则在实际拟合时，$y_i$ 应用 $y_i'$ 除以 $\Delta x$ 的值，拟合参数通常为 $\mu$ 和 $\sigma$。

从理论上讲，按最小二乘法所得到的统计参量可以使理论分布函数与经验分布函数之间达到最佳吻合，但它不像最大似然法估算的统计参量那样具有明确的概率统计意义，在最终选取时应综合考虑，合理选择。

## 1.4.2    岩体结构面网络模拟

结构面网络模拟是指利用统计学原理，采用 Monte Carlo 随机模拟方法在计算机上模拟岩体内的结构面网络。它是建立在对结构面系统测量基础上的，其模拟结果不仅与结构面的实际分布在统计规律上一致，而且还可以由局部到全体、由表及里，得到岩体整体的结构特征，有助于人们直观了解岩体内结构面的分布规律，掌握在一般情况下难以观察、测量的岩体内部的结构特征。它实质上是结构面的分布在二维平面或三维空间内的一种扩展性预测，可以更全面、更有效地展现岩体的结构特征。

由于结构面自身发育的差异、采样条件的局限和计算机运算所受到的限制，在进行结构面网络模拟时，有些方面的因素要简化处理，为此假设如下：

（1）假设结构面形状为薄圆盘状。根据这一假设，结构面的大小和位置，可以用结构面中心点坐标和结构面半径来反映。这既符合大多数结构面接近于圆形的实际，又可以节省计算机内存空间。

（2）假设结构面为平直薄板，也就是说每条结构面只有一个统一的产状。

（3）假设在整个模拟区域内，每组结构面的分布均遵循同一概率模型。

### 1.4.2.1 Monte Carlo 随机模拟方法

Monte Carlo 随机模拟是指利用一定的随机数生成方法，生成服从一定概率分布形式的随机数序列。目前多运用数学的方法通过计算机编程计算来产生随机数。在模拟中要首先生成 $[0, 1]$ 区间上的标准均匀分布随机数，再根据相应的抽样公式进一步获得其他分布形式的随机数。

Monte Carlo 随机模拟的理论基础是概率论。概率论主要用来研究随机变量和随机现象。随机变量也会呈现一定的规律性，这种规律性称为统计规律性。随机变量的观测值即为随机数。

实践证明，结构面产状、迹长、间距等几何参数都可以视为随机变量，并且可以作为连续型随机变量。显然，结构面样本的各几何参数值都可看作是随机数。同样，由 Monte Carlo 随机模拟出的各结构面几何参数数值也应该是随机数。

（1）标准均匀分布随机数的产生。用数学方法产生标准均匀分布随机数，曾用的方法有取中法、常数乘子法、位移指令加法与同余法等，目前多采用混合线性同余法。

（2）标准均匀分布随机数检验。上述方法产生的随机数序列能否被认定为是在 $(0, 1)$ 上均匀分布的随机数，还必须对它们进行统计检验。统计检验不能完全肯定或否定某一假设，因此，最好能够多做几种统计检验，以便有较大的把握保证使用的随机数序列有较好的统计性质。统计检验的主要类型包括参数检验、均匀性检验、独立性检验、组合规律检验、无连贯性检验等。这里只介绍不同统计检验方法的定义，具体的检验方法可以参考概率与统计数学方面的相关教材。

参数检验是指检验随机数的数字特征，如均值、方差的估计值和理论值的差异是否显著。

均匀性检验是指校验所产生的随机数落在各子区间的频率与理论频率之间的差异是否显著。均匀性检验主要采用频率检验法，其中常用的有 $\chi^2$ 检验和 K–S 检验。

独立性检验是指检查一个序列的随机数相互之间是否存在相关性。

随机数组合规律检验是指按照随机数列出现的先后顺序把 $n$ 个随机数按一定规律进行组合，检验观测值的各种组合规律与理论值的差异是否显著。通常采用扑克检验进行随机数组合规律的检验。

无连贯性检验是指检验一组随机数中是否每隔一些数字连续出现增大或减小的趋势，从而判别这些数据的连贯性。

（3）随机变量抽样。要获得服从给定的分布形式的随机数，可在标准均匀分布随机数的基础上，通过一定的变换处理得到。这一过程称为对随机变量进行模拟，或称为对随机变量进行抽样。

随机变量的抽样有许多方法，最常用、最有效的是直接抽样法（也称反函数法），其原理是：设随机变量 $t$ 服从分布 $p(t)$，累积分布函数为 $P(t)$，则 $P(t)$ 的值域为 $[0, 1]$，因此可以把均匀分布随机数 $u_i$ 作为 $P(t_i)$ 的函数值。根据分布与累积分布的关系，则有：

$$u = P(t) = \int_0^t p(t)\mathrm{d}t \tag{1-31}$$

这样就可以在 $u_i$ 与 $P(t_i)$ 之间建立 $u$ 与 $t$ 的一一对应，通过对上式求反函数，得：

$$t = p^{-1}(u) \tag{1-32}$$

把具体的 $p(t)$ 代入式（1-22），通过求反函数就可以得到式（1-21）的具体表达式。例如，对于 $[a, b]$ 上的均匀分布，密度函数为：

$$f(x) = \begin{cases} \dfrac{1}{b-a}, & x \in [a, b] \\ 0, & 其他 \end{cases} \tag{1-33}$$

其抽样公式为：

$$t = (b - a)u + a \tag{1-34}$$

负指数分布的密度函数为：

$$f(x) = \lambda \mathrm{e}^{-\lambda x} \tag{1-35}$$

其抽样公式为：

$$t = -\frac{1}{\lambda}\ln(1 - u) \tag{1-36}$$

正态分布的密度函数为：

$$p(t) = \frac{1}{\sqrt{2\pi}\sigma}\mathrm{e}^{-\frac{1}{2\sigma^2}(t-u)^2} \tag{1-37}$$

上式难以用式（1-22）给出具体的抽样表达式，可采用二维变换抽样法产生标准正态随机数，再通过线性变换进一步得到一般正态分布的随机数。若 $u_1$ 与 $u_2$ 是一对独立的均匀分布随机数，按下式计算得到的 $t_1^s$ 与 $t_2^s$ 则为一对独立的服从标准正态分布的随机数。

$$\begin{cases} t_1^s = \sqrt{-2\ln u_1}\cos 2\pi u_2 \\ t_2^s = \sqrt{-2\ln u_1}\sin 2\pi u_2 \end{cases} \tag{1-38}$$

求出 $t_1^s$、$t_2^s$ 后，根据下式进行线性变换，可得到一般正态分布的随机数 $t_i$。

$$t_i = \mu + \sigma t_i^s \tag{1-39}$$

根据下式进行变换就可以得到服从对数正态分布的随机数 $t_i^*$。

$$t_i^* = \mathrm{e}^{t_i} \tag{1-40}$$

按照结构面各几何参数的分布形式和数字特征，利用上述抽样方法，可以得到服从对应于各自分布的随机数序列 $(t_1, t_2, t_3, \cdots, t_i)$，用于结构面网络的模拟。

### 1.4.2.2 结构面三维网络模拟

一般来说，结构面三维网络模拟的基本步骤如下：

（1）选择适宜的岩体露头，对结构面进行系统采样；

（2）对所有结构面进行合理分组；

（3）对每组结构面分别建立概率模型；

（4）依次读入每组结构面概率模型的基本数据，对每组结构面进行步骤（5）~（11）；

（5）初步确定正在模拟的当前组结构面的体密度及模拟区内结构面数目，进行步骤（6）~（11），生成该数目的结构面；

（6）生成每条结构面中心点坐标；

（7）生成每条结构面产状（倾向、倾角）；

（8）生成每条结构面半径；

（9）生成每条结构面张开度；

（10）对结构面规模和数量进行动态校核；

（11）在条件允许的情况下，进行实测结构面和模拟结构面的对比；

（12）对模拟结果进行检验，若不符合给定概率模型，重新模拟；

（13）形成结构面三维网络图；

（14）输出图形及结果。

具体步骤如下：

（1）确定模拟区域。在进行结构面网络模拟之前应确定模拟区域，它的大小应根据两方面的因素来确定：一方面是根据工程应用的需要来确定；另一方面应视采样结构均质区的范围来确定。若模拟区域跨多个结构均质区，则分区模拟；若在同一结构区，则直接模拟，并把该区域称为数据应用区（图 1-38）。

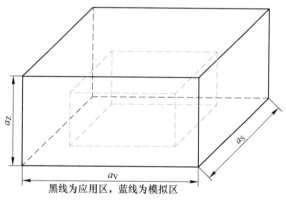

黑线为应用区，蓝线为模拟区

图 1-38  应用区与模拟区

但是，中心点位于应用区内的结构面有部分会延伸到应用区外，同样，也会有部分中心点位于应用区外的结构面延伸到应用区内。如果直接在应用区内模拟，则只能得到中心点位于应用区内的结构面，而不会得到中心点位于应用区外但延伸到应用区内的那部分结构面，从而影响模拟结果的精度。为了解决这一问题，可以扩大模拟区域，使这一部分结构面（指中心点位于应用区外而延伸到应用区内的结构面）也模拟出来。

为与数据应用区相对应，扩大后的模拟区域称为数据产生区，体积记为 $V$。若数据应用区体积记为 $V'$，则 $V>V'$。结构面在整个数据产生区内随机生成，但其结果的显示和应用仍然只限于数据应用区。

为了保证模拟结果的可靠，数据产生区要足够大，原则上每一侧面距应用区的宽度应大于结构面可能出现的最大半径。实际应用中，每一侧宽度可选择 1~3 倍的结构面直径，甚至更大。

（2）确定结构面数量。模拟区域大小确定后，就可以初步确定该区域内每组结构面的数量，它的多少与结构面体密度（$\lambda_V$）有关，若已知结构面迹长服从负指数分布，结构面体密度 $\lambda_V = \dfrac{\lambda_d}{2\pi r^2}$，假设数据产生区体积为 $V$，则结构面数量 $n$ 为：

$$n = \frac{V}{\lambda_V} = \frac{2\pi \bar{r}^2 V}{\lambda_d} \tag{1-41}$$

式（1-41）计算得到的结构面数量仅作为结构面网络模拟的输入初值，最终的数量应根据动态校核确定。

（3）生成结构面中心点坐标。结构面在模拟区域内的位置取决于结构面中心点坐标，对于每一条待模拟的结构面都应确定出其中心点坐标。以往结构面网络模拟，一般假设结构面在模拟区内各处出现的概率相同，即结构面中心点在模拟区内是均匀分布的。确定出结构面的数量 $n$ 之后，便可以利用均匀分布抽样产生 $n$ 条结构面的中心点坐标。

假设数据产生区边长分别为 $a_x$，$a_y$，$a_z$，左下角坐标为 $(x_0, y_0, z_0)$，$t_{1i}$，$t_{2i}$，$t_{3i}$ 为三个相对独立的标准均匀分布随机数，则第 $i$ 条结构面中心点坐标 $(x_i, y_i, z_i)$ 为：

$$\begin{cases} x_i = x_0 + t_{1i}a_x \\ y_i = y_0 + t_{2i}a_y \\ z_i = z_0 + t_{3i}a_z \end{cases} \tag{1-42}$$

这样重复进行 $n$ 次，就会产生 $n$ 条结构面的中心点坐标，它们基本上均匀分布在模拟区内。

（4）结构面产状模拟。根据结构面倾向、倾角的概率模型，利用相应的抽样公式可以生成服从它们分布形式的随机数，进而得到结构面的产状。对于 $n$ 条结构面应独立生成 $n$ 组产状。

（5）结构面数量和规模的动态校核。实际上，模拟区域内结构面的真实数量是无法确知的，所以只能根据某些已知条件来推断结构面的数量。推断得是否准确，要根据一定的标准来判断，满足标准，就是准确的、适宜的，否则就不准确，需要重新确定。

在结构面数量的动态校核中，可以选定用结构面间距来衡量结构面数量确定得是否准确。数量的动态校核要对结构面分组进行。首先应根据需要校核的那组结构面间距样本值计算出结构面平均间距 $D_0$，作为间距的预设值。再根据传统方法初步确定结构面的数量，进行网络模拟，根据模拟结果可以计算得到该组结构面平均间距 $D$，如果它与预设值 $D_0$ 一致，则将所给定的结构面数量作为最终结果，否则则进行调整：若 $D<D_0$，说明模拟出的结构面比实际密集，结构面数量要减小；若 $D>D_0$，说明模拟出的结构面比实际稀疏，结构面数量要增加。因此，通过判断结构面间距来校核结构面数量，进而确定出符合实际情况的结构面数量，对优化模拟有重要帮助。

结构面规模的动态校核是指对结构面半径（直径）的动态校核。其思路与结构面数量的动态校核思路基本一致，不同的是，用来衡量结构面半径（直径）是否正确的标准是结构面平均迹长是否与实际一致。若模拟得到的平均迹长小于迹长预设值，则增加结构面的半径（直径）；若模拟得到的平均迹长大于迹长预设值，则减小结构面的半径（直径）。调整以后重新模拟，重新校核，直至模拟的平均迹长与样本迹长一致。

（6）结构面网络模拟结果的显示。通过结构面三维网络模拟，即可通过计算机输出模拟结果，一方面可以以数据方式输出，把每条结构面的基本数据（包括结构面中心点坐标、产状、半径、张开度等）输出，以便在此基础上进行工程应用研究；另一种方式是图形输出，可以输出三维网络图（图 1-39）、切面图、展示图等。

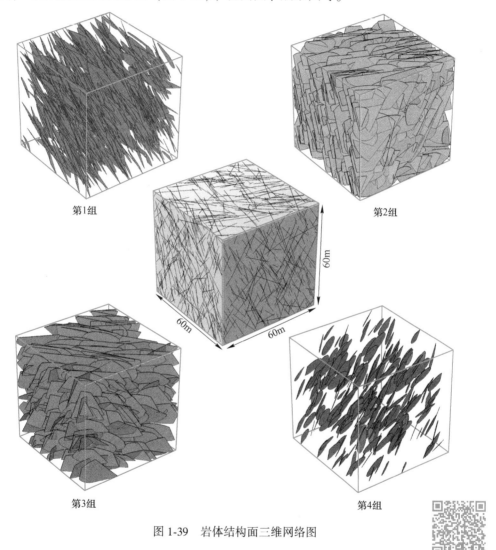

图 1-39　岩体结构面三维网络图

岩体结构面三维网络图可以更好地反映岩体的整体结构特征，而二维剖面图可以更好地反映岩体内部的结构面特征，如图 1-40 所示。

彩色原图

（7）结构面网络模型的验证与确认。在岩体结构面概率模型与网络模拟中，都进行了一些假定和概化，比如有关结构面各形态参数分布形式的假定、结构面呈圆盘形平面的假定等。经过概化并做了一定假定的模型及其模拟结果是否能够替代真实的岩体结构模型，这是应当关注的问题。故应对结构面网络模型进行验证和确认：验证是检验模型是否已正确实现，即验证计算机模拟程序的正确性；确认是要确定模拟结果是否是对实际岩体结构的准确描述。

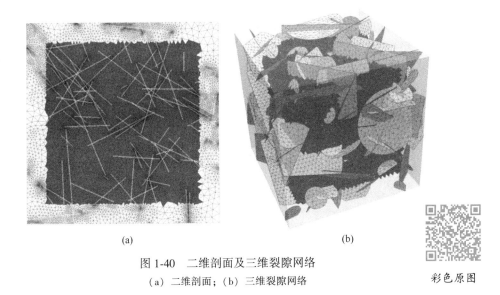

(a)                       (b)

图 1-40　二维剖面及三维裂隙网络

（a）二维剖面；（b）三维裂隙网络　　　　　彩色原图

模型的验证是检验计算机模拟程序的正确性，要做好下面几个方面工作：

1）做好程序的编写。

2）模拟程序运行时做好跟踪检查。

3）用已知的确定性结果进行验证。

4）模拟结果输出图形检验。

模型的确认包括以下几个方面：

1）直观考察模型的有效性。模拟模型从直观上看应该是正确的、合理的，符合人们对所研究的现实系统的了解。为构造这样的模型，应使用所有现存信息、理论研究成果以及进行合理的假设和概化。

2）检验模型的假设。检验模型的假设，其目的是大量地检验在建模开始阶段所作的一些假设。采用敏感性分析是最有效的手段之一。敏感分析的目的在于检验随机模拟结果对所选择的分布或者概率分布中的参数是否敏感。

当样本数据很少，不能做拟合性检验，或选择的分布被拟合性检验拒绝时，可进行敏感性分析。如果模拟结果对选择的几种分布不敏感，则没必要再进一步选择分布；否则就必须进一步采集更多的样本数据用于选择正确的分布。如果概率分布的类型是确定的，对其中的参数也可进行敏感性分析，可以从参数的置信区间内选取最小值、中间值、最大值进行敏感性分析。如果模拟结果对它们不敏感，则说明所估计的参数是正确的，否则必须重新估计参数。

3）模拟数据与实际数据的比较。将模型的输出数据与实际数据做比较，是模型确认中最具决定性的步骤。如果模拟数据与实际数据吻合得很好，就有理由相信构造的模型是有效的。虽然这种比较并不能确保模型完全正确无误，但进行比较将使模型有更大的可信度。

在网络模拟完成后，将模拟数据与实测结构面数据进行比较，可以考虑对比模拟数据和实测数据之间的结构面的平均倾向、平均倾角、平均迹长，各种类型的结构面出现的频率以及结构面数量等参数。具体可用实际数据与模拟数据的相对误差百分比进行评价。当相对误差百分比小于一定的值（具体大小要根据实际情况来确定），则认为模型模拟结果贴近实际情况。

同时还应在95%的置信区间内比较模拟数据和实际数据，如果实际数据在对应参数的95%置信区间内，则认为模拟数据贴近实际数据。如果上述各项参数的相对误差和置信检验均满足，则认为模拟结果是可信的，可以用于进一步的模拟预测和实际应用工作。如果通过以上识别和确认，则所建立的模型是可靠的，所得模拟结果与实际较为相符，因此可用于结构面网络模拟和工程应用。

# 1.5 岩体结构特征及结构控制理论

## 1.5.1 岩体结构特征

岩体结构是指岩体中结构面与结构体的排列组合特征，因此，岩体结构应包括两个要素（或称结构单元），即结构面和结构体。也就是说，不同的结构面与结构体之间，以不同方式排列组合形成了不同的岩体结构。大量的工程失稳实例表明，工程岩体的失稳破坏，往往主要不是由于岩石材料本身的破坏，而是由于岩体结构失稳而引起的。所以，不同结构类型的岩体，其物理力学性质、力学效应及其稳定性都是不同的。在前面的章节已对结构面的特征做了详细讨论，接下来就结构体特征及岩体结构类型做进一步的讨论。

### 1.5.1.1 结构体特征

结构体（structural element）是指被结构面切割围限的岩石块体。应当注意的是，结构体与岩块是两个不同的概念，因为不同级别的结构面所切割围限的岩石块体（结构体）的规模是不同的。如Ⅰ级结构面所切割的Ⅰ级结构体，其规模可达数平方千米，甚至更大，称为地块或断块；Ⅱ级、Ⅲ级结构面切割的Ⅱ级、Ⅲ级结构体，规模又相应减小；只有Ⅳ级结构面切割的Ⅳ级结构体，才被称为岩块，它是组成岩体最基本的单元体。所以，结构体和结构面一样也是有级序的，一般将结构体划分为四级。其中以Ⅳ级结构体规模最小，其内部还包含有微裂隙、隐节理等Ⅴ级结构面。较大级别的结构体是由许多较小级别的结构体所组成的，并存在于更大级别的结构体之中。结构体的特征常用其规模、形态及产状等进行描述。

结构体的规模取决于结构面的密度，密度越小，结构体的规模越大。常用单位体积内的Ⅳ级结构体数（块度模数）来表示，也可用结构体的体积表示。结构体的规模不同，在工程岩体稳定性中所起的作用也不同。

结构体形态极为复杂，常见的形状有柱状、板状、楔形及菱形等（图1-41）。在强烈破碎的部位，还有片状、鳞片状、碎块状及碎屑状等形状。结构体的形状不同，其稳定性也不同。一般来说，板状结构体比柱状、菱形状的更容易滑动，而楔形结构体比锥形结构体稳定性差。但是，结构体的稳定性往往还需结合其产状及其与工程作用力方向和临空面间的关系做具体分析。

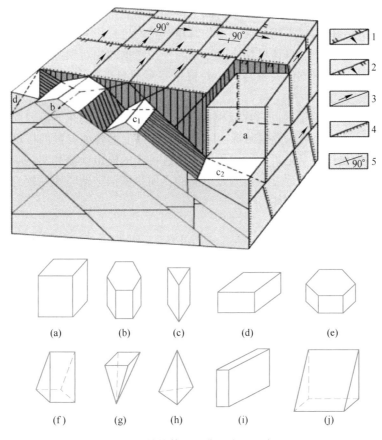

图 1-41　结构体形状典型类型示意图

（a）（b）柱状结构体；（c）（f）（g）（h）（j）楔锥形结构体；

（d）（e）菱形或板状结构体；（i）板状结构体

a—方柱（块）体；b—菱形柱体；$c_1$，$c_2$—三棱柱体；d—锥形体；

1—压性断裂；2—张性断裂；3—扭性断裂；4—层面；5—直立岩层产状符号

　　结构体的产状一般用结构体的长轴方向表示。它对工程岩体稳定性的影响需结合临空面及工程作用力方向来分析。比如，一般来说，平卧的板状结构体与竖直的板状结构体的稳定性不同，前者容易产生滑动，后者容易产生折断或倾倒破坏；又如，在地下洞室中，楔形结构体尖端指向临空方向时，稳定性高于其他指向；其他形状的结构体也可做类似的分析。

### 1.5.1.2　岩体的结构类型划分

　　组成岩体的岩性、经历的构造运动及次生变化的不均一性，导致了岩体结构的复杂性。为了概括地反映岩体中结构面和结构体的成因、特征及其排列组合关系，将岩体结构划分为五大类（图 1-42～图 1-46）。各类结构岩体的基本特征列于表 1-15。由表可知，不同结构类型的岩体，其岩石类型、结构体和结构面的特征不同，岩体的工程地质性质与变形破坏机理也都不同。但其根本区别在于结构面的性质及发育程度的差异，如层状结构岩体中发育的结构面主要是层面、层间错动；整体状结构岩体中的结构面呈断续分布，规模小且稀疏；碎裂结构岩体中的结构面常为贯通的且发育密集，组数多；而散体状结构岩体中发育有大量的随机分布的裂隙，结构体呈碎块状或碎屑状等。因此，在进行岩体力学研究之前，首先要弄清岩体中结构面的情况与岩体结构类型及其力学属性，建立符合实际的地质力学模型，使岩体稳定性分析建立在可靠的基础上。

图 1-42　整体状岩体结构

(a) 　　　　　　　　　　　　　　　(b)

图 1-43　块状岩体结构

（a）次块状结构：结构面间距 50~30cm；（b）块状结构：结构面间距 100~50cm　　　彩色原图

(a) 　　　　　　　　(b) 　　　　　　　　(c)

图 1-44　层状岩体结构

（a）厚层：100~50cm；（b）中厚层：50~30cm；（c）薄层：小于 10cm

图 1-45　碎裂状岩体结构

彩色原图

图 1-46　散体状岩体结构

表 1-15　岩体结构类型划分表

| 岩体结构类型 | 岩体地质类型 | 主要结构体形状 | 结构面发育情况 | 岩土工程特征 | 可能发生的岩土工程问题 |
|---|---|---|---|---|---|
| 整体状结构 | 均质、巨块状岩浆岩、变质岩、巨厚层沉积岩、正变质岩 | 巨块状 | 以原生构造节理为主，多呈闭合型，裂隙结构面间距大于1.5m，一般不超过1~2组，无危险结构面组成的落石掉块 | 整体性强度高，岩体稳定，可视为均质弹性各向同性体 | 不稳定结构体的局部滑动或坍塌，深埋洞室的岩爆 |
| 块状结构 | 厚层状沉积岩、正变质岩、块状岩浆岩、变质岩 | 块状柱状 | 只具有少量贯穿性较好的节理裂隙，裂隙结构面间距为0.7~1.5m。一般为2~3组，有少量分离体 | 整体强度较高，结构面互相牵制，岩体基本稳定，接近弹性各向同性体 | |

| 岩体结构类型 | 岩体地质类型 | 主要结构体形状 | 结构面发育情况 | 岩土工程特征 | 可能发生的岩土工程问题 |
|---|---|---|---|---|---|
| 层状结构 | 多韵律的薄层及中厚层状沉积岩、副变质岩 | 层状板状透镜状 | 有层理、片理、节理，常有层间错动面 | 接近均一的各向异性体，其变形及强度特征受层面及岩层组合控制，可视为弹塑性体，稳定性较差 | 不稳定结构体可能产生滑塌，特别是岩层的弯张破坏及软弱岩层的塑性变形 |
| 碎裂状结构 | 构造影响严重的破碎岩层 | 碎块状 | 断层，断层破碎带、片理、层理及层间结构面较发育，裂隙结构面间距 0.25～0.5m，一般在 3 组以上，由许多分离体形成 | 完整性破坏较大，整体强度很低，并受断裂等软弱结构面控制，多呈弹塑性介质，稳定性很差 | 易引起规模较大的岩体失稳，地下水加剧岩体失稳 |
| 散体状结构 | 构造影响剧烈的断层破碎带、强风化带、全风化带 | 碎屑状顺粒状 | 断层破碎带交叉，构造及风化裂隙密集，结构面及组合错综复杂，并多填充黏性土，形成许多大小不一的分离岩块 | 完整性遭到极大破坏，稳定性极差，岩体属性接近松散体介质 | 易引起规模较大的岩体失稳，地下水加剧岩体失稳 |

## 1.5.2 岩体结构控制理论

大量实践与试验研究表明，岩体的应力传播、变形破坏以及岩体力学介质属性无不受控于岩体结构。岩体结构对工程岩体的控制作用主要表现在三方面，即岩体的应力传播特征、岩体的变形与破坏特征及工程岩体的稳定性。

具有一定结构的岩体，往往具有与之相对应的力学属性。发育于岩体中的结构面，是抵抗外力的薄弱环节。软弱结构面是岩体变形破坏的重要控制因素或边界；硬性结构面是划分岩体结构、鉴别岩体力学介质类型的重要依据。

岩体变形与连续介质变形明显不同，它由结构体变形与结构面变形两部分构成，并且结构面变形起到控制作用。因此，岩体的变形主要取决于结构面发育状况，它不仅控制岩体变形量的大小，而且控制岩体变形性质及变形过程。块状结构岩体变形主要沿贯通性结构面滑移形成；碎裂状结构岩体变形则由Ⅲ级、Ⅳ级结构面滑移及部分岩块变形构成；只有完整岩体的变形才受控于组成岩体的岩石变形特征，见表 1-16。

**表 1-16　岩体变形机制**

| 岩体结构 | | 整体状结构 | 碎裂状结构 | 块状结构 |
|---|---|---|---|---|
| 变形成分 | 主要的 | 岩块压缩变形 | 结构面滑移变形 | 结构体滑移及压缩变形 |
| | 次要的 | 微结构面错动 | 结构体及结构面压缩及结构体性状改变 | 结构体压缩及形状改变 |

| 岩体结构 | 整体状结构 | 碎裂状结构 | 块状结构 |
|---|---|---|---|
| 侧胀系数 | 小于 0.5 | 常大于 0.5 | 极微小 |
| 变形系数 | 结构体压缩及形状改变 | 压密 | 沿结构面滑移 |
| 控制岩体变形的主要因素 | 岩石、岩相特征及 Ⅴ级结构面特征 | 开裂的不连续的Ⅲ级、Ⅳ级结构面 | 贯通的Ⅰ级、Ⅱ级结构面，主要为软弱结构面 |

岩体的破坏机制也受控于岩体结构。结构控制的主要方面有岩体破坏难易程度、岩体破坏的规模、岩体破坏的过程及岩体破坏的主要方式等。岩体破坏的力学过程是岩体破坏机制。岩体破坏机制类型归纳如表 1-17 所示。

**表 1-17　岩体破坏机制类型**

| 整块体结构岩体 | 块状结构岩体 | 碎裂状结构岩体 | 散体状结构岩体 |
|---|---|---|---|
| 1. 张破裂；<br>2. 剪破坏；<br>3. 流动变形 | 结构体沿结构面滑动 | 1. 结构体张破裂；<br>2. 结构体剪破裂；<br>3. 结构体流动变形；<br>4. 结构体沿结构面滑动；<br>5. 结构体转动；<br>6. 结构体组合体倾倒；<br>7. 结构体组合体溃屈 | 1. 剪破坏；<br>2. 流动变形 |

块状结构岩体主要为结构体沿结构面滑动破坏。而碎裂状结构岩体破坏机制较为复杂，当它赋存于高地应力环境时，会呈现为连续介质；如赋存于低地应力环境时，则属于碎裂介质，其破坏机制中，张、剪、滑、转、倾倒、弯曲、溃屈等机制均可见。而在工程岩体破坏中，常是几种破坏机制联合出现。

岩体结构对岩石工程稳定性的控制作用也十分显著。整体状结构的岩体，坚硬完整，受力后强度起控制作用，一般呈稳定状态，但在深埋或高应力区的情况下进行地下开挖可能出现岩爆。块状结构岩体较为完整坚硬，结构面抗剪强度高，在一般工程条件下也稳定。但应注意Ⅱ级、Ⅲ级结构面与临空面共同组合，可能造成块体失稳，此时软弱面的抗剪强度起控制作用。层状结构岩体的变形由层岩组合和结构面力学特性所决定，尤其是层面和软弱夹层。由于层间结合力差，软弱岩层或夹层多使得岩体的整体强度低，塑性变形、弯折破坏易于产生，顺层滑动由软弱面特性所决定。碎裂状结构岩体有一定强度，不易剪坏，但不抗拉，在风化和振动条件下易松动，一旦岩体失稳，往往呈连锁反应。这类岩体的变形方式视所处的工程部位而异，但其中骨架岩层对岩体稳定有利。散体状结构岩体强度低，易于变形破坏，时间效应显著，在工程载荷作用下表现极不稳定。

图 1-47 所示为不同结构岩体常见的破坏方式。

分析岩体结构对岩体稳定性的控制作用，应注意如下几方面。

（1）在工程地质模型基础上，经初步岩体结构分析，对岩体稳定性进行宏观与定性的判断。

（2）依据岩体结构，尤其是结构面（特别是控制性结构面与软弱结构面）与工程岩

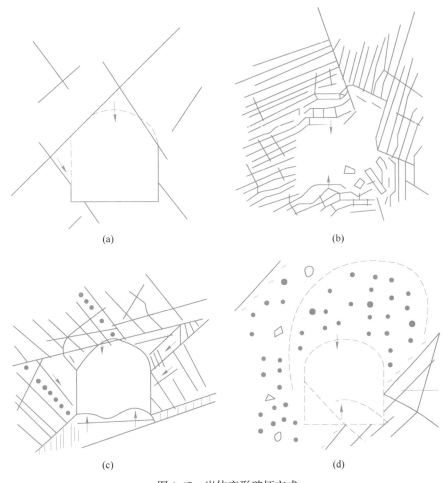

图 1-47　岩体变形破坏方式
（a）块状结构岩体的块体滑移；（b）层状结构岩体的弯曲倾倒；
（c）碎裂结构岩体的剪切破坏及塑性变形；（d）散体及碎裂结构岩体的塑性变形

体的依存关系，可准确确定岩体稳定性的边界条件。

　　（3）结构面的组合关系，尤其是在软弱结构面共同作用下，控制着岩体变形破坏方式与失稳机制。

　　（4）岩体结构同样控制工程岩体的环境因素，环境因素主要包括地应力与地下水。就地应力而言，虽主要受区域地质构造背景的控制，但就具体工程而言，地应力的作用方式与强度仍受到岩体结构的制约。地下水完全受控于岩体结构，关于深部地应力与地下水的相关知识将在深部岩体工程地质环境部分介绍。

　　（5）在岩体结构力学效应中，通过起伏角、尺寸效应和结构面产状，可充分反映岩体结构对岩体稳定性的控制作用。

　　将工程岩体的地质模型转化为力学模型，最终开展岩体稳定分析与评价，这是岩体稳定岩体力学性分析的基本过程。充分认识结构控制作用，将大大提高岩体稳定性分析的准确性。

————— 本 章 小 结 —————

　　本章针对深部岩体由岩块和结构面组成的特点，分别介绍岩块与结构面的结构特征，及其对岩体工程地质性质的控制作用。介绍了结构面工程地质等级划分体系，对岩体结构面描述体系与调查方法进行了详细讲解。此外，本章还阐述了结构面统计分析的合理流程，以及对结构面网络进行模拟的方法。在本章的最后部分，综合介绍了岩石与结构面的排列组合关系，即岩体结构特征。并从岩体的应力传播特征、岩体的变形与破坏特征及工程岩体的稳定性三个方面详细介绍了岩体结构控制理论。

思 考 题

1. 什么是岩块、岩体？试比较岩块与岩体有何异同点。
2. 岩石的矿物组成是怎样影响岩体的力学性质的？
3. 什么是岩石的结构，它是怎样影响岩体的力学性质的？
4. 什么是结构面，从地质成因和力学成因上各自分为哪几类，各自有什么特点？
5. 剪性结构面有何特征，与张性结构面相比较，二者的特点有何异同？
6. 结构面描述体系的关键参数指标有哪些？
7. 如何合理地对结构面进行统计分析，统计分析结构面的意义是什么？
8. 存在哪些对结构面网络进行模拟的方法，这些方法各有何特点？
9. 什么是岩体结构，岩体结构类型划分的主要依据是什么？
10. 岩体结构一般分为几类，各类岩体结构的主要区别是什么？

# 2 深部岩体工程地质环境

本章课件

本章提要

　　本章是在深部岩体地质与结构特征的基础上，进一步介绍深部岩体工程地质环境的主要内容，从深部地应力环境、深部地下水环境及深部地温场环境三个方面，讲授深部岩体工程地质环境的主要特点。通过本章的学习，应重点理解并掌握以下知识点：

　　（1）地应力的基本概念。

　　（2）岩体天然应力状态的主要影响因素。

　　（3）深部地应力场的特点及其工程地质效应。

　　（4）深部水文地质结构的概念及主要类型。

　　（5）深部地下水环境的工程地质效应。

　　（6）深部岩体中的热传递特征。

　　（7）深部地温场的工程地质效应。

　　深部岩体的工程地质性质除了受其自身的地质与结构特征控制以外，还受深部岩体所处的工程地质环境影响。一般来说，工程地质环境主要包括地应力、地下水及地温等方面的内容。

　　与浅部工程相比，深部工程受地质环境的影响更加显著。地应力环境方面，具有相同结构类型的工程岩体，在浅部地应力环境与深部高应力环境下，可能表现出不同的力学性质，这种现象在室内岩石力学试验中也得到了证实，即低围压与高围压下岩石力学性质的脆-延转化特性。地下水环境方面，浅部地下水环境与深部地下水环境的差别主要表现在地下水赋存方式的不同。具体来说，浅部可能存在具有统一地下水面的潜水含水层，而深部则以裂隙含水层或岩溶含水层为主，没有统一的地下水面，其地下水的运移规律表现出更加强烈的非均质性与各向异性特点。地温环境方面，随着埋深的增加，岩体所处的温度一般呈线性增加状态，平均地温梯度为 $3 \sim 4 \, ℃/100m$。某些深部工程修建在地热异常区范围内，温度对深部岩体工程地质性质的影响不可忽略。

　　此外，除了受上述各环境因素的单方面影响以外，深部岩体所处的工程地质环境还具有强烈的耦合效应。地应力、地下水与地温三者之间相互影响、相互作用和相互制约，形成了工程岩体 THM（thermal-hydrological-mechanical）多物理场耦合的赋存环境，如图2-1所示。本章结合深部工程特点，重点介绍深部地应力环境、深部地下水环境与深部地温场环境等内容。

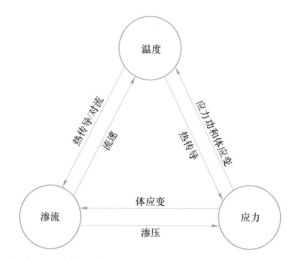

图 2-1   深部工程岩体赋存环境中的温度场、渗流场、应力场耦合原理

# 2.1   深部地应力环境

### 2.1.1   地应力的基本概念

地应力是存在于地层中的未受工程扰动的天然应力，也称岩体初始应力或原岩应力。人类开展深部工程活动时，由于开挖岩体或向地下注入流体而产生的应力称为扰动应力。通常地层内各点的应力状态不尽相同，地层内各点的应力状态在空间分布的总和，称为地应力场。由岩体自身重力所产生的应力场，称为自重应力场。与地质构造运动有关的地应力场，称为构造应力场。自重应力场和构造应力场是地层岩体中现今地应力场的主要组成部分。存在于某一地质时期内的构造应力场称为古构造应力场，现今存在的或正在活动的地应力场称为现今构造应力场。

地应力场是工程岩体赋存的基本环境条件之一。它是引起矿山、水利水电、土木建筑、铁路、公路、军事和其他各种深部地下开挖工程变形和破坏的根本作用力，是确定工程岩体力学属性，进行围岩稳定性分析，实现岩体工程开挖设计和科学化决策的必要前提条件。对于深部工程而言，地应力对于岩体工程性质所起到的作用较浅部更加显著，深部岩体形成历史久远，一般留有远古构造运动的痕迹，其中存有构造应力场或残余构造应力场。掌握地应力的相关知识对于深部工程的安全施工与运营具有重要意义。

### 2.1.2   岩体天然地应力状态的形成

地应力的产生原因十分复杂，一般认为主要与地球的各种动力运动过程有关，如板块边界挤压、地幔热对流、地球内应力、地心引力、地球旋转、岩浆侵入和地壳非均匀扩容等。另外，温度不均、水压梯度、地表剥蚀或其他物理化学变化等也可引起相应的应力场。岩体中的天然应力一般都是多种力联合作用的结果，在不同的地区，地应力场中几种应力所占的比例有很大差别。但通常是自重应力和构造应力占较大比重。一般来讲，可将地应力分为区域因素产生的应力和局部因素产生的应力。区域因素作为控制性因素，它形成一个地区应力场的基本格架，而局部因素仅作为影响因素，使地应力发生局部变化。

人们对于地应力的认识经历了漫长的过程。1912 年，瑞士地质学家海姆根据对阿尔卑斯山大型越岭隧道的现场观测，首次提出了地应力的概念。其认为，地应力为静水应力状态，即岩层中任意一点的应力在各个方向上相等，且等于上覆岩体的自重。这一观点被称为海姆假说，后经实践证明，这一假说在一定条件下是符合实际的。20 世纪 20 年代，我国地质学家李四光教授指出，在构造应力的作用仅影响地壳上层一定厚度的情况下，水平应力分量的重要性远远超过垂直应力分量。20 世纪 50 年代初，瑞典科学家哈斯特通过对岩石中绝对应力值及其方向的测试，发现存在于地层岩体中的地应力大多呈水平状或近水平状，且水平应力值高出垂直应力值。近年来，随着地应力实测数据的不断丰富，人们逐渐认识到地层岩体中的天然应力主要受到岩体自重与构造运动的综合影响，其他包括地幔热对流、岩浆入侵、地温梯度、地表剥蚀等因素也会对局部地应力场产生影响。

#### 2.1.2.1 重力作用

岩体在重力场作用下形成自重应力，重力应力场是各种应力场中唯一能够计算的应力场。在地表近于水平的情况下，重力场在岩体内某一任意点上产生相当于上覆岩体重量的垂直应力，如图 2-2 所示。

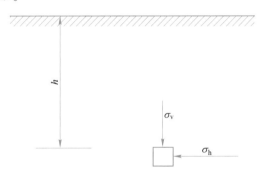

图 2-2 岩体内的自重应力

$$\sigma_v = \gamma h \tag{2-1}$$

式中，$\gamma$ 为岩体的容重；$h$ 为该点的埋深；$\sigma_v$ 相当于该点三向应力中的最大主应力。同时，由于泊松效应（即侧向膨胀）造成水平正应力 $\sigma_h$，它相当于该点三向应力中的最小主应力：

$$\sigma_h = \frac{\mu}{1-\mu} \sigma_v = K \sigma_v \tag{2-2}$$

式中，$\mu$ 为岩体的泊松比；$K$ 为岩体的侧压力系数。

大多数坚硬岩体泊松比为 0.2～0.3，故 $K = 0.25 ～ 0.43$，即由于泊松效应导致的水平应力约为垂直应力的 1/4～3/7。但是，如泥岩、页岩等半坚硬岩体，一方面由于其泊松比值较大，故侧压力系数将大于上述数值。另外，更重要的是这类岩体强度较低，且具有较大的蠕变性能，因此在地表以下的较深部位，在上覆岩层较大荷载的长期作用下，岩体发生塑流，使侧压力系数值趋近于 1，也就是该处岩体的天然应力将接近于静水应力状态。

#### 2.1.2.2  地质构造运动

地质构造运动是指地球物质的各种宏观变形和运动，包括形成山脉、海沟、盆地、断裂、褶皱等各种地表形态，也包括改变地球内部物质结构形态的各种运动，如板块俯冲、界面弯曲、层面滑移、物质上涌和物质对流等。根据地球表面各地质历史时期以至现今所观察到的构造运动，人们确信在地壳表层一定深度范围内存在较强的构造应力场。随着地应力测试水平的提高，世界范围内多个地区的测试结果均证实地壳深部岩体中的水平应力分量往往高于垂直应力分量。不同的岩性及构造区的实测资料证实，在很多情况下 100～200m 深处的水平应力超过上覆岩石引起的自重应力（多达）10～20 倍。

板块构造理论认为，岩石圈板块由大洋中脊增生，大洋中脊两侧的板块彼此做分离运动（图 2-3）。大洋岩石圈板块在海沟处俯冲，插入软流圈中。在这个岩石圈板块"增生—分离—消减"的过程中，板块必然承受着各种构造力的作用。全球范围内的地应力场测试结果表明，地应力场具有分区性，分区的界限即为板块边界。在同一板块内，应力场相对均匀，在挤压型板块边缘附近，最大主压应力方向多与板块边界垂直；在拉张型板块边缘附近，最小主压应力方向多与板块边界垂直；而在走滑型板块边缘，最大主压应力方向多与板块边界斜交（图 2-4）。由此可见，水平应力的方向和现今构造作用力方向之间存在一定的对应关系。

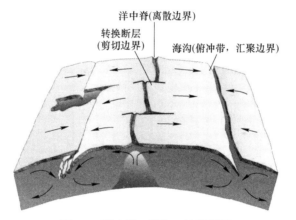

洋中脊(离散边界)

转换断层
(剪切边界)

海沟(俯冲带，汇聚边界)

图 2-3  洋中脊、海沟、转换断层

彩色原图

关于构造应力作用的深度，一般认为岩石圈中的构造应力较大，而在岩石圈之下，构造应力减小。这是因为，地球表层岩石圈的构造活动是明显的，强度较大的固体岩石圈能够承受较大的差应力，而在岩石圈之下的软流圈以及地球更深的部分，只能承受非常小的差应力。应当明确的是，对于当前岩体工程与工程地质等领域的研究，所谓"深部"的概念，均限定于坚硬的固体岩石圈内，其构造应力是相当显著的。

在漫长的地质历史中，受板块运动的影响，构造应力的方向、量值往往会随时间和空间发生较大的变化，表现出与相应区域构造运动相对应的多期次构造应力场。如云南澜沧江小湾水电站坝址区，根据地质构造的表观特征，结合构造运动的演化历史，可确定坝址区至少经历了五期构造应力的作用。如图 2-5 所示，这五期构造应力场最大主应力 $\sigma_1$ 方向的演变顺序依次为：（1）NNE 向；（2）NWW 向；（3）NE—NNE 向；（4）NW 向；（5）NS向。

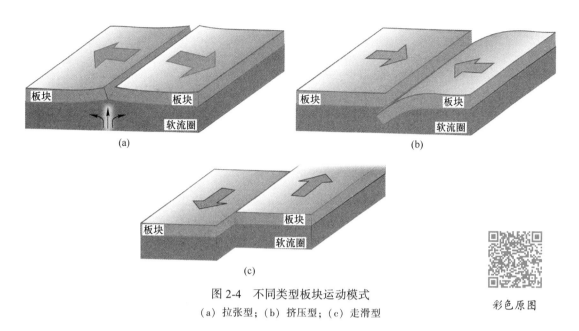

图 2-4　不同类型板块运动模式

（a）拉张型；（b）挤压型；（c）走滑型

彩色原图

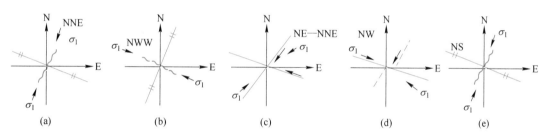

图 2-5　小湾水电站坝址区构造应力场演化历史示意图（据黄润秋等，1996）

（a）NNE 向；（b）NWW 向；（c）NE—NNE 向；（d）NW 向；（e）NS 向

### 2.1.2.3　岩浆侵入

岩浆侵入挤压、冷凝收缩和成岩等过程，均会在周围岩体中产生相应的应力场（图 2-6）。熔融状态的岩浆处于静水压力状态，对其周围施加各向相等的均匀压力。但是，炽热的岩浆侵入后即逐渐冷凝收缩，并从接触界面处逐渐向内部发展。不同的热膨胀系数及热力学过程会使侵入岩浆自身及其周围岩体的应力产生复杂的变化过程。区别于重力作用和构造运动等产生的应力场，由岩浆侵入引起的应力场改变从宏观上来讲仅属于一种局部应力场。

### 2.1.2.4　封闭应力

深部岩体受封闭空隙压力、异质夹杂、外界扰动、不协调变形、局部温度变化等各种因素影响，其内部产生不均匀的内应力场，这种内应力场即使在外力释放或边界消除后仍能在一段时间内封存分布于岩体内部达到自我平衡。岩体在不受外力作用的情况下，以自平衡状态存在于其内部的应力，称为封闭应力。封闭应力场的存在，是深部岩体地应力环境的特征之一。封闭应力场是普遍存在的，它是各种地质因素或构造的长期作用下产生的残余应力场，热应力、冻胀力、位错造成的局部剪应力等都属于封闭应力。例如，褶皱的

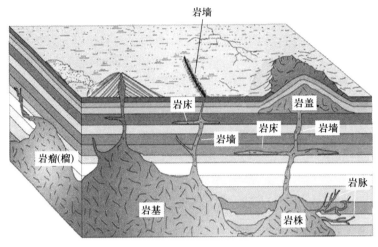

彩色原图

图 2-6 岩浆侵入过程示意图

不均匀塑性应变导致的封闭应力；节理、断层等不连续面附近的完整岩体中，由于形成过程中的应力分异和后期可能的构造活动造成的应力集中效应，其内部也会储存大量弹性应变能。

大多数情况下封闭应力的量值是地应力的数倍，仅少数情况会小于地应力。封闭应力的大小主要与构造有关，与埋深没有绝对的关系，但总的趋势是随深度的增加而升高。深部岩体中因封闭应力的存在，常导致岩体内部应力往往要高于地应力，当受开挖卸荷作用使得封闭应力释放时，岩体会发生突然破坏。因此，岩体内部存在的封闭应力是产生深部岩体工程地质灾害的原因之一。深部工程存在大量的封闭应力系统，在开挖时造成的地应力突然卸荷，使得岩体在临空面处无法靠自身强度维持应力平衡，造成地应力突然释放，诱发岩爆、大变形、突水涌水等地质灾害。

### 2.1.3 天然地应力状态的类型

地壳岩体的天然应力状态是上述诸力在一个具体地区以特定方式联合作用的结果。它取决于地区的地质条件和岩体所经历的地质历史。大量的地应力实测资料表明，地壳岩体天然应力主要包括以下三种典型类型。

#### 2.1.3.1 以水平应力为主的天然应力状态

以水平应力为主的天然应力状态类型，其岩体内部的应力主要受构造运动影响，最大主应力近于水平。大量的震源机制资料和地应力实测资料表明，在绝大多数地区，最大水平主应力普遍大于垂直应力。根据三个应力分量的关系，可进一步划分为以下两种典型情况：

（1）应力场的中间主应力（$\sigma_2$）近于垂直，最大主应力（$\sigma_1$）和最小主应力（$\sigma_3$）近于水平。我国的大多数地区均属这种情况。在这种应力状态下，如果发生破坏（或再活动），将在沿走向与最大主压应力成 30° ~ 40° 交角的陡立面产生走向滑动型的断裂活动，故可将此类三向应力状态称为潜在走向滑动型。

（2）应力场中的最小主应力（$\sigma_3$）近于垂直，最大主应力（$\sigma_1$）与中间主应力

（$\sigma_2$）近于水平。在我国喜马拉雅的前缘地区就属于这种情况。在此种应力状态下发生的破坏，将是逆断型的，即沿走向与最大主应力垂直的剖面 X 裂面产生逆断活动，故可称为潜在逆断型。

### 2.1.3.2 以竖向应力为主天然应力状态

地应力的实测资料表明，以垂直应力为主的应力状态，主要存在于某些特殊地质条件和局部地区。在此种应力状态下发生的破坏（或再活动），将是在沿走向与最小主应力轴相垂直的面上发生正断性质的活动，故可称为潜在正断型。

（1）在构造活动较弱或受构造运动影响较小的区域及新近沉积地区，岩体中的地应力主要由岩体自重产生。

（2）在以拉张应力为主的局部地区，如大洋中脊轴部地带、活动正断层地带、拉张断陷盆地等地区，岩体中的应力往往呈现出最大主应力竖直、其余两个主应力水平的三向应力状态。

（3）构造运动作用的深度是有限的，到地球内一定深度后，岩体的应力状态可能会从以水平应力为主转为以垂直应力为主。目前已有资料反映了构造应力作用的深度及应力状态随深度发生变化的情况。

### 2.1.3.3 三向相等的静水应力状态

三向相等的静水应力状态是指地壳岩体内的某一位置上，三个方向的地应力量值基本相等，均等于上覆岩体的自重。地应力测试资料表明，这种地应力状态仅在某些特殊条件存在。如中欧地区遭受强构造变形的石炭纪沉积岩层，以及穿越阿尔卑斯山的一些深层隧道岩体，基本为静水应力状态。另外，越往地壳的深部，存在静水应力式的可能性越大。

### 2.1.4 天然地应力分布的一般规律

近年来，通过理论分析、地质调查和大量的地应力测试研究，已初步认识到岩体中地应力分布的一些基本规律，主要包括以下几个方面。

（1）地应力是一个具有相对稳定特征的非稳定场，是时间和空间的函数。不同地区天然应力状态的类型往往不同，同一地点不同深度范围内的天然应力状态类型也可能会有所差别。在绝大多数地区，随着深度的增加，地应力状态可能会从以水平应力为主转变为以垂直应力为主，两者转化的临界点即为静水应力状态。

地应力在空间上的变化，受各种因素（如地层岩性、地形地貌、地质构造等）的影响，从小范围来看，其变化往往非常显著，但就某个地区整体而言，地应力的变化不会太大，其量值和方向一般均具有宏观的规律性，与区域控制性构造变形场表现出较好的一致性。

在某些地震活动活跃区，地应力的大小和方向随时间的变化非常明显。在地震前，处于应力积累阶段，应力值不断升高，而地震发生时，集中的应力得到释放，应力值突然大幅度下降。某些地区的主应力方向甚至每隔一段时间就有一次较大的改变。

（2）实测垂直应力接近上覆岩体的自重。对全世界范围内实测垂直应力 $\sigma_v$ 的统计分析表明，在一定的深度范围内，$\sigma_v$ 呈线性增长，大致相当于按平均容重 $\gamma$ 等于 $27\text{kN/m}^3$ 计算出来的重力 $\gamma H$，如图 2-7 所示。我国大陆地区 450 组地应力测试资料的统计分析同样表明，垂直应力总体上等于上覆岩体自重，垂直应力可表示为 $\sigma_v = 0.0271H$，如图 2-8 所示。但在某些地区的测量结果有一定程度的偏差，上述偏差除了归结于测量误差以外，板块移动、岩浆侵入、扩容、不均匀膨胀等也都可以引起垂直应力的异常。特别是浅表部地应力受地形地貌影响较大，导致垂直应力与上覆岩层自重存在差异。但对于深部岩体而言，垂直应力等于上覆岩体自重的规律较为普遍。

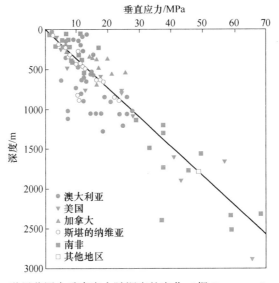

图 2-7  世界范围内垂直应力随深度的变化（据 Brown et al.，1978）

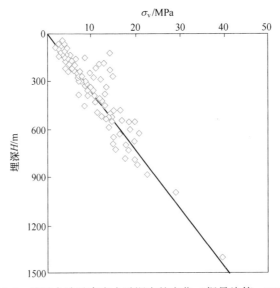

图 2-8  我国大陆垂直应力随深度的变化（据景峰等，2007）

值得注意的是，世界上多数地区的地应力分量并不完全与水平面垂直或平行，但在绝大多数测点都发现确有一个主应力接近于竖直方向，其与竖直方向的角度偏差一般不大于20°，说明地应力的竖直分量主要受重力控制，同时受到其他因素的影响。

（3）水平应力普遍大于垂直应力。地应力实测资料表明，绝大多数地区都有两个主应力处于水平或接近水平的平面内，其与水平面的夹角一般不大于30°。最大水平主应力 $\sigma_H$ 普遍大于垂直应力 $\sigma_v$，$\sigma_H / \sigma_v$ 一般为0.5~5.5，在很多情况下大于2。取最大水平主应力与最小水平主应力的平均值 $\sigma_{H.h} = (\sigma_H + \sigma_h)/2$ 与 $\sigma_v$ 相比，其比值一般为0.5~5.0，大多数为0.8~1.5，如表2-1所示。这说明在目前人类工程活动涉及的地壳深度范围内，岩体平均水平应力也普遍大于垂直应力，垂直应力在多数情况下为最小主应力，在少数情况下为中间主应力，只有在个别情况下为最大主应力。

统计结果还表明，平均水平应力与垂直应力的比值 $\sigma_{H.h} / \sigma_v$ 随深度的增加而减小，不同地区的变化速率有较大差异。在深度不大的情况下，$\sigma_{H.h} / \sigma_v$ 的值离散性较强，随着深度增加，该值的变化范围逐步缩小，并趋近于1，说明在地壳深部有可能出现静水应力状态。

**表 2-1　世界各国平均水平主应力与竖直主应力的关系**（据苏生瑞等，2002）

| 国家或地区 | $\sigma_{H.h} / \sigma_v$ | | | $\sigma_H / \sigma_v$ |
|---|---|---|---|---|
| | <0.8 | 0.8~1.2 | >1.2 | |
| 中国 | 32 | 40 | 28 | 2.09 |
| 澳大利亚 | 0 | 22 | 78 | 2.95 |
| 加拿大 | 0 | 0 | 100 | 2.56 |
| 美国 | 18 | 41 | 41 | 3.29 |
| 挪威 | 17 | 17 | 66 | 3.56 |
| 瑞典 | 0 | 0 | 100 | 4.99 |
| 南非 | 41 | 24 | 35 | 2.50 |
| 苏联 | 51 | 29 | 20 | 4.30 |
| 其他地区 | 37.5 | 37.5 | 25 | 1.96 |

（4）最大水平主应力和最小水平主应力随深度呈线性增长。地应力实测资料表明，与垂直应力类似，世界范围内水平主应力随深度也呈现线性增长的关系。图2-9显示了我国最大水平主应力和最小水平主应力随埋深的分布情况，其线性关系非常明显。

$\sigma_H$ 和 $\sigma_h$ 在量值上具有一定的差异，尤其是越接近地表，差异就越大。图2-10为我国 $\sigma_H / \sigma_h$ 的值与埋深的关系，在接近地表处比值最大可达5.0。随埋深增大，两者的差别逐渐减小，当埋深为4000m时，$\sigma_H / \sigma_h$ 的值减小到了1.1~1.2，呈向等值过渡的趋势。此外，$\sigma_H / \sigma_v$ 以及 $\sigma_h / \sigma_v$ 与埋深的关系呈现出与图2-10类似的变化趋势，说明侧压力系数随埋深的加大也具有开始较大，然后逐渐向等值过渡的趋势。

（5）局部地应力场受多种因素的综合影响。地应力的分布规律还会受到地形地貌、岩体结构特征、岩体力学性质、温度、地下水等因素的影响。

在具有负地形的峡谷或山区，地形的影响在侵蚀基准面以上及其以下一定范围内表现特别明显。一般来说，谷底是应力集中的部位，越靠近谷底应力集中越明显。最大主应力在谷底或河床中心近于水平，而在两岸岸坡则向谷底或河床倾斜，并大致与坡面相平行。

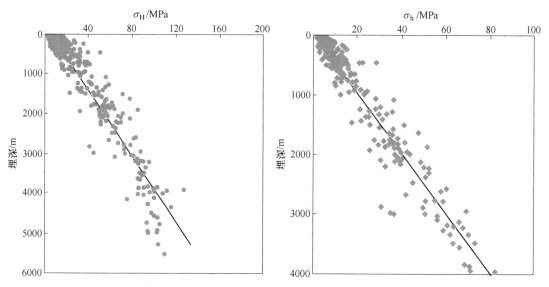

图 2-9　我国最大水平主应力与最小水平主应力随埋深分布图（据景峰等，2007）

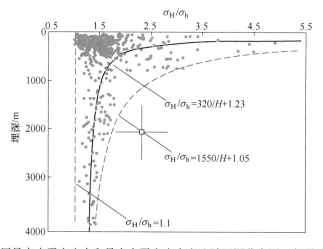

图 2-10　我国最大水平主应力和最小水平主应力之比随埋深分布图（据景峰等，2007）

近地表或接近谷坡的岩体，其地应力状态和深部及周围岩体显著不同，并且没有明显的规律性。随着深度不断增加或远离谷坡，地应力分布状态逐渐趋于规律化，并且显示出和区域应力场的一致性。

　　在断层和结构面附近，地应力分布状态将会受到明显的扰动。断层端部、拐角处及交汇处将出现应力集中的现象。端部的应力集中与断层长度有关，长度越大，应力集中越强烈，拐角处的应力集中程度与拐角大小及其与地应力的相互关系有关。当最大主应力的方向和拐角的对称轴一致时，其外侧应力大于内侧应力。由于断层带中的岩体一般都比较软弱和破碎，不能承受高的应力，且不利于能量积累，所以成为应力降低带，其最大主应力和最小主应力与周围岩体相比均显著减小。同时，断层的性质不同对周围岩体应力状态的影响也不同。压性断层中的应力状态与周围岩体比较接近，仅主应力的大小比周围岩体有所下降，而张性断层中的地应力大小和方向与周围岩体相比均发生显著变化。

## 2.1.5 我国地应力场空间分布的一般规律

多年来的地应力测量结果表明，我国地应力场空间分布具有一些普遍性的规律。如我国大陆地区地应力状态有明显的分区特点。华北地区以太行山为界，东西两个区域有较大差别，太行山以东的华北平原及其周边地区，其最大主压应力的方向为近东西向，而太行山以西地区最大主压应力方向则为近南北向。秦岭构造带以南的华南地区，最大主压应力的方向为北西西至北西向。东北地区主压应力方向以北东东向为主。西部地区测得的最大主压应力以北北东向为主，个别为近南北向。在滇西南北构造带上，小江断裂带附近最大主压应力的方向为近东西向。从此断裂带向西，包括澜沧江断裂以北、鲜水河断裂以南地区，最大主压应力的方向逐渐转为北西向或北北西向。地应力值的大小在我国东部、西部地区也是不同的，一般西部地区大于东部地区。

根据活动构造、震源机制解和大量的地应力实测结果，我国现代的构造应力场格局如图 2-11 所示。从图中可以看出，我国地应力场空间分布的特点。

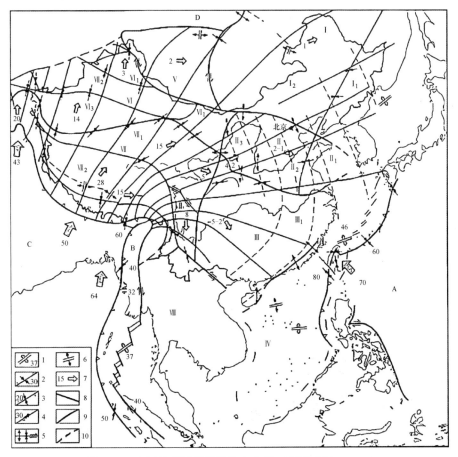

图 2-11　中国及邻区现代构造应力场（据马杏垣，1987）

A—菲律宾板块；B—缅甸板块；C—印度板块；D—欧亚板块；1~4—活动板块边界及其相对运动矢量及速率（mm/a）
（1—分离边界，2—俯冲边界，3—碰撞边界，4—走滑转换边界）；5—亚板块、块体和相对运动矢量；
6—板内地堑、裂谷；7—板块的绝对运动和亚板块、块体相对欧亚（西伯利亚）的运动矢量及速率（mm/a）；
8—亚板块、块体边界；9—最大主压应力轨迹线；10—最小主压应力（张性）轴迹线

### 2.1.5.1 最大主应力轴空间展布的规律性

（1）位于欧亚板块东端的我国广大领域，最大主应力轴近于水平，并由西部内陆中心向沿海呈放射状分布；最小主应力也近于水平，并沿向东凸出的弧形呈环状分布。

（2）大致以东经105°的南北地震带为界，东西两部分的最大主应力轴线方向明显不同，西部为近南北向，东部则为近东西向。西部地区的南部为接近南北向，向北逐渐转为北北东—北东向。东部地区的北部（东北地区）为北东向，向南逐渐由华北的近东西向转为华南的南东向。

### 2.1.5.2 三向应力状态空间分布的规律性

（1）潜在逆断层型应力状态区主要分布于喜马拉雅山前缘一带，其特点是两个水平主应力均大于垂直主应力，属强烈的水平挤压区。区内最大主应力的方向总体近南北向，即垂直于该区的主要山脉走向，该区所发生的地震绝大多数都是由平行于山脉走向断层的逆冲活动引起的。

（2）潜在走滑型应力状态区主要分布在我国的中西部广大地区，其特点是只有一个水平主应力大于垂直主应力，具中等挤压区的特征。区内地震大多都是由断层的走向滑动性质的再活动引起的，且左旋型活断层较为发育。

（3）潜在正断层型和张剪性走滑型应力状态区主要分布在我国的东部和东北部，包括华北平原、松辽平原及汾渭地堑等地区。此区的主要特点是：新生代以来区内正断层和地堑式断陷盆地十分发育，其发育方向主要是北东—北北东向。此外，卫星影像及天然地震的震源机制资料还揭示，在西藏高原最高顶面分布范围内，还存在着一个局部潜在正断型应力分布区（图2-12）。该区内广泛地发育着可能是新生代晚期形成的近南北向的正断层和地堑式的断陷谷地，该区天然地震的震源机制也大多属正断型，且主拉应力轴为近东西向。

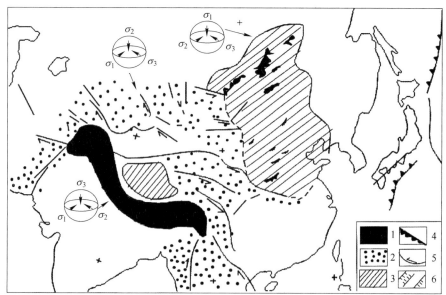

图2-12　我国境内现代地应力场的空间分带情况（据 Molnar et al., 1977）

1—强烈挤压区；2—中等挤压区；3—引张区；4—逆断层；5—走滑断层；6—正断层及地堑

上述我国地应力场规律性发育的内在原因，涉及地壳运动方式和区域构造力的来源问题。我国境内的现代地应力场主要是在周围板块的联合作用下形成的。一般认为，白垩纪末印度板块从西南向北北东方向推移，并在始新世和渐新世之间，即大约3800万年前与欧亚板块相碰撞。此后，印度板块仍以每年约50mm的速率向北北东方向推进。其前方的亚板块总体呈扇状撒开，但由于在帕米尔前方受阻较强，使其不得不向偏东方向转动和运动。印度板块与欧亚板块之间，这样一种巨大而持续的板块间相互作用是控制我国西部地区地应力场的主导因素。在同一时间，东部太平洋板块和菲律宾海板块则分别从北东东和南东方向向欧亚大陆之下俯冲，从而分别对我国华北和华南地区地应力场的形成产生重大影响；并认为华北地区目前处于太平洋板块俯冲带的内侧，大洋板块俯冲引起地幔内高温、低波速的熔融或半熔融物质上涌并挤入地壳，使地壳受拉而变薄，表面发生裂谷型断裂作用，这样形成的北西—南东向拉张和太平洋板块于上地幔深处对欧亚板块所造成的南西西向的挤压相结合，就决定了华北地区现代地应力场和最新构造活动的基本特征。

上述板块运动特征在近年来通过GPS测量到的我国形变场分布规律中得到验证（图2-13）。

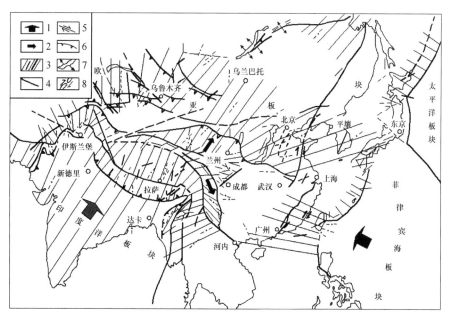

图2-13 中国周边板块运动格局

1—板块的绝对运动矢量；2—亚板块运动矢量；3—亚板块，块体边界；4—最大主压应力轴迹线；
5—走滑转换边界；6—俯冲边界；7—亚板块、块体和相对运动矢量；8—碰撞边界

### 2.1.6 岩体地应力的测试方法

岩体地应力测试方法有数十种，分类也不尽统一。根据地应力测量时的操作特点，可分为钻孔应力测量（水压致裂法、应力解除法、钻孔崩落法）、利用岩心应力测量（应变恢复法、Kaiser效应法）、岩体表面应力测量（扁千斤顶法、表面解除法）等，具体方法和原理见表2-2。此外，还有地球物理探测法，如超声波测量法、超声波谱法、放射性同

位素法、原子磁性共振法，以及根据岩心饼化现象和岩心微裂隙的统计分析，估算岩体地应力，但其精度相对较低。

表 2-2　岩体地应力测量的主要方法

| 操作特点分类 | 地应力测量方法分类 | 方法与原理简述 | 优缺点 |
|---|---|---|---|
| 利用钻孔进行地应力测量的方法 | 水压致裂法 | 水压致裂法地应力测试是指通过在钻孔中封隔一小段钻孔，然后向封隔段注入高压流体，使围岩产生新裂隙，从而使得原生裂隙重新张开，由此确定原位地应力的一种方法。水压致裂法假定钻孔轴向为一个主应力方向，岩石均质、各向同性、连续、线弹性，采用抗拉破坏准则，在垂直于最小主应力方向出现对称裂缝，仅能测得垂直于钻孔横截面上的二维应力；在构造作用弱和地形平坦区，垂直孔所测得结果可代表两个水平主应力，垂直应力约等于上覆岩体自重，裂缝方向为最大水平主应力方向。为了获得三维风力，需采用三孔交汇的办法测量 | 优点：测试精度比较高，是目前较常用的地应力测试方法。缺点：若岩体中层理、节理等弱面发育，则初始裂隙有可能沿弱面发生，而不是沿最大主应力方向发生，因此，水压致裂法仪适用于比较完整的岩体中 |
| | 应力解除法 | 应力解除法根据解除方式和传感器的安置部位分为孔壁应变、孔径变形法、孔底应变法。孔壁应变法是指基于岩石各向同性、均质、连续、线弹性的假设，通过孔壁 6 个以上不同方向的应变值来计算岩体的三维地应力。孔壁应变法又可分为直接粘贴法和包体法，直接粘贴法就是将三轴应变计直接粘贴到孔壁上，包体法又分为空心包体和实心包体，空心包体是指将应变元件粘到薄筒壁中，再用胶将薄筒与孔壁黏结，实心包体法是指直接用实心包体应变计进行测量，孔径变形法又可分为直接测量孔径变形或通过测量环向变形反算径向变形两种方式，两种方法都是通过感应元件的触头与钻孔孔壁紧密接触来测量孔径变形。孔底应变法可分为平底和锥体两种。先将孔底打磨平滑或磨成锥状，然后贴上 3 个以上的应变片进行测量 | 孔壁应变计法的最大优点是单孔单点可准确测量岩体的三维地应力，但对岩体的完整性要求较高。孔底应变法对岩体的完整性要求不高，测试成功率高。缺点是仅能获得平面位力，若想获得三维地应力，通常需在三个以上不同方向钻孔中进行测试 |
| | 钻孔崩落法 | 如前所述，钻孔崩落现象是由孔壁应力集中部位的局部破坏引起的，且崩落域的长轴垂直于区内水平最大主应力方向，而崩落域侧向角 $\theta_b$ 及破坏应力比 $\theta_H/\theta_h$ 的大小则主要与岩石的性质及水平最小主应力有关，因此，通过详细测量一个地区内的钻孔崩落现象，即可求得该区的水平最大、最小主应力的方向及大小。其方法及步骤是，详细测量区内的钻孔崩落现象，并根据崩落域的长轴展布确定该区水平最大主应力和最小主应力的方向，按照实际的岩体条件进行模拟试验，求得 $\theta_b - \theta_h$ 的直线关系，并根据实测的 $\theta_b$，求出区内的水平最小主应力 $\sigma_h$ 值，根据 $\sigma_h$ 及实测的 $C_0$，即可得出区内水平最大主应力 $\sigma_H$ 的大小 | 钻孔崩落法对于最大主应力向测试较精确。当钻孔不存在崩落时，就不能获得相关地应力信息。另外，若岩体各向异性或非均质性突出，也会给地应力值和方位确定带来较大误差 |

| 操作特点分类 | 地应力测量方法分类 | 方法与原理简述 | 优缺点 |
|---|---|---|---|
| 利用岩心进行地应力测量的方法 | 应变恢复法 | 当岩心从周围岩体分离后，会因应力释放而产生变形，变形包括瞬时弹性变形和非弹性恢复变形。假定非弹性恢复应变与总的恢复应变成正比，非弹性恢复的方向与原岩主应力方向一致，并已知岩体的本构关系，则可确定原位应力的大小和方向 | 由于影响岩心的应变因素较多，如温度、岩心失水、岩石各向异性等，测量精度相对较差，其主要用于深部岩体应力的测试 |
| | Kaiser 效应法 | 1950 年，民主德国学者 Kaiser 发现，受过应力作用的岩石被再次加载时，在未达到上次加载应力前，岩石基本没有声发射，在达到并超过上次加载的应力后，声发射显著增加。从很少产生声发射到大量产生声发射的转折点被称为 Kaiser 点，Kaiser 点所对应的应力即为材料在历史上受到的最大应力；若利用岩心地下定位或古地磁法确定岩心方位，并在岩心上从六个方向取样进行声发射测试，则可利用 Kaiser 效应求取岩体的三维应力状态 | Kaiser 效应测试地应力的优点是在室内测试，成本较低。缺点是岩石存在记忆的多期性和记忆衰退问题，且试验围压对结果影响很大，岩心的准确定向也较困难。因此，一般仅在其他现场测试手段的基础上，以室内 Kaiser 地应力测试结果作为补充 |

### 2.1.7 深部地应力场的特点

深部工程不仅自重应力大，还存在区域构造应力、封闭应力等，导致深部工程的应力场更加复杂。深部工程在自重应力、构造应力和封闭应力的影响下，呈现出应力值高、应力差大、应力场与工程空间关系复杂的特征，也是导致深部工程灾害发生的重要原因。与浅部相比，深部地应力场具有以下显著特征：

(1) 地应力水平高。深部工程三维地应力水平高，分两种情况：以自重应力为主的深部工程和以构造应力为主的深部工程。以自重应力为主的深部工程，由于埋深较大，自重应力水平高，如锦屏二级水电站引水隧洞，最大埋深 2525m，其自重应力就超过 60MPa。以构造应力为主的深部工程，由于受构造应力的影响，此时深部工程的最大主应力和中间主应力值均较高。

(2) 地应力差大。在开挖的深部工程中，中间主应力和最小主应力的差值往往较大。目前，深部工程所在埋深大多在 500~3000m，在该深度范围内由于深部工程中水平构造应力的存在，某些工程中自重应力小于水平最大主应力，导致中间主应力和最大主应力的差值较小，中间主应力和最小主应力的差值较大。如锦屏地下实验室二期工程，中间主应力与最小主应力的差值达到 41.78MPa。由于深部工程中间主应力和最小主应力的差值较大，研究深部工程岩体力学性质时必须考虑地应力差的影响，需要采用三个方向应力不等的真三轴试验系统开展试验和研究。

（3）深部工程与应力场空间关系复杂。深部工程的布置和地应力的空间关系对地下工程的安全和稳定性有显著影响，一般情况下，当最大主应力方向与地下工程轴线平行时，对工程最有利。但当中间主应力接近最大主应力时，地下工程轴线布置需要综合考虑与最大主应力方向和中间主应力方向的关系。由于深部工程的功能多样化，深部工程的结构也更加复杂，同时，由于深部工程地质条件的复杂性，地下工程所处的构造应力场也会变化，这样就导致三维应力场和工程布置往往呈现复杂的空间关系。

在线性工程中，原岩应力场各应力均具有一定的倾向和倾角，导致工程和地应力呈现斜交。在非线性深部工程（如地下厂房、深部采场等）中，工程本身结构形状复杂，不同部位其空间关系不同。若深埋工程穿越不同的地质条件单元，如傍山段会受河谷构造应力影响，穿越构造带段落受构造应力显著影响，那么地应力本身的方向也会发生变化，这样工程不同段落处地应力和深埋工程的空间关系将更加复杂。

由于深部工程与地应力的空间关系复杂，三个主应力方向与工程坐标轴之间并不一定是绝对的平行或者垂直。进行数值分析时，若将其简化成二维问题，就不能反映真实三维地应力作用，进而导致计算结果出现偏差。针对深部工程开展三维空间的理论分析或数值模拟是非常有必要的。

### 2.1.8　深部地应力的工程地质效应

#### 2.1.8.1　岩心饼化现象

钻进过程中岩心裂成饼状的现象是高地应力区所特有的一种岩体力学现象，在我国一些高地应力区的工程地质勘察中被普遍观察到，如图 2-14 所示。饼状岩心在形态方面具有共同特征，一方面是岩饼的平均厚度与岩心直径有一定的关系，一般为直径的 1/4 ~ 1/5；另一方面是岩饼的表面，尽管有的较平直，有的呈槽状上凹，但均为新鲜破裂面，无任何风化和浸染的痕迹，而且边缘部分通常较粗糙，内部多数隐约见有顺槽或沿某一方向的擦痕和与之正交的拉裂坎，如图 2-15 所示。

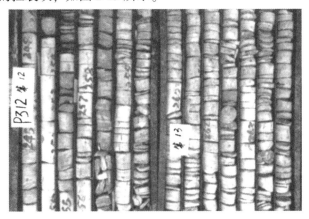

彩色原图

图 2-14　钻孔中的岩心饼化现象

饼状岩心是钻进过程中差异性卸荷回弹的产物，破裂主要发生在一定高度的岩心根部，是由拉张和剪切的复合力学机制所导致的，随环境应力条件的不同，其形成机制可有

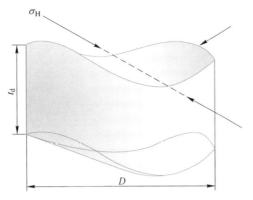

图 2-15　饼状岩心的几何形态与受力状态

不同的类型：当环境应力很高或较低时，将分别产生全拉断型和表张型的饼状岩心，而当环境应力介于上述两者之间时，则将产生外张内剪型的饼状岩心。

饼状岩心的产生需具备特定的岩体力学条件，包括：（1）弹性高、储能条件好的岩性条件；（2）整体块状的岩体结构条件；（3）高地应力条件，一般最大主应力 $\sigma_1$ 不小于 30MPa。

### 2.1.8.2　钻孔崩落现象

高地应力区的钻孔常被发现并不呈圆形，而是在某一方向上孔径显著增大，这种孔径的增大是由于孔壁局部破损崩落导致的，这种现象称为钻孔崩落。图 2-16 为成像测井观测到的井壁崩落现象。

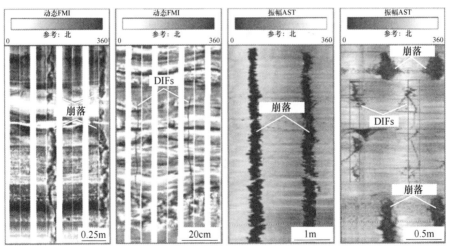

彩色原图

图 2-16　成像测井观测到的井壁崩落现象

钻孔崩落的力学机制如图 2-17 所示。根据脆性破裂理论，当作用在 $M$ 点和 $N$ 点附近的差应力（$\sigma_\theta - \sigma_r$）达到或超过该处岩石的破裂强度时，就会产生孔壁崩落现象，形成所谓钻孔崩落椭圆，其长轴方向与最小水平主应力方向平行。如果一个钻孔是处在各向同性的水平应力场中（$\sigma_1 = \sigma_2$），那么在孔壁任何一点上产生的切向应力都等于 $2\sigma_1$。假若岩石的结构也是各向同性的，那么在孔壁上将不会导致优势方向的崩落现象。因此，根据钻孔崩落现象的发育特征可以在一定程度上确定地应力的方向和大小。

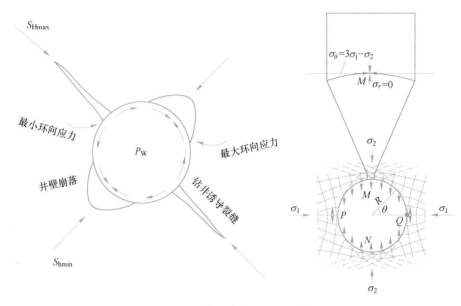

图 2-17  钻孔崩落的力学机制

高地应力区还常出现钻孔缩径现象，即本来呈圆形的钻孔经过一段时间后形状变为椭圆形，也就是某一方向的钻孔直径缩减了，有时在钻进过程中因钻孔缩径甚至会出现拔出的钻头过一段时间就不能再放入原钻孔的现象。钻孔缩径的机制与钻孔崩落相近，都是高地应力的直接表现，其短轴方向指示区域最大主应力方向（图 2-18）。

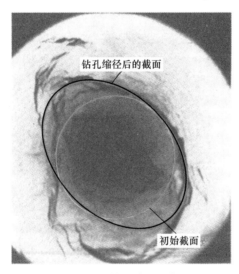

图 2-18  钻孔缩径现象

### 2.1.8.3  岩体深层破裂、时效破裂与分区破裂

在深部岩体工程中开挖洞室或隧道时，不仅围岩表层会产生破裂现象，围岩内部也会产生破裂现象。与浅部工程相比，深部工程围岩破裂位置距离洞壁的深度更大，数量也更

多。此外，随着时间的推移，围岩破裂还表现出随时间不断增长的现象，某些深部工程硬岩开挖后数月甚至数年仍有破裂发生的现象。部分深部岩体洞室围岩中还观察到破裂区和非破裂区交替产生的现象，这种现象被称为分区破裂，于 20 世纪 70 年代在南非 2073m 深的金矿中首次被发现，如图 2-19 所示。

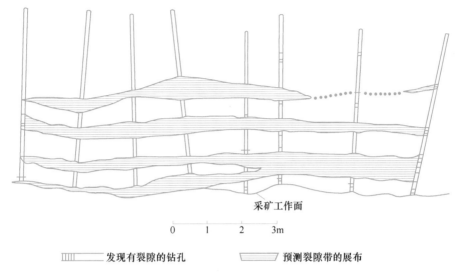

图 2-19  南非 Witwatersrand 金矿巷道顶板分区破裂化现象

分区破裂化现象的产生机制如图 2-20 所示。研究认为，深部围岩分区破裂化是一个与空间、时间效应密切相关的科学现象。分区破裂化效应的产生，一方面是由于高地应力和开挖卸荷导致围岩的"劈裂"效应；另一方面是由于围岩深部高地应力和开挖面应力释放所形成的应力梯度而产生的能量流。分区破裂化的影响因素中应该考虑巷道洞室开挖的速度（卸荷速度）。分区破裂化取决于岩体开挖后岩石积聚的变形势能转变为动能和破坏能的分配比例。

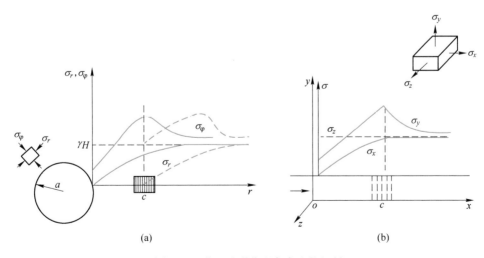

图 2-20  分区破裂化现象产生的机制

#### 2.1.8.4　岩爆、大变形、大体积塌方等

除上述几种深部地应力的工程地质效应以外，受深部高地应力环境的影响，深部工程中岩爆、大变形、大体积塌方等工程灾害频发（图 2-21）。这些内容将在第 3 章深部岩体工程地质灾害部分进行详细介绍。

图 2-21　深部高应力环境诱发的岩体工程地质灾害
（a）岩爆；（b）大变形；（c）塌方

彩色原图

## 2.2　深部地下水环境

地下水是深部岩体的赋存环境之一。深部地下水环境对于深部岩体的工程性质有着重要的影响。与浅部地下水环境相比，深部地下水的赋存及运移规律有着较大不同，主要表现在浅部地下水一般具有统一的地下水面，彼此之间相互连通。而深部地下水主要赋存于各种岩体结构面中，部分发育的深部岩溶孔洞也是地下水的富集空间。由于赋存特征的差异，深部地下水的运移规律往往具有更加显著的非均质性与各向异性，且更加难以预测。

在深部工程的建设过程中，岩体的变形与岩体内地下水的渗透压力有关，存在初始地

应力、次生地应力及地下水渗透力相互影响、相互作用的岩体水力学问题。如岩体开挖卸荷作用导致的岩体渗透性能改变，使得岩体内地下水沿着连通的节理裂隙运动，增强了对岩体的渗透压力，引起岩体物理力学性质的变化，从而导致突水灾害的发生。此外，深部地下水的渗流特性还可能受到高地应力与高地温的联合影响，这是与浅部存在的显著区别。

一方面，地下水会对深部工程的稳定性产生负面效应；另一方面，地下水也可成为深部工程利用的有利因素，如近年来蓬勃发展的地下水封油库工程就是对地下水利用的典型例子。本节将主要介绍深部地下水的类型、深部水文地质结构、深部地下水的运动规律、深部地下水的工程地质效应等内容。

### 2.2.1 深部地下水类型

深部地下水赋存于深部岩体的空隙之中，空隙的多少、大小、形状、连通情况等，对深部地下水的分布特征和运动规律具有重要影响。岩体中没有被固体颗粒占据的那一部分称为空隙空间，可以将深部岩体中的空隙分为以下三种类型：孔隙、裂隙和岩溶通道（图2-22）。其中，裂隙和岩溶通道是深部地下水的主要富集空间，孔隙对于深部地下水而言，无论是储存还是运动，都发挥不了太大的作用。

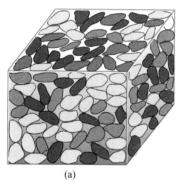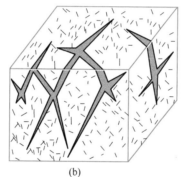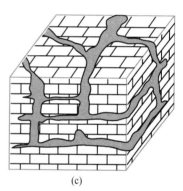

（a）　　　　　　　　　　（b）　　　　　　　　　　（c）

图 2-22　地下水主要赋存介质类型
（a）孔隙；（b）裂隙；（c）岩溶通道

#### 2.2.1.1 深部孔隙水

岩石作为矿物的集合体，矿物颗粒之间的孔隙可以成为地下水的赋存空间。对于深部岩体而言，岩石基质的孔隙率与岩体中发育的裂隙或岩溶空穴相比，可以忽略。特别是在高地应力条件下，孔隙往往处于压密状态。但应当明确的是，深部孔隙水的存在是科学事实，即使其工程意义并不显著。

#### 2.2.1.2 深部裂隙水

岩体在应力作用下会产生各种结构面。例如，成岩过程中形成成岩裂隙，经历构造变动产生构造裂隙，风化作用产生风化裂隙；具有临空面的岩体，因天然地质作用或人为工程活动减载卸荷，可形成卸荷裂隙。赋存于深部岩体裂隙中的地下水称为深部裂隙水。考虑深部岩体所处的状态，风化裂隙和卸荷裂隙一般情况下并不存在。因此，深部裂隙水一般仅包括成岩裂隙水和构造裂隙水两种。

与孔隙水相比，裂隙水表现出更为强烈的非均匀性和各向异性。同一岩层中相距很近的钻孔测得的水量、水位、水质及动态可以非常悬殊，甚至一孔有水而邻孔无水。在裂隙含水岩体中进行工程建设时，总体涌水量不大的岩层中局部可能大量涌水；在裂隙岩层中抽取地下水时，很可能出现这样的现象：某一方向上距离抽水井很远的观测孔水位明显下降，在另一个方向上距离抽水井很近的观测孔水位却无变化或变化不大。

岩体中裂隙发育空间占整个岩体的比例往往较小，裂隙在岩体中连通性较差，一般不容易形成具有统一水力联系、水量分布均匀的含水层。裂隙局部发育地带（如断层、岩浆岩接触带等），可形成带状裂隙含水系统。若干带状含水系统有可能相互交切沟通，构成网状含水系统。一个裂隙含水系统内部具有统一水力联系，不同裂隙含水系统之间没有或仅有微弱的水力联系。

目前，裂隙水的研究尚不成熟。然而，许多实际问题都与裂隙及裂隙水密切相关。对于深部工程而言，在裂隙岩体中进行工程开挖或资源开采时，涌水不均匀且突然，往往会导致岩体破坏。

按照裂隙成因，赋存其中的裂隙水可分为成岩裂隙水、风化（卸荷）裂隙水和构造裂隙水。对于深部岩体而言，裂隙水一般仅包括成岩裂隙水和构造裂隙水两种。由于赋存介质的裂隙空间分布特征不同，地下水特征也有所区别。

（1）成岩裂隙水。成岩裂隙是岩石在成岩过程中受内部应力作用而产生的原生裂隙。沉积岩固结脱水、岩浆岩冷凝收缩等均可形成成岩裂隙。

沉积岩及深成岩浆岩的成岩裂隙多是闭合的，储水及导水意义不大。陆地喷溢的玄武岩，成岩裂隙最为发育。岩浆冷凝收缩时，由于内部应力变化产生垂直于冷凝面的六方柱状节理以及层面节理。此类节理大多张开且密集均匀，连通良好，常构成储水丰富、导水通畅的裂隙含水系统。玄武岩岩浆成分不同及冷凝环境的差异，使其成岩裂隙发育程度不同，柱状节理发育而透水，致密条件下则构成隔水层。

岩脉及侵入岩接触带，由于冷凝收缩，以及冷凝较晚的岩浆流动产生应力，张开裂隙发育。熔岩流冷凝时，留下喷气孔道，或表层凝固、下部未冷凝的熔岩流走，形成熔岩孔洞或管道，这类孔道洞穴往往可以获得可观的水量。

（2）构造裂隙水。构造裂隙是岩石在构造应力作用下形成的，是最为常见、分布范围最广的裂隙。构造裂隙水是裂隙水研究的主要对象，具有强烈的非均匀性及各向异性。

构造裂隙的张开度、延伸长度、密度，以及由此决定的导水性等，很大程度上受岩层性质（岩性、单层厚度、相邻岩层的组合情况）的影响。

塑性岩层，如页岩、泥岩、凝灰岩、千枚岩等，常形成闭合乃至隐蔽的裂隙。这类岩石的构造裂隙往往密度很大，但张开性差，缺少贮存及传输的"有效裂隙"，多构成相对隔水层。只有当其暴露于地表，经过卸荷及风化改造后，才具有一定的贮水及导水能力。脆性岩层，如致密的石灰岩、钙质胶结砂岩等，其构造裂隙一般比较稀疏，但张开性好、延伸远，具有较好的导水性。沉积碎屑岩的裂隙发育，与其粒度及胶结物有关，粗颗粒的砂砾岩裂隙张开性一般优于细粒的粉砂岩；钙质胶结的岩石，裂隙发育显示脆性岩石特征；泥质胶结的岩石，裂隙发育呈现塑性岩石特点，如图 2-23 所示。

构造裂隙的发育受构造应力场控制，具有明显而稳定的方向性。处于同一构造应力场中的岩层，通常发育相同或相近方向的裂隙组。一般在一个地区岩层中的主要裂隙按方向

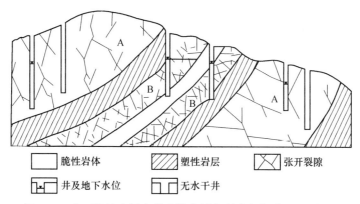

图 2-23 夹于塑性岩层中的脆性岩层的裂隙发育受层厚的控制
A—脉状裂隙水；B—层状裂隙水

可划分为 3~5 组。按其与地层的关系可分为纵裂隙、横裂隙、斜裂隙；层状岩体中还包
括层面裂隙与顺层裂隙等，如图 2-24 所示。

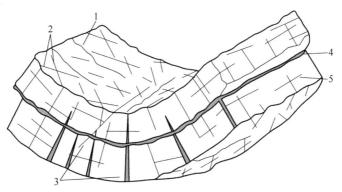

图 2-24 层状岩体构造裂隙示意图
1—横裂隙；2—斜裂隙；3—纵裂隙；4—层面裂隙；5—顺层裂隙

纵裂隙与岩层走向大体平行，一般延伸较长，在褶皱翼部为压剪性，在褶皱核部为张
性，在背斜核部常形成延伸几十米至上百米的大裂隙密集带。纵裂隙方向与岩层走向一
致，在层面裂隙的共同作用下，纵裂隙的延伸方向往往是岩层导水能力最大的方向。横裂
隙一般是张性的，张开宽度最大，但一般延伸不远，呈两端尖灭的透镜体状。斜裂隙是剪
应力形成的，延伸长度及张开性都相对较差；斜裂隙实际上包括两组共轭剪节理，往往一
组发育，另一组发育较弱。

在构造应力作用下，岩性存在差异的层面发生错动并张开，因此，层面裂隙是沉积岩
中延伸范围最广、连通性最好的裂隙组，构成裂隙网络的主要连接性通道。除少数大裂隙
外，裂隙一般不切穿上下层面。层面裂隙的发育还决定着其他各组裂隙的发育。由于层面
是岩层中的软弱面，构造应力作用下，岩层首先沿层面破坏发生顺层位移。顺层位移导致
顺层剪切应力以及次生应力，形成其他各组裂隙。岩层的单层厚度决定层面裂隙的密集
度，从而决定其他各组裂隙发育程度。单层厚度越薄，层面裂隙越密集，次生应力分布越
均匀，因此，薄层沉积岩中的脆性岩层裂隙密集而均匀；巨厚或块状岩层，次生应力集中

释放，裂隙稀疏而不均匀。受构造应力作用，塑性岩层可沿层面方向流展，对夹于其间的脆性岩层施加顺层的拉张力，脆性岩层被拉断而形成张裂隙。脆性岩层夹层越薄，抗拉能力越弱，张开裂隙就越密集。夹于塑性岩层中较薄的脆性夹层，通常称为地下水的储集空间与运移通道。

应力集中的部位，裂隙常较发育，岩层透水性良好。同一裂隙含水层中，背斜轴部常较两翼渗透性好，倾斜岩层较平缓岩层渗透性好，断层带附近往往格外富水。

岩性无明显变化的岩体（如花岗岩、片麻岩等），裂隙发育及透水性通常随深度增大而减弱。一方面，随着深度加大，围压增加，地温上升，岩石的塑性加强，裂隙的张开性变差。另一方面，靠近地表的岩石往往受到风化及卸荷作用的影响，构造裂隙进一步张开，导水能力增强。因此，岩体（层）裂隙发育以及渗透性总体随深度衰减（图2-25）。

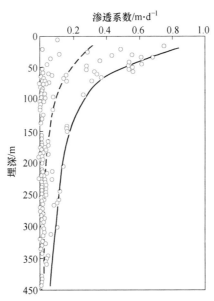

图 2-25　锦屏水电站右岸大理岩渗透系数随深度变化曲线（据王新锋等，2011）
（渗透系数根据钻孔压水实验计算；虚线表示小值趋势线，实线表示大值趋势线）

### 2.2.1.3　深部岩溶水

岩溶，也称为喀斯特（karst），是在以碳酸盐岩类为主的可溶性岩石分布区，由于地下水对岩石以溶蚀为主的综合地质作用，及由这种作用产生的各种现象的总称。

地下水对可溶性岩石进行化学溶解，将空隙扩大为管道及洞穴，携带泥砂的急速水流，不断冲蚀扩展管道及洞穴，管道及洞穴因冲蚀扩展而导致重力崩塌，有时直达地表，于是在地下形成贯通的洞穴通道，在地表塑造独特的地貌景观，形成独特的水文特征，如图2-26所示。

赋存并流动于岩溶化（karstification）岩层中的水，称为岩溶水，也称喀斯特水（karst water）。由于介质的可溶性，岩溶水在流动过程中不断扩展改造介质，从而改变自身的补给、径流和排泄条件以及动态特征。岩溶水系统（karst water system）是一个通过水与介质不断相互作用、不断演化的自组织动力系统。

岩溶发育需要具备四个基本条件：（1）可岩的存在；（2）可溶岩必须是透水的；

(a)                  (b)

图 2-26　岩溶形态
（a）地下暗河；（b）地下岩溶形态

彩色原图

（3）具有侵蚀性的水；（4）水的流动。溶蚀是指具有侵蚀性的水将可溶岩的某些组分转入水中，起到扩展可溶岩空隙的作用。可溶岩无疑是岩溶发育的前提，但是，如果可溶岩没有裂隙，水不能进入岩石，溶解作用便无法进行。纯水对钙镁碳酸盐的溶解能力很低，只有当 $CO_2$ 溶入水中形成碳酸时，才对可溶岩具有侵蚀性。如果水是停滞的，在溶解过程中将丧失侵蚀能力，流动的水不断更新侵蚀能力，才能保证溶蚀的连续性，因此，水的流动是岩溶发育的充分条件。在以上四个基本条件中，最根本的是可溶岩及水流。可溶岩存在时，或多或少发育空隙，只要存在水的流动，侵蚀性就有保证。因此，水流状况是决定岩溶发育强度及其空间分布的决定性因素。

深部岩溶作为一种特殊的岩溶现象，是岩溶发育在空间尺度上的一种表现形式。在人类工程活动相对较弱的时代，这一岩溶现象并没有被人们所认识，直到 20 世纪 50 年代，人类的工程活动到达了地下相对比较深的位置后，人们才慢慢地去认识这一岩溶现象，再到后来从本质上去深入地研究这一现象形成的原因。

索柯洛夫将区域侵蚀基准面之上的岩溶水动力分为四带：垂直渗入带、垂直水平带、水平循环带及深层循环带。根据这一理论，可以得出岩溶发育随深度减弱的规律。在很长的一段时间内，这个本来只适用于浅部岩溶的发育规律被沿用于所有碳酸盐岩分布地区，导致对于某些岩溶隧道或矿区岩溶发育深度的错误判断，造成因选线或防水设施不当而出现的大量涌水事故。大量实例揭示在区域侵蚀基准面之下还发育着深部岩溶。例如，新疆塔里木在井深 5000m 深处仍然发现了溶蚀现象的存在；贵州乌江渡在河床下 227m 深尚有 9.36m 的溶洞；湖南斗笠山在标高 -631.53m 处有 8.11m 的溶洞；美国佛罗里达州石灰岩高原，在海面下 768.1~796.1m 深处有 27.4m 的溶洞；奥地利开挖引水隧道时曾在地面以下 900m 处遇到体积超过 $1000m^3$ 的溶洞。

### A　深部岩溶的发育类型

一般定义发育在排泄基准面以上的岩溶为浅岩溶，基本遵循随深度而递减的规律，而在排泄基准面下发育的岩溶为深岩溶，其发育规律并不随深度而减弱。由于区域地质和水文地质条件的差异，岩溶洞穴的发育深度随地域变化很大。一般来说，深部岩溶发育的类型包括以下几种：

（1）古剥蚀面上的深部岩溶。由于受构造运动影响，已形成的古剥蚀面常可随褶皱的向斜下陷到深部，构成各地质时期深部岩溶。如川南阳新灰岩古剥蚀面岩溶发育深度可达 2000～4000m。

（2）断层切割发育的深部岩溶。各个时代形成的碳酸盐岩都可能受后期断裂切割，从而导致深部岩溶发育。在水动力条件具备的地方，断裂切割深度就是岩溶发育的深度。例如华南茅口灰岩古剥蚀面岩溶发育深度，通常是垂直古剥蚀面 30～50m，但如遇到导水断层切割，岩溶发育往往超过古剥蚀面的岩溶发育深度而达到断层切割的深度。

（3）硫酸根离子溶蚀的深部岩溶。硫化物与水作用形成硫酸，沿断裂下渗形成深部岩溶。如江西武山铜矿，强岩溶带围绕矿体分布，岩溶发育深度达 468m。

（4）向斜深部地下水溶蚀的深部岩溶。当地表水具有一定能量补给地下时，可使水通过向斜轴部流向地形较低的向斜两翼，从而导致深部岩溶发育。

（5）接触带或可溶性与非可溶性岩石交界面的深部岩溶。在岩溶的不同形成时期，充满岩体的孔隙水和管道水在重力作用下沿着裂隙或层面向深部不断运移，最终控制其深度的是可溶岩与非可溶岩交界面。

### B　深部岩溶发育的基本条件

一般来说，深部岩溶发育的基本条件包括以下几个方面，具有溶蚀能力的地下水、具有适宜的水动力条件、具有区域性的地壳升降运动、具有地形地质及生物因素的作用等。

（1）具有溶蚀能力的地下水。具有溶蚀能力地下水的形成有以下途径：1）深部岩溶水是由不同温度、不同成分的地下水混合而成，通过混合溶蚀作用后，若达到新的平衡时所需的 $CO_2$ 有剩余，即构成有侵蚀性的 $CO_2$，对深部岩溶发育起着积极的作用。2）厌氧细菌的排泄物及残骸，使地下水变为酸，加强了溶蚀作用。3）岩浆在深部的分异作用所产生的 $CO_2$ 水气，对碳酸盐岩的空隙有侵蚀性。4）岩溶水流与煤层、炭质页岩，含硫矿物与岩石接触，产生 $SO_4^{2-}$ 离子，侵蚀能力加强，促使深部岩溶发育。5）岩溶水的 $CO_2$ 分压随深度而增加。

（2）具有适宜的水动力条件。深部岩溶水多呈承压状态，上下受不透水层的压迫作用而产生弹性脉冲。特别是当地壳升降，季节水位涨落以及潮汐作用使每日水位有周期性起伏，所有这些现象都能引起侵蚀基准面升降，促使承压含水层弹性贮存与弹性释放，迫使承压含水层的含水空隙膨缩，有助于磨蚀与溶蚀作用的发生。

（3）具有区域性的地壳升降运动。区域性侵蚀基准面的升降及地下水循环交替条件的变化均受控于地壳升降运动，对岩溶发育的具体层位起着决定性的作用。当地壳长期处于稳定时期，岩溶发育逐渐由垂直向水平方向溶蚀与发展，当地壳处于上升期，侵蚀基准面下降，地下水位随之下降，使原来发育的溶洞变为干溶洞，而新的侵蚀基准面又在更低层发育着岩溶。当地壳处于下降期，原来发育着岩溶的层位下降到深部，并被后期沉积物所覆盖而成为不同地质时代的深部岩溶。此外，全球的冰期及间冰期使海平面大幅度起伏，引起侵蚀基准面的升降，也可形成深部岩溶。

（4）具有地形地质及生物因素的作用。地形高差决定了地下水运动的能量，控制着溶蚀磨蚀与搬运作用的强度；岩石化学成分与结构影响着溶蚀与磨蚀的难易程度，区域性气候、土地覆盖、植被生长等影响着地下水的溶蚀能力。

C 深部岩溶水的特点

深部岩溶可在可溶性岩层分布较大的深度内形成，由于深部地下水的循环交替条件较为微弱，通常深部岩溶的规模不大，多以溶孔、溶隙为主，然而在地下水循环交替条件、水化学条件以及地质地貌条件适宜的部位，也可能出现洞穴型的深部岩溶形态。

深部溶洞通常是全充填或半充填的，而且突出时压力很大。充填物的形成是一个缓慢的过程，地下水水流中所夹带的杂质、岩屑微粒、泥质以及溶蚀残余物质在深部岩溶中沉淀并沉积在溶洞中，干涸时呈固态黄泥，有水掺和时呈黏稠黄泥，突出时非常类似泥石流。一般开启性好的断层，其中贮有断层角砾岩、断层泥及上覆地层的岩屑与煤系碎块，这种充填物大多与断层切割的岩层种类有关。灰岩中突出来的泥砂与断层沟通古河床或地表岩石风化的砂粒有关。

深部溶洞与地表的连通性可分为三种形态：未连通型、半连通型和连通型。未连通型条件下，溶洞的涌水量不受地表降雨影响，一直处于稳定状态。半连通型条件下地表降雨会对溶洞涌水量有一定的影响，当地表降雨量较大时，溶洞有所反映；当地表降雨量较小时，溶洞没有反映。连通型可划分成两种，即连通Ⅰ型、连通Ⅱ型。

连通Ⅰ型是指溶洞和地表有直接连通，或者与地下暗河体系有着直接沟通，由于地表的汇水面积较大，地表降雨对溶洞涌水量影响十分显著，致使溶洞在降雨后的长时间内仍保持较大的涌水量。连通Ⅱ型是指溶洞和地表有直接连通，但是地表的汇水面积范围较小，地表降雨后溶洞内涌水量也较为明显，但地表降雨完成后溶洞内基本无水。

## 2.2.2 深部水文地质结构

地下水的赋存规律可以用水文地质结构来表征。谷德振教授将含水层（体）和隔水层（体）的组合特征定义为水文地质结构。更具体地讲，岩体往往由不同岩石建造组合而成，有些建造是透水的，有些是隔水的，在充分了解隔水层与含水层特性的基础上，分析这两个水文地质结构单元所呈现的空间分布和组合形式以及含水层的水动力特征，这就是水文地质结构的概念。水文地质结构是研究地下水活动规律的基础。

地下水埋藏条件决定着地下水的动态，而这受控于岩体结构特征和岩性条件。

整体结构岩体内的地下水主要为孔隙水，当岩石内孔隙不连通，且地下水在其中无运动条件时，可将它视为不透水体或隔水体。

碎裂结构岩体多为含水体，地下水主要赋存在结构面内。由于岩体节理裂隙发育不均匀，常造成裂隙水发育不均一。

层状结构岩体在构造作用下，由于岩性和地应力状态的控制，有的结构面开裂而呈碎裂结构，有的结构面呈现闭合状态（如页岩、板岩），或后期愈合而呈假完整结构。致使同一地质单元内有的为含水层（体），有的为不含水层或隔水层。上述特征不仅决定着地下水埋藏条件，而且决定着地下水的赋存状态、补给、运移及排泄关系。

根据地下水赋存、埋藏及运动规律，以岩体结构为基础，可将地质体的水文地质特征划分为表2-3所示的六种水文地质结构。表中所示的六种水文地质结构可进一步分为四类，即统一含水体结构、层状含水体结构、脉状含水体结构及管道含水体结构。

划分水文地质结构类型的依据为水文地质结构基本单元，水文地质结构的基本单元包括含水体和隔水体两类。其中，含水体（层）包括孔隙含水体、裂隙含水体、管道含水体，隔水体（层）包括层状隔水层与块状隔水层。

表 2-3　深部水文地质结构类型

| 岩体结构 | 岩性及地质条件 | 水文地质结构 |
|---|---|---|
| 完整结构<br>（包括愈合的碎裂结构岩体） | 软弱、致密、塑性岩体 | 不透水体、隔水体（层） |
| | 疏松的高孔隙率岩体 | 孔隙统一含水体 |
| | 夹于致密岩体内的疏松岩体 | 层状孔隙含水体 |
| 碎裂结构 | 大体积连续分布 | 裂隙统一含水体 |
| | 夹于相对隔水层之间 | 层状裂隙含水体 |
| 块裂结构 | 夹于结构体之间的破碎带及其影响带内 | 脉状裂隙含水体 |
| 架空结构 | 喀斯特化岩体内 | 管道含水体 |

　　孔隙含水体多见于中、新生代的砂砾岩体中，在深部较为少见。裂隙含水体多存在于构造作用较剧烈的岩浆岩、变质岩及坚硬的沉积岩内。管道含水体发育于岩溶化岩体内。层状隔水层主要发育于沉积岩内，通常由软弱岩层所构成，在构造作用下呈塑性变形，断裂较少或断裂紧闭。块状隔水体有两种基本类型，一种是由不透水岩体构造的，如碳酸盐胶结的砂砾岩，孔隙和裂隙都被碳酸盐封闭和愈合；另一种是在深部高地应力作用下结构面紧闭的碎裂结构岩体。含水体和隔水体在地质体内分布不同，形成了不同的水文地质结构，支配着地下水的活动规律。

　　（1）统一含水体。统一含水体在深部较为少见。这种水文地质结构主要见于没有隔水体的岩体中，多出现在地表或浅部岩体中。它可以是孔隙统一含水体，也可以是裂隙统一含水体。其中前者的岩性及地质条件多为疏松的高孔隙率岩体，后者则为大体积连续分布的碎裂结构岩体。在深部工程中，这种结构类型的岩体经过高应力的压密作用后，其表现出的水文地质特性与浅部或地表环境相比，常存在较大差别（图 2-27）。

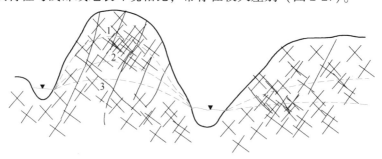

图 2-27　统一含水体水文地质结构示意图<br>1—饱气带；2—季节变动带；3—水平循环带

　　（2）层状含水体。层状含水体常夹于隔水层之间，其补给、运行、排泄严格地受隔水层控制，多半是远缘补给，循层运行，远缘排泄。地表或者浅部工程中，这类含水体可以由大气降水补给，也可由河湖补给。它可排泄于河湖和统一含水体的潜水面内，也可以泉的方式溢出地表。这种含水体内地下水有的为无压水，多数为承压水。地下水面常受上下隔水层的顶、底板控制，其运行动态主要由补给区地下水位与排泄区地下水位差、运行距离及含水体的透水性控制（图 2-28）。

由于含水层的空间分布受岩层变形而不同，那么水文地质结构也不相同。常有以下几种类型：1）平缓型：岩层处于近水平状态；2）倾斜型：含水层呈倾斜状分布；3）陡倾直立型：当岩层变位达到陡倾直立时，含水岩层非常陡峻，其两侧隔水层对含水层约束，呈纵向径流。

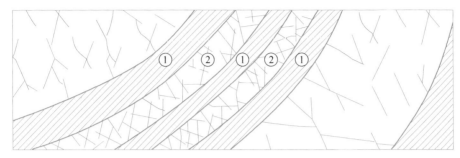

图 2-28　层状含水体水文地质结构示意图
①—隔水层；②—含水层

（3）脉状含水体。脉状含水体主要存在于切割隔水体的断层破碎带或结构面内，结构面产状主要受断层发育特征控制，也可以把它视为陡倾角的层状含水体。而这种层状含水体可以有很多分支，形成脉状地下水系。脉状地下水系往往与统一含水体、层状含水体相通，从而使它们成为脉状地下水的补给、排泄场所（图 2-29）。

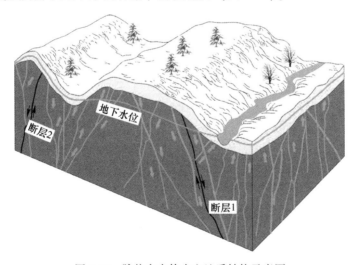

图 2-29　脉状含水体水文地质结构示意图　　　　　彩色原图

（4）管道含水体。管道含水体主要发育于岩溶化岩体内，是一种喀斯特水。由于初始裂隙分布不均匀，以及后期水流经受优势通路及优势水流的自组织作用，不均匀性及各向异性是岩溶含水介质的固有特征（图 2-30）。

我国南、北方岩溶含水介质、空隙大小以及均匀性都有差别。北方岩溶含水介质，以溶蚀裂隙为主，岩溶发育相对均匀。究其原因，与岩性结构以及气候有关，层厚不大的碳酸盐岩，在应力作用下发生层间错动，裂隙发育相对密集均匀，后期溶蚀不十分强烈，形成较为均匀的溶蚀裂隙含水介质。南方岩溶区厚层及块状碳酸盐岩,在构造应力作用下,形成稀疏而较宽大的裂隙,经过后期强烈溶蚀作用,形成极不均匀的介质。

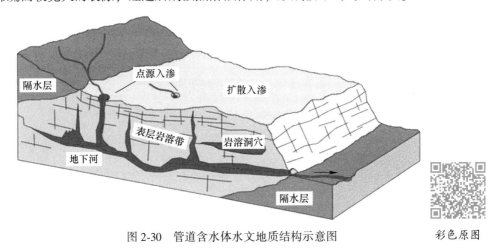

图 2-30   管道含水体水文地质结构示意图                       彩色原图

### 2.2.3   深部地下水的运动规律

深部地下水在岩体中的运动主要通过裂隙系统或岩溶空隙进行。对于裂隙岩体而言,一般以裂隙导水,岩石孔隙和微裂隙储水为特征。同时具有明显的各向异性和非均质性,裂隙岩体中的渗流仍可用达西定律近似表示。对于岩溶化岩体而言,地下水的运动主要发生在岩溶空隙中,由于岩溶含水介质的空隙大小悬殊,因此,岩溶水流系统中通常是层流与紊流共存,其中岩溶管道流一般属紊流,不符合达西定律。

一般来说,岩体结构控制着地下水的运动规律,而地应力状态和人类的工程活动又是重要的影响因素。岩体结构限定了地下水的赋存空间与活动途径,岩体的水力特性受岩体结构特征和结构面变形性能的控制,而人类的工程活动可以改变岩体结构和地应力状态。因此,研究地下水的活动规律及其对岩体变形和破坏的影响时必须综合考虑这些因素。

要科学地认识地下水的运动规律,必须具体地查明岩体结构特征及地应力状态,在此基础上,对地下水的赋存与活动规律做出判断。例如,对于碎裂结构岩体来说,查明裂隙在空间上的分布规律和各组裂隙与地应力的关系非常重要。这种岩体的导水性往往是各向异性的,通常是平行于最大主应力方向的导水性最强。对于断续结构岩体来说,情况比较复杂。这种岩体存在着渗透不连续性,但也存在连续的通道。其导水性必须通过试验来测定。块裂和板裂结构岩体既受控于节理发育状况,又受控于软弱结构面或夹层。在查清裂隙导水率及软弱夹层的渗透率情况下,可以通过数值模拟来寻求这种岩体的导水率。清楚地下水在岩体中的活动规律,就可以通过数学力学分析来研究地下水对岩体变形和破坏的影响。

#### 2.2.3.1   深部裂隙水的运动规律

岩体具有一定的组成成分、一定的结构,赋存在一定的地质环境中。就同一种岩石而言,岩体的渗透系数要比岩块的渗透系数大 $10^4 \sim 10^7$ 倍。产生这种悬殊差异的原因在于岩体所具有的不连续结构。因此,考察岩体渗透性时,必须从岩性、岩体结构、环境因素及其变化出发。对于深部岩体而言，作用于岩体结构和结构面上的应力状态是重要的控制因素。

深部工程岩体是由岩块与结构面网络组成的，相对结构面来说，岩块的透水性很微弱，常可忽略。结构面是深部岩体中地下水运动的主要通道，但并不是所有的结构面都导水。由流体力学的知识可知，结构面导水性主要取决于结构面的张开度。大量勘探资料表明，工程岩体内地下水的运动具有方向性。多组结构面中可能仅其中一组具有明显的地下水联系，这种现象与地应力场有关。如块状岩体在 $\sigma_{max}$-$\sigma_{min}$ 地应力场平面内发育有平行于 $\sigma_{max}$ 和 $\sigma_{min}$ 的两组结构面。平行于 $\sigma_{min}$ 方向的一组结构面在 $\sigma_{max}$ 作用下呈闭合状态而不导水，而平行于 $\sigma_{max}$ 的一组结构面在 $\sigma_{min}$ 作用下呈张开状态。显然，平行于 $\sigma_{max}$ 方向的结构面是导水的，从而造成岩体透水性的各向异性（图 2-31）。结构面和地应力场可以视为岩体水力学地质基础中的两个主要因素。

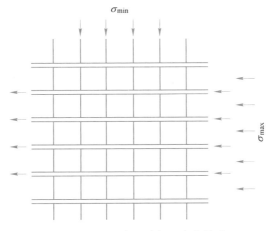

图 2-31　地下水运动与地应力关系

工程岩体内地下水赋存条件很大程度上取决于地应力场特征。同岩体力学介质可以转化一样，如果地应力水平较高，且 $\sigma_1 \approx \sigma_2 \approx \sigma_3$，结构面将处于闭合状态，透水结构岩体将转化为不透水结构岩体。如果 $\sigma_1 \neq \sigma_3$，则可能形成单向透水结构岩体。在进行裂隙岩体水力学研究时，必须注意地应力场及其变化的影响。裂隙导水性对其变形特别敏感，而结构面变形又主要取决于法向应力。尤其是地质体受力条件变化时，更应注意到这一点。

地应力对完整岩石渗透性的影响远远小于其对结构面导水性的影响。地应力对结构面导水性的影响表现在两个方面：当最大主应力垂直于结构面时，由于结构面在法向应力作用下闭合，开度减小，因此其导水性显著降低；当最大主应力平行结构面时，由于侧胀变形，因此结构面有的张开（当侧向压力较小时），有的则产生闭合（当侧向应力较大或平面应变条件时）。但总的来说，平行于最大主应力方向结构面的导水系数将大于垂直于最大主应力方向结构面的导水系数。

由此可知，深部裂隙水的运动规律与深部岩体中结构面的组数、方向、粗糙起伏度、张开度及胶结填充特征等因素直接相关，同时，还受到深部岩体地应力状态的影响。在研究裂隙水的运移规律时，以上诸多因素不可能全部考虑到。往往先从最简单的单个结构面开始研究，而且只考虑平直光滑无填充时的情况，然后根据结构面的连通性、粗糙起伏及填充等情况进行适当的修正。对于含多组结构面的岩体水力学特征则比较复杂。目前针对该问题的研究方法，一是用等效连续介质模型来研究，认为裂隙岩体是由空隙性差而导水性强的结构面系统和导水性弱的岩块孔隙系统构成的双重连续介质，裂隙孔隙的大小和位置的差别均不予考虑。二是忽略岩块的孔隙系统，把岩体看作单纯的按几何规律分布的裂隙介质，用裂隙水力学参数或几何参数（结构面方位、密度和张开度等）来表征裂隙岩体的渗透空间结构。所以裂隙大小、形状和位置都在考虑之列。目前，针对这两种模型都进行了一定程度的研究，提出了相应的渗流方程及水力学参数的计算方法。

（1）单裂隙的渗透特性。假设裂隙面为一平直光滑无限延伸的面，张开度 $e$ 各处相等。取如图 2-32 的 $xoy$ 坐标系，水流沿结构面延伸方向流动，当忽略岩块渗透性时，则稳定流情况下各水层间的剪应力 $\tau$ 和静水压力 $p$ 之间的关系，由水力平衡条件为：

$$\frac{\partial \tau}{\partial y} = \frac{\partial p}{\partial x} \tag{2-3}$$

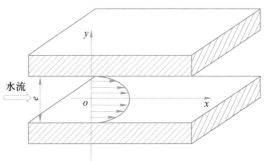

图 2-32　平直光滑结构面的水力学模型

根据牛顿黏滞定律：

$$\tau = \eta \frac{\partial u_x}{\partial y} \tag{2-4}$$

由式（2-3）和式（2-4）可得：

$$\frac{\partial^2 u_x}{\partial y^2} = \frac{1}{\eta} \frac{\partial p}{\partial x} \tag{2-5}$$

式中，$u_x$ 为沿 $x$ 方向的水流速度；$\eta$ 为水的动力黏滞系数，$0.1\text{Pa} \cdot \text{s}$。式（2-5）的边界条件为：

$$\begin{cases} u_x = 0, \ y = \pm \dfrac{e}{2} \\ \dfrac{\partial u_x}{\partial y} = 0, \ y = 0 \end{cases} \tag{2-6}$$

若 $e$ 很小，则可忽略 $p$ 在 $y$ 方向上的变化，用分离变量法求解方程式（2-5），可得：

$$u_x = -\frac{e^2}{8\eta} \frac{\partial p}{\partial x} \left( 1 - \frac{4y^2}{e^2} \right) \tag{2-7}$$

解得：

$$\overline{u_x} = -\frac{e^2}{12\eta} \frac{\partial p}{\partial x} \tag{2-8}$$

静水压力 $p$ 和水力梯度 $J$ 可以写为：

$$\left.\begin{array}{l} p = \rho_w g h \\ J = \dfrac{\Delta h}{\Delta x} \end{array}\right\} \tag{2-9}$$

式中，$\rho_w$ 为水的密度；$\Delta h$ 为水头差；$h$ 为水头高度。

将式（2-8）代入式（2-9）得：

$$\overline{u_x} = - \frac{e^2 g \rho_w}{12\eta} J = - K_f J \tag{2-10}$$

$$K_f = \frac{ge^2}{12\nu} \tag{2-11}$$

式中，$\nu$ 为水的运动黏滞系数，$cm^2/s$，$\nu = \dfrac{\eta}{\rho_w}$。

以上是按平直光滑无填充贯通结构面导出的，但实际上岩体中的结构面往往是粗糙起伏的和非贯通的，并常有填充物阻塞。为此，路易斯（Louis，1974）提出了如下的修正式：

$$\overline{u_x} = - \frac{K_2 g e^2}{12\nu c} J = - K_f J \tag{2-12}$$

$$K_f = \frac{K_2 g e^2}{12\nu c} \tag{2-13}$$

式中，$K_2$ 为结构面的面连续性系数，指结构面连通面积与总面积之比；$c$ 为结构面的相对粗糙修正系数：

$$c = 1 + 8.8 \left(\frac{h}{2e}\right)^{1.5} \tag{2-14}$$

式中，$h$ 为结构面起伏差。

（2）含一组裂隙岩体的渗透特性。当岩体中含有一组结构面时，如图 2-33 所示，设结构面的张开度为 $e$，间距为 $S$，渗透系数为 $K_f$，岩块的渗透系数为 $K_m$。将结构面内的水流平摊到岩体中去，可得到顺结构面走向方向的等效渗透系数 $K$：

$$K = \frac{e}{S} K_f + K_m \tag{2-15}$$

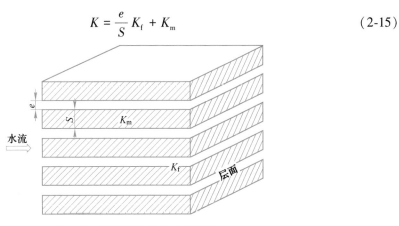

图 2-33　层状岩体的水力学模型

实际上岩块的渗透性要比结构面弱得多，因此常可将 $K_m$ 忽略，这时岩体的渗透系数 $K$ 为：

$$K = \frac{e}{S} K_f = \frac{K_2 g e^3}{12\nu Sc} \tag{2-16}$$

（3）含多组裂隙岩体的渗透特性。从透水性和含水性角度出发，可将结构面分为连通的和不连通的结构面。前者是指与含水体相互连通的结构面，或者不同组结构面交切组合而成的通道，一旦与含水体相连通，必然构成地下水的渗流通道，且自身也会含水。不连通的结构面是指与含水体不相通，终止于岩体内部的结构面，这类结构面是不含水的，也构不成渗流通道，或者即使含水也不参与渗流循环交替。因此，在进行岩体渗流分析时，有必要区分这两类不同水文地质意义的网络系统，即连通网络系统和不连通网络系统。

岩体中含有多组（如 3 组）相互连通的结构面时，设各组结构面有固定的间距 $S$ 和张开度 $e$，不同组结构面的间距和张开度可以不同，且各组结构面内的水流相互不干扰。在以上假设条件下，罗姆（Romm，1966）认为，岩体中水的渗流速度矢量 $\boldsymbol{v}$ 是各结构面组平均渗流速度矢量 $\boldsymbol{u}_i$ 之和，即：

$$\boldsymbol{v} = \sum_{i=1}^{n} \frac{e_i}{S_i} \boldsymbol{u}_i \tag{2-17}$$

式中，$e_i$ 和 $S_i$ 分别为第 $i$ 组结构面的张开度和间距。

按单个结构面的水力特征式（2-12），第 $i$ 组结构面内的断面平均流速矢量为：

$$\overline{\boldsymbol{u}_i} = \frac{K_{2i} e_i^2 g}{12\nu c_i}(\boldsymbol{J} \cdot \boldsymbol{m}_i) \boldsymbol{m}_i \tag{2-18}$$

式中，$\boldsymbol{m}_i$ 为水力梯度矢量 $\boldsymbol{J}$ 在第 $i$ 组结构面上的单位矢量。将式（2-18）代入式（2-17）得：

$$\boldsymbol{v} = -\sum_{i=1}^{n} \frac{K_{2i} e_i^3 g}{12\nu S_i c_i}(\boldsymbol{J} \cdot \boldsymbol{m}_i) \boldsymbol{m}_i = -\sum_{i=1}^{n} K_{fi}(\boldsymbol{J} \cdot \boldsymbol{m}_i) \boldsymbol{m}_i \tag{2-19}$$

设裂隙面法线方向的单位矢量为 $\boldsymbol{n}_i$，则：

$$\boldsymbol{J} = (\boldsymbol{J} \cdot \boldsymbol{m}_i) \boldsymbol{m}_i + (\boldsymbol{J} \cdot \boldsymbol{n}_i) \boldsymbol{n}_i \tag{2-20}$$

令 $\boldsymbol{n}_i$ 的方向余弦为 $a_{1i}$，$a_{2i}$，$a_{3i}$，并将式（2-20）代入式（2-19），经整理可得岩体的渗透张量为：

$$|K| = \begin{vmatrix} \sum_{i=1}^{n} K_{fi}(1-a_{1i}^2) & -\sum_{i=1}^{n} K_{fi} a_{1i} a_{2i} & -\sum_{i=1}^{n} K_{fi} a_{1i} a_{3i} \\ -\sum_{i=1}^{n} K_{fi} a_{2i} a_{1i} & \sum_{i=1}^{n} K_{fi}(1-a_{2i}^2) & -\sum_{i=1}^{n} K_{fi} a_{2i} a_{3i} \\ -\sum_{i=1}^{n} K_{fi} a_{3i} a_{1i} & -\sum_{i=1}^{n} K_{fi} a_{3i} a_{2i} & \sum_{i=1}^{n} K_{fi}(1-a_{3i}^2) \end{vmatrix} \tag{2-21}$$

由实测资料统计求得各组结构面的产状及结构面间距、张开度等数据后，可由式（2-21）求得岩体的渗透张量。由于反映结构面特征的各种参数都具有某种随机性，因此必须在大量实测资料统计的基础上才能确定。这时，统计样本的数量和统计方法的准确性都将影响其计算结果的准确性。

### 2.2.3.2　深部岩溶水的运动规律

深部岩溶含水介质的空隙大小悬殊，因此，岩溶水流系统中通常是层流与紊流共存。北方岩溶地区，以溶蚀裂隙为主，多为层流。南方岩溶区，在裂隙及溶蚀裂隙中，地下水做层流运动；在宽大的管道、洞穴中，水力梯度可从 0.1% 到大于 10%，流速可达 100～10000m/d，一般呈紊流运动。不同大小空隙中的地下水运动并不同步。降雨时，通过地表的落水洞、溶斗等，岩溶管道迅速大量吸收降水及地表水，水位抬升快，形成水位高脊，在向下游流动的同时还向周围裂隙及孔隙散流。枯水期岩溶管道排水迅速，形成水位凹槽，周围裂隙及孔隙中的水，向管道流汇集。由于岩溶管道断面沿流程变化很大，某些部分在某些时期局部的地下水是承压的，在另外一些时间里又可变成无压的。

深部岩溶水根据发育程度的差异，可进一步划分为溶隙型、脉管型、管道型、溶洞型、暗河型等，其各自的特征及运动规律见表 2-4。

**表 2-4　不同类型深部岩溶水特征及运动规律**

| 类型 | 特征及运动规律 |
| --- | --- |
| 溶隙型 | 由构造裂隙经溶蚀加宽后形成，其宽度一般很小，延续性较好，岩溶水从地层中缓慢渗出或流出，水量和水压很小，岩溶水经较长距离的过滤和沉淀，出水一般为清水，地下水运动为渗流，符合达西定律 |
| 脉管型 | 溶隙经溶蚀进一步扩大，延长，形成脉管状，其宽度较大，连通性较好，地下水从地层中呈股状流出，压力和水量较小，出水一般为清水，运动状态以重力梯度流为主，基本符合伯努利方程 |
| 管道型 | 脉管经溶蚀进一步扩大，延长，形成较大的管，其宽度很大，连通性很好，一旦揭示，水和泥砂会涌出或喷出，一般呈有压状态，水量和水压较大，地下水和泥砂运动状态比较复杂，这种形式的涌水一般具有突发性，对施工和运营安全影响大 |
| 溶洞型 | 空间体积较大，形状不规则，有水溶洞如果内部充满大量的水和泥砂等充填物，甚至可能存在气体，则压力很高，一旦揭示，水、泥、气体就会大量涌出和喷出，地下水和泥砂运动状态比较复杂，这种形式的涌水突泥对施工安全影响很大 |
| 暗河型 | 过水断面大，水中泥砂含量低，出水一般为清水，其运动状态一般为重力梯度或压力梯度流，基本符合伯努利方程 |

### 2.2.4　深部地下水的工程地质效应

深部地下水的工程地质效应是指地下水在岩体的渗流过程中所表现出来的对岩体的作用。在渗透水流作用下，岩体的物理力学性质等都会产生变化，进而影响工程岩体的稳定性。

#### 2.2.4.1　地下水对岩体的物理作用

（1）润滑作用：处于岩体中的地下水，在岩体的不连续面边界（如坚硬岩石中的裂隙面、节理面和断层面等结构面）上产生润滑作用，使不连续面上的摩阻力减小，从而沿不连续面诱发岩体的剪切运动。地下水对岩体产生的润滑作用反映在力学上，就是使岩体的摩擦角减小。从图 2-34 与表 2-5 可以看出，随着节理面水分含量的增加，峰值剪切应力、黏聚力、摩擦角等均大幅降低。

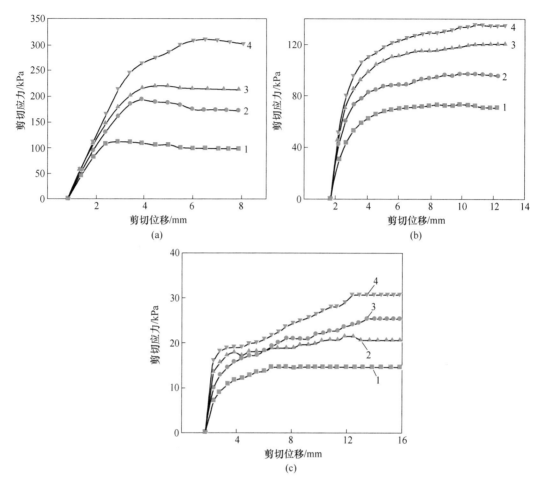

图 2-34 地下水的润滑作用试验结果（据唐佳等，2014）

节理面水质量分数：（a）10%；（b）15%；（c）21%

法向应力/kPa：1—100；2—200；3—300；4—400

**表 2-5 试样抗剪强度指标随水质量分数变化结果**（据唐佳，2014）

| 水质量分数/% | 内摩擦角/(°) | 黏结力/kPa |
|---|---|---|
| 10 | 32.45 | 46.842 |
| 13 | 21.91 | 67.883 |
| 15 | 12.46 | 51.548 |
| 16 | 8.57 | 31.844 |
| 19 | 4.98 | 14.389 |
| 20 | 3.19 | 9.415 |

（2）软化和泥化作用：地下水对岩体的软化和泥化作用主要表现在对岩体结构面中充填物的物理性状的改变上，岩体结构面中充填物随含水率的变化，发生由固态向塑态直至液态的弱化效应。一般在断层带易发生泥化现象。软化和泥化作用使岩体的力学性能降低，内聚力和摩擦角值减小（图 2-35）。

挤压变形

图 2-35　地下水的软化和泥化作用　　　　彩色原图

（3）毛细水的强化作用：处于非饱和带的岩体，其中的水处于负压状态，此时的地下水不是重力水，而是毛细水，按照有效应力原理，非饱和岩体中的有效应力大于岩体的总应力，水的作用是强化了岩体的力学性能，即增加了岩体的强度。

### 2.2.4.2　地下水对岩体的化学作用

地下水对岩体的化学作用主要是通过地下水与岩体之间的离子交换、溶解作用（岩溶）、水化作用（膨胀岩的膨胀）、水解作用、溶蚀作用、氧化还原作用等。

（1）离子交换：地下水与岩体之间的离子交换是由物理力和化学力吸附到岩土体颗粒上的离子和分子与地下水的一种交换过程。能够进行离子交换的物质是黏土矿物，如高岭土、蒙脱土、伊利石、绿泥石、蛭石、沸石等，以及氧化铁、有机物等，主要是因为这些矿物中大的比表面上存在着胶体物质。地下水与岩土体之间的离子交换经常是富含钙或镁离子的地下淡水在流经富含钠离子的土体时，使得地下水中的 Ca 离子或 Mg 离子置换了土体内的 Na 离子，一方面由水中 Na 离子的富集使天然地下水软化，另一方面新形成的富含 Ca 离子和 Mg 离子的黏土增加了孔隙度及渗透性能。地下水与岩土体之间的离子交换使得岩土体的结构改变，从而影响岩土体的力学性质。

（2）溶解作用和溶蚀作用：溶解和溶蚀作用在地下水水化学的演化中起着重要作用，地下水中的各种离子大多是由溶解和溶蚀作用产生的。天然的大气降水在经过渗入土壤带、包气带或渗滤带时，溶解了大量的气体，如 $N_2$、Ar、$O_2$、$H_2$、He、$CO_2$、$NH_3$、$CH_4$ 及 $H_2S$ 等，弥补了地下水的弱酸性，增加了地下水的侵蚀性。这些具有侵蚀性的地下水对可溶性岩石，如石灰岩（$CaCO_3$）、白云岩（$CaMgCO_3$）、石膏（$CaSO_4$）、岩盐（NaCl）及钾盐（KCl）等产生溶蚀作用，溶蚀作用的结果是使岩体产生溶蚀裂隙、溶蚀空隙及溶洞等，增添了岩体的孔隙率及渗透性。

（3）水化作用：水化作用是水渗透到岩土体的矿物结晶格架中或水分子附着到可溶性岩石的离子上，使岩石的结构发生微观、细观及宏观的改变，减小岩土体的内聚力，自然中的岩石风化作用就是由地下水与岩土体之间的水化作用引起的，还有膨胀土与水作用发生水化作用，使其发生大的体应变。

（4）水解作用：水解作用是地下水与岩土体（实质上是岩土物质中的离子）之间发

生的一种反应，若岩土物质中的阳离子与地下水发生水解作用，则使地下水中的氢离子（H+）浓度增加，增大了水的酸度。若岩土物质中的阴离子与地下水发生水解作用，则使地下水中的氢氧根离子（OH-）浓度增加，增大了水的碱度。水解作用一方面改变着地下水的 pH 值，另一方面也使岩土体物质发生改变，从而影响岩土体的力学性质。

（5）氧化还原作用：氧化还原作用是一种电子从一个原子转移到另一个原子的化学反应。氧化过程是被氧化的物质丢失自由电子的过程，而还原过程则是被还原的物质获得电子的过程。氧化和还原过程必须一起出现，并相互弥补。氧化作用发生在潜水面以上的包气带，氧气可从空气和 $CO_2$ 中源源不断地获得。在潜水面以下的饱水带氧气耗尽，同样氧气在水中的溶解度比在空气中的溶解度小得多，因此，氧化作用随着深度增加而逐渐减弱，而还原作用则随深度增加逐渐增强。地下水与岩土体之间发生的氧化还原作用，既改变着岩土体中的矿物组成，又改变着地下水的化学组分及侵蚀性，从而影响岩土体的力学特性。

以上地下水对岩土体产生的各种化学作用大多是同时进行的，一般来说化学作用进行的速度很慢。地下水对岩土体产生的化学作用主要是改变岩土体的矿物组成和结构性，从而影响岩土体的力学性能。

### 2.2.4.3　地下水对岩体的力学作用

地下水对岩体的力学作用主要通过水压力和渗流力产生。

（1）水压力作用。水压力减小岩体的有效应力从而降低岩体的强度，在裂隙岩体中的空隙水压力可使裂隙产生扩容变形。

$$\tau = (\sigma - u)\tan\varphi_{m} + c_{m} \tag{2-22}$$

式中，$\tau$ 为岩体的抗剪强度；$\sigma$ 为法向应力；$u$ 为空隙水压力；$\varphi_{m}$ 为岩体的内摩擦角；$c_{m}$ 为岩体的内聚力。

由式（2-22）可知，随着空隙水压力 $u$ 的增大，岩体的抗剪强度不断降低，如果 $u$ 很大，将会出现 $(\sigma-u)\tan\varphi_{m}=0$ 的情况，这对于沿某个软弱结构面滑动的岩体来说，将是非常危险的。

（2）渗流力作用。地下水在松散破碎岩体及软弱夹层中运动时，对破碎的岩体骨架施加体积力，在渗流力的作用下可使岩体中的细颗粒物质产生移动，甚至被携出岩体之外，产生潜蚀而使岩体破坏。

当松散破碎岩体中充满流动的地下水时，地下水对岩体连续介质骨架的渗流力为：

$$j = \gamma_{w}J \tag{2-23}$$

式中，$j$ 为岩体中的渗流力；$\gamma_{w}$ 为地下水的容重（重度）；$J$ 为地下水的水力坡度。

岩体裂隙或断层中流动的地下水对裂隙壁施加两种力，一是垂直于裂隙壁的水压力（面力），该力使裂隙产生垂向变形；二是平行于裂隙壁的切向面力，该力使裂隙产生切向变。其中切向力的计算公式为：

$$\tau_{d} = \frac{b\,\gamma_{w}}{2}J \tag{2-24}$$

式中，$\tau_{d}$ 为地下水流动引起的切向面力；$b$ 为裂隙的隙宽。

地下水的流动除产生渗流力外，还可通过水、岩之间的耦合作用产生力学效应。这种效应是通过改变岩体的渗透性能（降低或增大岩体的渗透系数），进而降低其力学性质得以实现的。由于岩体的渗透性能发生改变，反过来影响岩体中的应力分布，从而影响岩体的强度和变形性质。如法国的马尔帕斯拱坝的溃决就是很好的例子，该坝坝基岩体为片麻岩，片麻理倾向下游，其内局部填充糜棱岩等软弱物质，坝址下游基岩内发育一条倾向上游的断层。坝基岩体由于水库载荷渗透性能降低，试验研究表明水库载荷使坝基岩体渗透系数降低到不到1/100，从而使坝基扬压力，特别是结构面上的水压力急剧增大（图2-36），岩体抗剪强度大幅降低，最后导致坝基岩体破坏，大坝溃决。这种由于渗流场发生变化，导致岩体应力场、岩体力学性质及其稳定性变差的机制，是目前岩体水力学研究的热点问题。

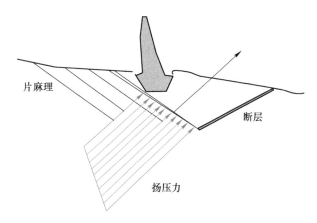

图2-36 马尔帕斯拱坝溃决原因分析图

## 2.3 深部地温场环境

地球内部的热量以各种方式向外传递，如火山（岩浆）活动、温泉、地震活动和构造运动等。温度是表征物体冷热程度的参数，它与热量构成了热物理学中最核心的两个概念。温度是地球最重要的物理性质之一，地球上的温度既有空间的变化，又与时间相关。各温度点的集合构成温度场，即某时刻温度的空间分布。地壳岩体中温度的分布状况称为地温场，深部岩体中任一点的温度均是空间坐标和时间的函数。

近年来，随着深层地热资源开发、高放废物深地质处置、高地温地下工程建设及矿山开采等深部工程的发展，温度场对于岩体工程地质性质的影响受到越来越多的重视。一般来说，随着埋深的增加，地温逐渐增大。不同地点地温梯度值不同，通常为1～3℃/100m。地温梯度的空间分布存在显著差异，主要受区域地质构造、局部岩浆活动、水热活动、岩石放射性生热率等多种因素的综合影响。如川藏铁路穿越我国西南构造活跃区，区域内水热活动频繁，新建拉月隧道隧址区多处温泉出露，钻孔实测温度达54.7℃。与此同时，在一些构造运动不强烈、水热活动不频繁的地区所开展的深部工程建设与矿山开采中，则未见地温显著增高的现象，如最大埋深2400m的锦屏地下实验室、埋深1500m的思山岭深部铁矿等。

虽然地温整体上随深度的增加而增大，但在同样的深度水平上，地温分布的离散性较强，这反映了地温梯度空间分布的差异性特征。岩石是由不同的矿物组成的，不同矿物的热膨胀性能存在差异。当岩体温度场发生改变时，这种膨胀性能的差异将导致岩体内部产生附加热应力。当热应力超过岩石自身的强度极限时，便会发生热破裂现象。热破裂的产生将对岩石的力学、渗流、传热及化学组分迁移等产生影响。因此，对处于高地温环境中的深部工程而言，深部地温场环境的研究具有重要意义。本节将结合深部工程的特点，讨论热传递的基本方式，岩石的热物理性质参数，深部岩体中的热传递特征，及深部地温场的工程地质效应等内容。

### 2.3.1 热传递的基本方式

热量的传递方式包括传导、对流和辐射三种。传导通常发生在固体中，对流则是流体特有的一种传热方式，而辐射不需借助任何介质即可进行。岩体中的热量传递主要以传导和对流方式进行，而其中又以传导为主。热对流仅在岩体中流体活动比较活跃的层位或地区发生，如图 2-37 所示。

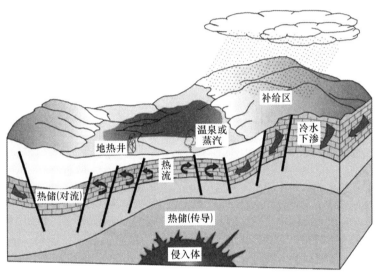

图 2-37　岩体中的热传导与热对流　　　　　彩色原图

理论上，只要岩体不同位置存在温度差就会发生热量的传递。一般而言，岩体中某点温度不随时间而改变的热传递过程称为稳态热传递过程，否则称为非稳态热传递过程。下面分别介绍三种热传递方式的基本概念和有关方程。

### 2.3.1.1 热传导

岩体中各部分之间不发生相对位移时，依靠分子、原子及自由电子等微观粒子的热运动而产生的热量传递称为热传导，它是由分子热运动强弱程度（温度）不同所产生的能量传递。如岩体内部热量从温度较高的部分传递到温度较低的部分，以及温度较高的物体把热量传递给与之接触的温度较低的围岩（如地下处置库中高放废物的释热过程）都是导热现象。

热在媒质中的传播问题一般用傅里叶定律描述，该定律认为单位时间内通过单位截面积所传递的热量与垂直于截面方向上的温度变化率成正比，即：

$$\frac{Q}{F} \propto \frac{\partial T}{\partial x} \tag{2-25}$$

式中，$Q$ 为热流量，W；$F$ 为面积，$\mathrm{m}^2$；$\frac{\partial T}{\partial x} = \lim\limits_{\Delta x \to 0} \frac{\Delta T}{\Delta x}$，即温差 $\Delta T$ 与距离 $\Delta x$ 比值的极限，代表温度变化率。

引入比例常数 $k$，则：

$$Q = -kF\frac{\partial T}{\partial x} \tag{2-26}$$

这就是导热的基本定律或称傅里叶定律。当用热流密度（$q$，单位为 $\mathrm{W/m^2}$）表示时有：

$$q = -k\frac{\partial T}{\partial x} \tag{2-27}$$

傅里叶定律表明导热热流量与温度梯度相关，因此研究岩体导热必然涉及岩体的温度分布。在位置向量 $x$ 所规定的点上，$t$ 时刻的温度 $T$ 可表示为：

$$T = f(x, t) \tag{2-28}$$

一般而言，温度在岩体中的分布状况是坐标（位置）和时间的函数，即：

$$T = f(x, y, z, t) \tag{2-29}$$

温度场内任何点的温度都不随时间变化的为稳定温度场，随时间变化的为非稳定温度场。在稳定温度场中，$T = f(x, y, z)$。具有稳定温度场的热传导称为稳态热传导。若温度场中的温度取相同值则形成一个等温面，若温度场简化为二维空间则形成等温线。温度梯度是等温面法线方向上单位长度内温度的增量，它是一个矢量，即 $\mathrm{grad}\, T = \frac{\partial T}{\partial x}$，其正向为温度升高方向，负向为温度降低方向。

### 2.3.1.2 热对流

热对流是指流体各部分之间发生相对位移，冷热流体相互掺混所引起的热量传递方式。热对流是借助流体流动来传递热量的，其仅能发生在流体中，且必然伴随导热现象。

地球内部的对流包括水热活动、岩浆活动、地幔对流等，而地球外部圈层中的大气环流、洋流则是更大尺度上的对流。对流传热的效率很高，且对流对于温度分布的影响也很大。因此，热对流是物质迁移的一种重要形式，其在地球深部的物质迁移中占首要地位，如地幔部分熔融产生的对流等，如图 2-38 所示。

对流传热有自然对流和强制对流之分，前者如地幔对流、大气环流、洋流等，后者如人工流体注入等。在自然对流中驱动流体流动的是重力，当流体内部存在温度差进而出现密度差时，较高温度的流体密度一般小于较低温度的流体密度。若密度由小到大的空间位置是由低到高，则受重力作用流体就发生流动。作为深部热流体流动的重要驱动机制，热对流一直为国内外广大学者所关注。

对流换热的基本计算采用牛顿冷却公式：

当流体吸收热量时，

$$q = h(t_\mathrm{w} - t_\mathrm{f}) \tag{2-30}$$

当流体释放热量时，

$$q = h(t_f - t_w) \tag{2-31}$$

式中，$t_w$ 为壁面的温度，℃；$t_f$ 为流体温度，℃；$h$ 为对流换热系数，W/(m²·℃)。

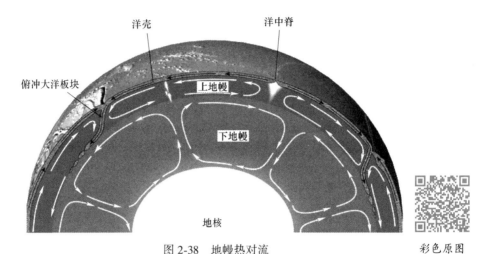

图 2-38  地幔热对流

对流换热系数取决于流体的热导率、黏度、密度、比热容及换热表面的形状和位置等因素。一般空气的对流换热系数为 3~10W/(m²·℃)，而水的自然对流换热系数为 200~10000W/(m²·℃)，水的强制对流换热系数为 1000~150000W/(m²·℃)。

对上述对流换热方程求解，必须考虑对流的起因和流体周围的介质环境。在自然对流换热的微分方程中必须考虑浮力作用，而强制对流的微分方程则可以忽略浮力的作用。

在热传导时，如果有对流发生，则热传递方程为：

$$\rho c \frac{\partial T}{\partial t} + \rho c_R u \cdot \nabla T + c_w \rho q \cdot \nabla T = k \nabla^2 T + \bar{q} \tag{2-32}$$

式中，$c_R$ 和 $c_w$ 分别为岩石和流体的比热容，J/(kg·K)；$u$ 为介质运动速度，m/s；$\rho$ 为流体密度，g/cm³；$q$ 为热流密度，mW/m²；$k$ 为岩石热导率，W/(m·K)；$\bar{q}$ 为内热源，W。

### 2.3.1.3  热辐射

只要温度不是绝对零度，任何物体的表面都会向外发射各种波长的频谱连续的电磁波。温度在 500℃ 以下的物体主要发射红外光，随着温度的增高，物体由开始时的暗红色变为黄色，再由黄色变为白色，在温度很高时变为青白色。温度升高，物体在单位时间内从单位面积表面上向外发射的辐射能力也增强。这种物体通过电磁波来传递能量的方式称为辐射，其中因热的原因而发出辐射能的现象称为热辐射。

热辐射可以在真空中传播，而导热和对流这两种热传递方式只有在物质存在的条件下才能进行。热辐射区别于导热和对流的另一特点是，它不但产生能量的转移，而且还伴随能量形式的转化，即发射时从热能转化为辐射能，而被吸收时又从辐射能转变为热能。物体辐射的能力与温度有关，可用斯蒂芬-玻耳兹曼定律的经验修正公式计算：

$$Q = \varepsilon F \sigma_0 T^4 \tag{2-33}$$

式中，$Q$ 为物体自身向外辐射的热流量，W；$\varepsilon$ 为物体的黑度（<1），与物体性质及其表

面状态有关：$\sigma_0$ 为黑体辐射常数，$\sigma_0 = 5.67 \times 10^{-8} \text{W}/(\text{m}^2 \cdot \text{K}^4)$；$F$ 为表面积，$\text{m}^2$；$T$ 为绝对温度，K。

地球表面由于白天受到辐照，大地在夜晚的温度要比周围大气的温度高，并向外散发热量。它不仅通过对流传热，也通过辐射向大气散热。地球内部的热辐射虽然肉眼看不到，但仍然是存在的。一般而言，在温度不太高时，固体中电磁辐射能强度很小，在温度较高时，电磁辐射能强度大。如在上地幔中，温度较高富含橄榄石的岩石的导热性会受到热辐射的影响，而橄榄岩是构成上地幔的主要岩石类型，因此，考虑热辐射对上地幔深部热量传递作用的影响对于深部地温的研究具有重要意义。

### 2.3.2 岩石的热物理性质参数

深部地温场环境的形成与演化过程在一定程度上受岩石热物理性质的控制。岩石的热物理性质参数主要包括比热容、热导率、热膨胀系数、生热率等。

#### 2.3.2.1 岩石的比热容

在岩石内部及其与外界进行热交换时，岩石吸收热能的能力，称为岩石的热容性。根据热力学第一定律，外界传导给岩石的热量 $\Delta Q$，消耗在内部热能改变（温度上升）$\Delta E$ 和引起岩石膨胀所做的功 $A$ 上，在传导过程中热量的传入与消耗总是平衡的，即 $\Delta Q = \Delta E + A$。对岩石来说，消耗在岩石膨胀上的热能与消耗在内能改变上的热能相比是微小的，这时传导给岩石的热量主要用于岩石升温上。因此，如果设岩石由温度 $T_1$ 升高至 $T_2$ 所需要的热量为 $\Delta Q$，则：

$$\Delta Q = cm(T_2 - T_1) \tag{2-34}$$

式中，$m$ 为岩石的质量；$c$ 为岩石的比热容，$\text{J}/(\text{kg} \cdot \text{K})$，其含义为使单位质量岩石的温度升高 1K（开尔文）时所需要的热量。

岩石的比热容是表征岩石热容性的重要指标，其大小取决于岩石的矿物组成、有机质含量以及含水状态。如常见矿物的比热容多为 $(0.7 \sim 1.2) \times 10^3 \text{J}/(\text{kg} \cdot \text{K})$。与此相应，干燥且不含有机质的岩石，其比热容也在该范围内变化，并随岩石密度增加而减小。又如有机质的比热容较大，为 $(0.8 \sim 2.1) \times 10^3 \text{J}/(\text{kg} \cdot \text{K})$，因此，富含有机质的岩石（如泥炭等），其比热容也较大。常见岩石的比热容见表2-6。

表2-6　0~50℃下常见岩石的热学性质指标

| 岩石 | 密度 | 比热容 | | 热导率 | | 热扩散率 | |
| --- | --- | --- | --- | --- | --- | --- | --- |
| | | 温度/℃ | J/(kg·K) | 温度/℃ | W/(m·K) | 温度/℃ | ×10⁻³cm²/s |
| 玄武岩 | 2.84~2.89 | 50 | 883.4~887.6 | 50 | 1.61~1.73 | 50 | 6.38~6.83 |
| 辉绿岩 | 3.01 | 50 | 787.1 | 25 | 2.32 | 20 | 9.46 |
| 闪长岩 | 2.92 | | | 25 | 2.04 | 20 | 9.47 |
| 花岗岩 | 2.50~2.72 | 50 | 787.1~975.5 | 50 | 2.17~3.08 | 50 | 10.29~14.31 |
| 花岗闪长岩 | 2.62~2.76 | 20 | 837.4~1256.0 | 20 | 1.64~2.33 | 20 | 5.03~9.06 |
| 正长岩 | 2.8 | | | 50 | 2.2 | | |
| 蛇纹岩 | | | | 20 | 1.42~2.18 | | |

| 岩石 | 密度 | 比热容 | | 热导率 | | 热扩散率 | |
|---|---|---|---|---|---|---|---|
| | | 温度/℃ | J/(kg·K) | 温度/℃ | W/(m·K) | 温度/℃ | ×10⁻³cm²/s |
| 片麻岩 | 2.70~2.73 | 50 | 766.2~870.9 | 50 | 2.58~2.94 | 50 | 11.34~14.07 |
| 片麻岩<br>(平行片理) | 2.64 | | | 50 | 2.93 | | |
| 片麻岩<br>(垂直片理) | 2.64 | | | 50 | 2.09 | | |
| 大理岩 | 2.69 | | | 25 | 2.89 | | |
| 石英岩 | 2.68 | 50 | 787.1 | 50 | 6.18 | 50 | 29.52 |
| 硬石膏 | 2.65~2.91 | | | 50 | 4.10~6.07 | 50 | 17.00~25.7 |
| 黏土泥灰岩 | 2.43~2.64 | 50 | 778.7~979.7 | 50 | 1.73~2.57 | 50 | 8.01~11.66 |
| 白云岩 | 2.53~2.72 | 50 | 921.1~1000.6 | 50 | 2.52~3.79 | 50 | 10.75~14.97 |
| 灰岩 | 2.41~2.67 | 50 | 824.8~950.4 | 50 | 1.7~2.68 | 50 | 8.24~12.15 |
| 钙质泥灰岩 | 2.43~2.62 | 50 | 837.4~950.4 | 50 | 1.84~2.40 | 50 | 9.04~9.64 |
| 致密灰岩 | 2.58~2.66 | 50 | 824.8~921.1 | 50 | 2.34~3.51 | 50 | 10.78~15.21 |
| 泥灰岩 | 2.59~2.67 | 50 | 908.5~925.3 | 50 | 2.32~3.23 | 50 | 9.89~13.82 |
| 泥质板岩 | 2.62~2.83 | 50 | 858.3 | 50 | 1.44~3.68 | 50 | 6.42~15.15 |
| 盐岩 | 2.08~2.28 | | | 50 | 4.48~5.74 | 50 | 25.20~33.80 |
| 砂岩 | 2.35~2.97 | 50 | 762~1071.8 | 50 | 2.18~5.1 | 50 | 10.9~423.6 |
| 板岩 | 2.70 | | | 25 | 2.60 | | |
| 板岩<br>(垂直层理) | 2.76 | | | 25 | 1.89 | | |

多孔且含水的岩石常具有较大的比热容,因为水的比热容较岩石大得多,为 $4.19\times10^3$ J/(kg·K)。因此,设干重为 $x_1$g 的岩石中含有 $x_2$g 的水,则比热容 $c_湿$ 为:

$$c_湿 = \frac{c_d\,x_1 + c_w\,x_2}{x_1 + x_2} \tag{2-35}$$

式中,$c_d$,$c_w$ 分别为干燥岩石和水的比热容。

岩石比热容的测试方法包括热平衡法、差示扫描量热法(DSC)等。

### 2.3.2.2 岩石的热导率

岩石传导热量的能力称为热传导性,常用热导率表示,也称导热系数。根据热力学第二定律,物体内的热量通过热传导作用不断地从高温点向低温点流动,使物体内温度逐步均一化。设面积为 $A$ 的平面上,温度仅沿 $x$ 方向变化,这时通过 $A$ 的热流量($Q$)与温度梯度 $\dfrac{dT}{dx}$ 及时间 $dt$ 成正比,即:

$$Q = -kA\frac{dT}{dx}dt \tag{2-36}$$

式中，$k$ 为热导率，W/(m·K)，含义为当 $\dfrac{\mathrm{d}T}{\mathrm{d}x}=1$ 时，单位时间内通过单位面积岩石的热量。

热导率是岩石重要的热学性质指标，其大小取决于岩石的矿物组成、结构及含水状态。常见岩石的热导率见表 2-7。由表可知，常温下岩石的 $k=1.61\sim6.07\,\mathrm{W}/(\mathrm{m}\cdot\mathrm{K})$。另外，多数沉积岩和变质岩的热传导性具有各向异性，即沿层理方向的热导率比垂直层理方向的热导率平均高 10%~30%。

目前国内外常用的岩石热导率测试方法主要分为瞬态法和稳态法。其中瞬态法包括移动热源法、激光闪射法、瞬时板式热源法及探针法等。

据研究表明，岩石的比热容 $c$ 与热导率 $k$ 间存在如下关系：

$$k = \lambda\rho c \tag{2-37}$$

式中，$\rho$ 为岩石密度，$\mathrm{g/cm^3}$；$\lambda$ 为岩石的热扩散率，$\mathrm{cm^2/s}$。

热扩散率反映岩石对温度变化的敏感程度，$\lambda$ 越大，岩石对温度变化的反应越快，且受温度的影响也越大。

表 2-7 几种岩石的热学特性参数

| 岩石 | 比热容<br>$c/\mathrm{J}\cdot(\mathrm{kg}\cdot\mathrm{K})^{-1}$ | 热导率<br>$k/\mathrm{W}\cdot(\mathrm{m}\cdot\mathrm{K})^{-1}$ | 线膨胀系数<br>$\alpha/10^{-3}\mathrm{K}^{-1}$ | 弹性模量<br>$E/\mathrm{GPa}$ | 热应力系数<br>$\sigma_c/\mathrm{MPa}\cdot\mathrm{K}^{-1}$ |
|---|---|---|---|---|---|
| 辉长岩 | 720.1 | 2.01 | 0.5~1 | 90~60 | 0.4~0.5 |
| 辉绿岩 | 699.2 | 3.35 | 1~2 | 40~30 | 0.4~0.5 |
| 花岗岩 | 782.9 | 2.68 | 0.6~6 | 10~80 | 0.4~0.6 |
| 片麻岩 | 879.2 | 2.55 | 0.8~3 | 30~60 | 0.4~0.9 |
| 石英岩 | 799.7 | 5.53 | 1~2 | 20~40 | 0.4 |
| 页岩 | 774.6 | 1.72 | 0.9~1.5 | 40 | 0.4~0.6 |
| 石灰岩 | 908.5 | 2.09 | 0.3~3 | 40 | 0.2~1.0 |
| 白云岩 | 699.2 | 3.35 | 1~2 | 40~20 | 0.4 |

### 2.3.2.3 岩石的热膨胀系数

岩石在温度升高时体积膨胀，温度降低时体积收缩的性质，称为岩石的热膨胀性，用线膨胀（收缩）系数或体膨胀（收缩）系数表示。

当岩石试件的温度从 $T_1$ 升高至 $T_2$ 时，由于膨胀使试件伸长 $\Delta l$，伸长量 $\Delta l$ 用下式表示：

$$\Delta l = \alpha l\,(T_2 - T_1) \tag{2-38}$$

式中，$\alpha$ 为线膨胀系数，1/K；$l$ 为岩石试件的初始长度，由式（2-38）可得：

$$\alpha = \frac{\Delta l}{l(T_2 - T_1)} \tag{2-39}$$

岩石的体膨胀系数大致为线膨胀系数的 3 倍。某些岩石的线膨胀系数见表 2-7，可知多数岩石的线膨胀系数为 $(0.3\sim3)\times10^{-3}/\mathrm{K}$。另外，层状岩石具有热膨胀各向异性，同时岩石的线膨胀系数和体膨胀系数都随压力的增大而降低。

### 2.3.2.4　岩石的生热率

岩石的放射性生热率（$A$）是单位体积岩石中所含放射性元素在单位时间由衰变所释放的能量，单位为 $\mu W/m$。

岩石中所含的放射性元素很多，但并不是所有的放射性元素都对生热有贡献。放射性元素生热必须具备三个条件：（1）具有足够的丰度；（2）生热量大；（3）半衰期与地球年龄相当。若半衰期太短（如 Al、Be、Fe），则在历史过程中已起过作用了；若半衰期太长，则还未充分发挥作用。岩石中所含的放射性元素只有铀、钍和钾三种元素与地球内部热源有关。表 2-8 给出了地球内部主要放射性元素的平均含量、生热率和半衰期。在地球的演化过程中，随着元素的衰变，放射性元素的丰度和生热率都会发生变化。总体上，其丰度在降低，放射性生热量逐渐减少。不同生热元素的半衰期不同，它们之间热贡献的相对比例也会随时间发生变化。半衰期较长的元素热贡献的相对比例在逐渐增大，反之则相对比例在逐渐减小。据统计，目前地球上生热元素铀和钍的热贡献比较接近，大体上各占40%，而生热元素钾的热贡献比较小，只占20%左右。表 2-9 所示为主要岩石的放射性元素含量和生热率。

表 2-8　地球内部主要放射性元素的平均含量、生热率和半衰期

| 同位素 | 平均含量/ng·g$^{-1}$ | 生热率/$\mu W \cdot g^{-1}$ | 半衰期/a |
|---|---|---|---|
| $^{238}$U | 30.8 | $9.46 \times 10^{-2}$ | $4.47 \times 10^9$ |
| $^{235}$U | 0.22 | $5.69 \times 10^{-1}$ | $7.04 \times 10^8$ |
| 天然 U | 31.0 | $9.81 \times 10^{-2}$ | |
| $^{232}$Th | 124 | $2.64 \times 10^{-2}$ | $1.40 \times 10^{10}$ |
| $^{40}$K | 36.9 | $2.92 \times 10^{-2}$ | $1.25 \times 10^9$ |
| 天然 K | $31 \times 10^4$ | $3.48 \times 10^{-6}$ | |

表 2-9　主要岩石的放射性元素含量和生热率

| 岩石类型 | 放射性元素含量/$\mu g \cdot g^{-1}$ | | | 放射性生热率/$10^{-8} mW \cdot kg^{-1}$ | | | 总生热率/$10^{-5} mW \cdot kg^{-1}$ |
|---|---|---|---|---|---|---|---|
| | U | Th | K | U | Th | K | |
| 沉积岩 | 3.0 | 5.0 | 2000 | 29.4 | 13.2 | 7.12 | 49.7 |
| 花岗岩 | 5.0 | 20.0 | 37000 | 49.0 | 52.6 | 13.7 | 115.3 |
| 玄武岩 | 0.8 | 2.7 | 8000 | 9.0 | 7.12 | 2.09 | 17.17 |
| 榴辉岩 | 0.052 | 0.22 | 500 | 0.5 | 0.59 | 0.17 | 1.26 |
| 橄榄岩 | 0.006 | 0.02 | 10 | 0.06 | 0.05 | 0.004 | 0.12 |
| 石陨石 | 0.13 | 0.04 | 850 | 0.13 | 0.10 | 0.30 | 0.53 |

### 2.3.3　深部岩体中的热传递特征

深部岩体中的热传递主要以热传导和热对流的方式进行。

### 2.3.3.1　深部岩体中的热传导

地球内热由深部向上传递，对于平坦均匀的地层来说，其温度随深度增加而呈线性升

高，地下等温线平行于地层表面且不存在水平温度梯度。然而对于地壳岩体而言，其物质组成并不是均一的，其深部的圈层结构和浅部的沉积地层在纵向上表现出较大的热学差异，而且地表也并非平坦界面，山峦、高原、山谷、盆地等海拔高度差异巨大。总之，地壳岩体物质的各向异性、横向热传递、深部构造运动、地形起伏等诸多因素都会影响岩体内的热传导和地温分布。图 2-39 所示为法国 Soultz 地区的地下等温线分布特征，可以明显看出等温线受地质构造的影响。

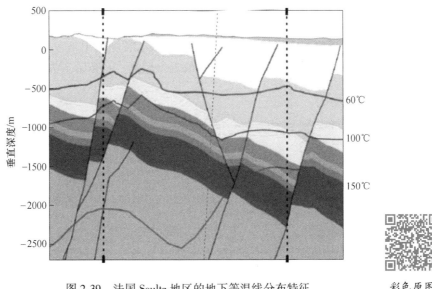

图 2-39　法国 Soultz 地区的地下等温线分布特征　　彩色原图

在地形的影响下，等温线不平行于地球表面且互相不平行，存在水平的温度差异。山体下面的温度梯度小于平坦地面之下的温度梯度，而山谷之下的温度梯度大于周围平坦地区的温度梯度。同时，由于大气温度随着海拔高度的增加而降低，在地球内部也会产生地形的热扰动，地表和恒温带温度随着海拔高度的升高而降低。受岩体的建造过程与后期改造过程的影响，岩体在岩性、构造等方面存在显著差异。不同类型岩石的导热性质是不同的，因此在接触区就会产生温度场的扰动。导热性质的差别越大，所造成的扰动也越大。这种对温度传导的扰动类似于光线穿越凸镜时因传播介质的折射率发生变化而产生折射现象，在地热学中也称为"热折射"效应。这种热折射过程导致了温度场的重新分配。此外，如果考虑地层或岩体放射性生热的影响，那么地下温度场的分布更为复杂。

### 2.3.3.2　深部岩体中的热对流

深部岩体中的热对流主要靠地下水作为介质。近地表水通过多孔透水通道渗透到地下深处，并在深部与高温岩体相遇，然后水和（或）蒸汽等地热流体受力驱使而上行，由此产生对流循环，称为对流型地热系统。地下水的对流可分为自由对流和受迫对流两大类。

自由对流指原来静止的地下水体由温度差而引起的对流。自由对流的流速除取决于受热（或冷却）的强度外，还与地下水本身的物理性质和介质的空间大小有关。一般来讲，自由对流往往与地下深部的高温岩浆或年轻的岩浆岩体有关。岩浆或高温岩体释放的巨大热量对周围地层中的地下水加热，使其在高温驱动下沿裂隙或连通性孔隙流动，并将热量向其流经的地层中传递。

图 2-40 描述了地下水自由对流的机制和过程。大气降水和其他来源的温度低、密度大的地表水汇聚在盆地边缘（位置 $a$），在重力作用下沿盆地周缘的断裂破碎带下渗并进入高渗透率的储层（位置 $b$）；来自岩浆或高温岩体的热量使围岩具有较高的温度，从而使储层中的地下水受热增温。由于地下压力较大，此时的地下水虽然温度较高，但仍处于沸点之下。高温热水在储层内流动汇聚，若盆地内部的断裂破碎带发育，则因升温而密度降低的热水沿断裂带开始上升（位置 $c$）。上升地下水的温度降低的速度远小于压力降低的速度，升至某一特定深度（位置 $d$），温度高于沸点，地下水开始沸腾并涌至地表形成热泉（位置 $e$）。由于岩浆或岩体的温度较高，热水沿裂隙涌出地表时仍具有较高的温度，甚至以蒸汽的形式存在。因为该种地热系统的温度较高，且依靠异常热源存在，所以称为高温型地热系统。

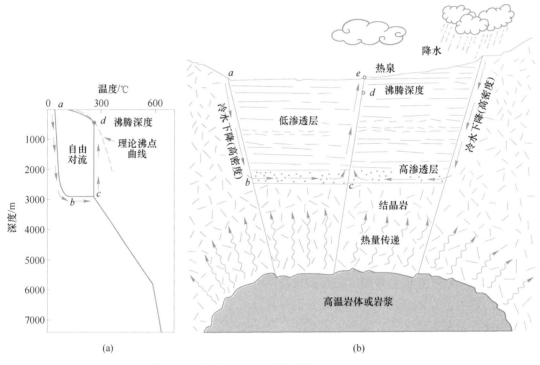

图 2-40  地下水自由对流模式图（White，1968）

地下水受外力作用而引起的流动称为受迫对流，其流速取决于地下水的水力压差、地下水本身的物理力学性质（如黏滞度等）和渗透岩体的阻力。因为受迫对流不依靠岩浆或年轻的岩浆岩体等异常热源，所以其热水温度相对高温型地热系统较低。这种温度低于 150℃，地下深处没有年轻岩浆活动作为附加热源，在正常或偏高的区域热背景条件下，出现在裂隙介质或断裂破碎带中的地下热水环流系统称为中低温对流型地热系统。这种热对流在沉积盆地中最为常见。中低温对流型地热系统最本质的特点为：（1）没有附加的特殊热源，系统主要靠正常或略为偏高的区域大地热流供热；（2）必须有足够的水量，这样才能构成一个从补给、径流到排泄的地下水环流系统；（3）要有一定的地质构造条件，使系统中的地下水受迫对流得以产生。中低温对流型地热系统的经典模式如图 2-41 所示。

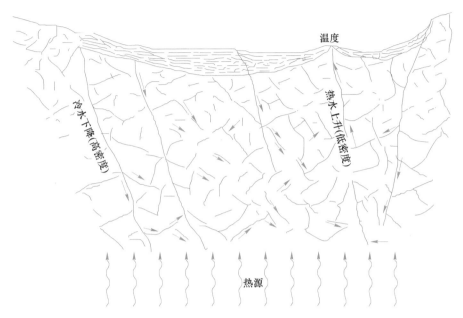

图 2-41　地下水受迫对流模式图（White，1968）

正常或偏高的区域大地热流从底部供热，大气降水在补给区地形高点通过断层或断裂破碎带向下渗透后进行深循环。地下水在径流过程中不断吸取围岩热量，成为温度不等的热水，在适当的构造部位（一般为两组断裂交会处）出露地表即成温泉或热泉。地下水在从补给区到排泄区的受迫对流过程中形成一个环流系统。这类系统多数发育在诸如花岗岩等结晶基岩中，一般没有松散的沉积盖层或盖层极薄，不具有隔热保温作用。

中低温对流模式一般包括以下三种类型：

第一种为系统底部有一渗透性较好的热储层，在补给区沿断裂破碎带下渗的地下水，在热储层中侧向水平流至盆地的另一侧，然后沿断裂上升出露地表而形成温泉或热泉，这种地热系统多见于小型山间断陷盆地。

第二种为有侧向"渗漏"的系统，即地下热水沿断裂破碎带上涌后一部分出露地表形成温泉或热泉，另一部分侧向渗漏至浅部的孔隙或孔隙–裂隙含水层中，这种地热系统在自然界最为常见。

第三种为在同一条断层或断裂破碎带中进行纵向对流的地热系统，常在同一条断层或断裂破碎带上出露几个或一系列温度、流量、化学成分均相似的温泉或温泉群，预示着在地下有对应的小型环流系统存在，这种地热系统较为少见且规模不大。

### 2.3.4　深部地温场的工程地质效应

对于处于高地温环境中的深部工程而言，温度场对岩体工程地质性质的影响不可忽视。目前，针对高温条件下岩石物理力学性质的研究已有大量报道，岩石加热过程中监测到的声发射事件证实了热破裂现象的存在。测试结果证实，破裂产生后，不仅会导致岩石的物理力学性质产生劣化，还会对岩石的渗透性能产生影响。

　　针对温度影响下的岩石物理力学性质研究主要从密度、波速、热导率、电导率、声发射、孔隙度、渗透率和岩石力学强度等方面开展。这些参数随温度的改变均与岩石内部热破裂的产生和分布密切相关。一般来说，随着温度增加，岩石强度、弹性模量、波速不断降低，渗透率则增加，如图 2-42 和图 2-43 所示。

　　以花岗岩为例，岩石受温度影响下的性质演化有如下机制：加热温度为 80~150℃时，岩石内部含水矿物的附着水和层间弱结合水丧失，岩石密度、质量、体积发生改变，伴随着微裂隙的生长出现大量声发射事件。同时，岩石强度和弹性模量降低。加热温度为230~270℃时，岩石内强结合水汽化逸出。当花岗岩加热到 573℃时，石英矿物会由 α 相转变为 β 相，而在这个过程中，石英体积增加，导致岩石内部微裂隙增加，体积增大，引起岩石微观结构和宏观物理力学性质的进一步改变。

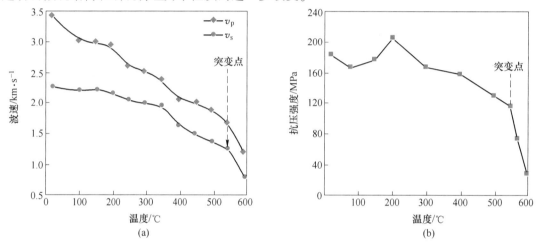

图 2-42　花岗岩波速与单轴抗压强度随温度的演化
（a）波速；（b）单轴抗压强度

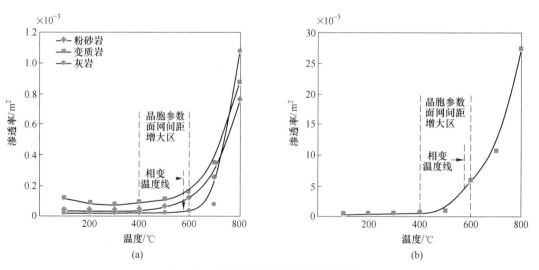

图 2-43　不同岩石渗透率随温度的演化
（a）粉砂岩、变质岩和灰岩；（b）砾岩

————— 本 章 小 结 —————

本章主要讲授了深部工程地质环境的主要特征。介绍了地应力的基本概念，天然地应力状态类型以及一般分布规律。介绍了深部地应力的特点及其工程地质效应。介绍了深部水文地质结构的概念及主要类型，深部地下水的工程地质效应。介绍了深部岩体的热传递参数、特征及深部地温场的工程地质效应。通过本章的学习，希望学生能够对深部岩体多处的复杂工程地质环境形成系统认知。

思 考 题

1. 深部岩体天然应力状态的影响因素有哪些？
2. 深部岩体中的天然地应力状态有哪些主要类型？
3. 我国地应力场空间分布有什么规律？
4. 与浅部工程相比，深部工程中的地应力场有什么特点？
5. 深部地下水类型都有哪些，分别有什么特点？
6. 深部水文地质结构的概念及主要类型有哪些？
7. 深部岩溶发育的基本条件是什么，深部岩溶发育的类型有哪些？
8. 深部地下水环境的工程地质效应有哪些？
9. 岩石的热物理性质参数都有哪些，其意义是什么？
10. 深部岩体中热传递的方式有哪些？
11. 深部地温场环境的工程地质效应有哪些？

# **3** 深部岩体工程地质灾害

本章课件

---

**本章提要**

本章是在前面介绍的深部工程岩体地质和结构特征、深部地应力、地下水、地温场等赋存环境特征的基础上，对深部工程围岩在开挖活动与各种赋存环境因素（高应力、高水压、高地温）影响下所表现出的围岩内部破裂演化及能量聚集释放现象，及由此引发的各类岩体工程地质灾害进行详细介绍。通过本章的学习，学生应理解以下知识点：

(1) 深部岩体工程地质灾害的主要类型与影响因素。

(2) 深部工程围岩内部破裂现象的分类、特征及监测方法。

(3) 深部工程围岩片帮灾害的特征、发生条件及孕育过程。

(4) 深部工程围岩大变形灾害的特征、发生条件、分类分级及防控原理。

(5) 深部工程围岩塌方灾害的分类、特征及孕育过程。

(6) 深部工程围岩岩爆灾害的分类分级、特征、监测预警及防控原理。

(7) 深部工程围岩冲击地压的定义、特征、原因及预测。

(8) 深部工程突涌水灾害的现象、特征、类型、预测及防控原理。

(9) 深部工程高温热害的来源、防控及调查方法。

(10) 活断层的概念、类型、性质及其对深部工程的影响。

---

深部岩体工程地质灾害是工程开挖活动引起围岩内部应力场发生变化，造成深部岩体失稳破坏等不良后果及人员财产损失等的灾害现象。这些灾害现象与地应力、岩体力学特性、开挖扰动等因素密切相关。此外，受赋存环境影响，深部工程也可能发生由突涌水和高地温引起的水害和高温热害等灾害形式。本章从深部工程地质灾害分类的依据出发，详细论述各类典型深部工程地质灾害的特征、规律、预测及防控等相关知识，以期对各类灾害有一个较为完整清晰的介绍。

## 3.1 灾害分类与影响因素

深部工程围岩通常表现出多种破坏模式，各种破坏模式的发生机制和发生的地质条件不同。王思敬等从破坏机制和地质结构的角度，将地下工程脆性围岩的破坏分为脆性破裂、块体滑动和塌落、层体弯折和拱曲、松动解脱等五种类型；孙广忠从破坏机制和表现形式的角度，将地下工程围岩的破坏分为张破裂、剪破坏、结构体沿软弱结构面滑动、结构体滚动、倾倒、溃屈、弯折七种破坏类型；张倬元等认为，围岩破坏主要取决于围岩结构，并将脆性围岩的破坏分为弯折内鼓、张性塌落、劈裂剥落、剪切滑移和岩爆五种类型。Hoek 和 Brown 考虑岩体的结构特征和地应力影响，将围岩破坏分为块体失稳、片帮、岩爆、断层滑动和弯曲破坏等类型；Hudson 和 Harrison 根据失稳的控制因素，将围岩破坏分为结构控制型破坏和应力控制型破坏两大类，并讨论了相应的支护加固机制和方法，但是这种分类方法过于粗略，未充分考虑高地应力围岩复杂的破坏机制与破坏模式。

Martin 等认为，地下工程围岩变形破坏特征主要受地应力水平和岩体完整性等因素控制，并根据地应力水平和岩体完整性将岩体变形破坏特征分为九类（图 3-1）。图中横向表示岩体完整性，由 RMR 指标大小反映，纵向表示初始地应力水平，由实测最大主应力与岩石单轴压缩强度之比（应力强度比）反映。

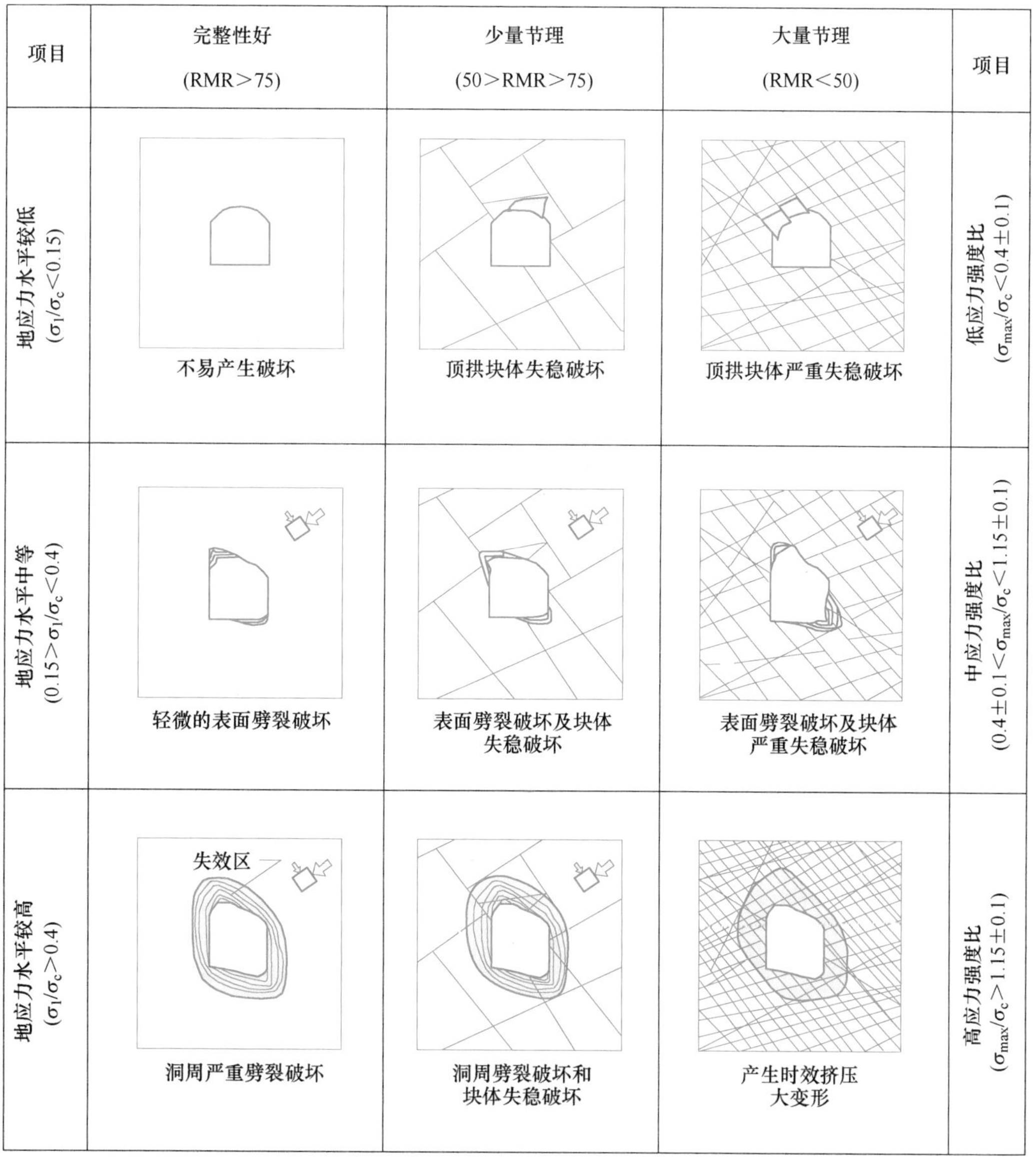

| 项目 | 完整性好 (RMR>75) | 少量节理 (50>RMR>75) | 大量节理 (RMR<50) | 项目 |
|---|---|---|---|---|
| 地应力水平较低 $(\sigma_1/\sigma_c<0.15)$ | 不易产生破坏 | 顶拱块体失稳破坏 | 顶拱块体严重失稳破坏 | 低应力强度比 $(\sigma_{max}/\sigma_c<0.4\pm0.1)$ |
| 地应力水平中等 $(0.15>\sigma_1/\sigma_c<0.4)$ | 轻微的表面劈裂破坏 | 表面劈裂破坏及块体失稳破坏 | 表面劈裂破坏及块体严重失稳破坏 | 中应力强度比 $(0.4\pm0.1<\sigma_{max}/\sigma_c<1.15\pm0.1)$ |
| 地应力水平较高 $(\sigma_1/\sigma_c>0.4)$ | 失效区<br>洞周严重劈裂破坏 | 洞周劈裂破坏和块体失稳破坏 | 产生时效挤压大变形 | 高应力强度比 $(\sigma_{max}/\sigma_c>1.15\pm0.1)$ |

图 3-1　地下工程围岩变形破坏特征与地应力水平和岩体质量的关系

可以看出：

（1）当地应力水平较低（应力强度比<0.15）时，若岩体完整性好（RMR>75），则不易产生破坏；若岩体含少量节理（RMR 介于 50~75），可能发生顶拱块体失稳破坏；若岩体含大量节理（RMR<50），可能发生顶拱块体严重失稳破坏。

（2）当地应力水平中等（应力强度比介于 0.15~0.4）时，若岩体完整性好（RMR>75），可能发生轻微的表层劈裂破坏；若岩体含少量节理（RMR 介于 50~75），可能同时发生表层劈裂破坏和块体失稳破坏；若岩体含大量节理（RMR<50），可能同时发生表层劈裂破坏和块体严重失稳破坏。

（3）当地应力水平较高（应力强度比>0.4）时，若岩体完整性好（RMR>75），可能发生洞周严重的劈裂破坏；若岩体含少量节理（RMR 介于 50~75），可能同时发生洞周劈裂破坏和块体失稳破坏；若岩体含大量节理（RMR<50），可能产生时效挤压大变形。

根据对脆性岩石变形破坏特征的认识和隧洞开挖过程中的围岩力学响应，可将深埋硬岩隧洞围岩破坏模式分为岩爆（应变型岩爆、结构面型岩爆）、静态脆性破坏（片帮剥落与溃屈破坏、弯折内鼓、沿节理面或层理面劈裂、沿结构面滑移拉裂）、塌方（块体垮落或滑落、沿块体开裂面-结构面滑移、软弱夹层挤出）等典型破坏模式。根据依据控制因素、破坏机制、发生条件，可将深埋大型洞室群围岩破坏模式分为 3 个层次 18 种典型破坏（图 3-2）。

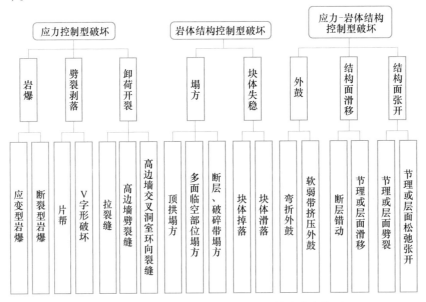

图 3-2　深埋大型洞室群围岩典型破坏模式分类体系

从本质上讲，初始地应力水平和岩体结构（结构面特征、岩体完整性）是各种分类方案都必须考虑的核心要素，唯有把握住深部工程岩体灾害的主要影响因素，才能更好地选择应对措施。因此，对深部工程岩体灾害进行合理的分类是进一步认清致灾机理的基础，也便于分类分级制订相应的防控策略。

除了考虑岩体自身发生的灾害外，深部工程灾害还包括由赋存环境引起的水害、高温热害等。以下各节对主要的灾害特征、规律、机理和防控原则进行详细介绍。

# 3.2 岩体灾害

## 3.2.1 围岩内部破裂

### 3.2.1.1 内部破裂现象

深部工程开挖后不仅围岩表层会产生破裂现象，围岩内部也会产生破裂现象，主要表现为原生裂隙的张开和新裂隙的萌生与扩展，并且随着开挖的进行和时间推移，新破裂产生的位置会不断加深，数量也不断增加（图3-3）。围岩内部破裂深度和程度的演化过程对于认识深部工程岩体灾害孕育机理具有重要意义，因此，对深部工程应重点关注围岩内部破裂现象及其发展过程。

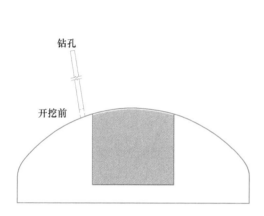

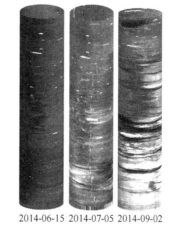

2014-06-15　2014-07-05　2014-09-02

彩色原图

图 3-3　深埋大型洞室围岩内部破裂演化现象

### 3.2.1.2 内部破裂观测方法

深部工程硬岩破裂观测主要目的是通过观测钻孔内围岩裂隙分布情况，掌握钻孔内岩体地质构造沿钻孔方向的发育情况，从而获得围岩破裂损伤特征以及岩体裂隙的时空演化特征，全时空段监测围岩内部的破裂程度和破裂深度。通常采用全景数字钻孔摄像系统（图3-4）观察岩体内宏观裂隙发育情况。

图 3-4　围岩内部破裂观测设备及现场操作

### A 钻孔布置原则

钻孔布置需根据破裂发育区域与断面上最大主应力方向具有空间对应关系，即观测孔应布置在易出现较严重破裂的位置。此外，对于深部大型洞室来说，因其工序繁多，对应的开挖卸荷路径复杂，随着洞室开挖可能会有新生裂隙或原生裂隙张开等情况不断出现，当确定围岩破裂现象高发区域后，可及时增补新的观测孔，观测孔应随着洞室开挖动态布置。

数字钻孔摄像测试钻孔布置主要考虑测试探头外径尺寸、光线图像校正和测试便捷性三个方面的影响。为保持钻孔的通畅性，孔径至少应略大于钻孔摄像探头直径。但由于孔径过大，孔壁接收到的光线强度较弱，图像不够清晰，给裂隙识别和展示效果带来困难，因此合适的孔径应通过现场实践确定。从钻孔布设角度考虑，测试探头推进使用人力操作完成，在确保达到测试目的的前提下，为使推动探头较为便捷、省力，钻孔倾向应尽量保持在下倾 $1° \sim 15°$，且钻孔底部与隧洞边墙平齐。

钻孔摄像测试破裂区结果通常要与声波测试损伤区对比分析，因此测孔布置需同时考虑声波测试的影响。声波测试钻孔布置主要考虑声波探头外径、水耦合性和测试准确度三个影响方面。声波发射和接收传感器外径较小，由于测试过程需要水作耦合剂，为保证探头与水的充分耦合性，孔径不宜过大；但孔径过小探头推进时通畅性不够，影响下一段测试数据的提取，为此需综合考虑来确定最优钻孔直径。

### B 钻孔预设类型

通过现场原位测试确定破裂区范围的目的为确定开挖造成的围岩裂隙萌生、裂隙扩展和掉块的区域，实现这个目的最直观的办法就是在隧洞开挖前预设钻孔进行检测，随着隧洞的分层分步开挖，逐步确定破裂区的演化结果。为了保证大型地下洞室的顺利施工及稳定安全运营，大型洞室周围往往分布有各类辅助的小型隧洞（如锚固洞、排水廊道等）。利用这些小型洞室可以向关注的大型洞室设置预理观测孔。

布孔方式可选择预设钻孔和直接钻孔两种方式。预设钻孔是指未开挖之前在关注的重点区域布置观测孔，主要有以下两类实现途径：一类是利用先期开挖的辅助隧洞向关注洞室的预估开挖破裂风险区域钻孔。对于预设观测孔来说，其优点是显而易见的，可以观测到开挖前后围岩的破裂演化全过程。另一类是通过洞室自身已开挖区域向后续待开挖的区域钻孔。此类观测孔能观测到关注区域岩体开挖卸荷后的围岩破裂演化过程，且该类观测孔的布置位置较为灵活，一旦洞室开挖期间围岩破裂发育明显，可及时布置该类观测孔。

### C 监测频率

确定监测频率的基本原则是当观测孔内可能出现新生裂隙或裂隙扩展演化时，应持续跟踪观测，直至孔内无裂隙演化。一般来说，围岩开裂发展较为剧烈的阶段往往出现在围岩应力重分布期间，即持续的开挖卸荷扰动期间。因此，当观测孔附近出现施工活动时，应密切地进行跟踪观测。根据前期监测，预判后续施工扰动可能引发围岩内部严重破裂的区域，当该区域有施工活动时要实时监测钻孔破裂情况。

#### 3.2.1.3 内部破裂分类及特征

开挖过程中的围岩开裂致使岩体破裂区形成及演化，根据破裂区在空间上的分布特征可将内部破裂现象分为单区破裂、分区破裂和深层破裂，其中分区破裂及深层破裂是破裂区在深部硬岩高应力条件下的一种特殊工程地质现象。根据破裂区在时间上的演化特征可将内部破裂现象分为开挖期间产生的破裂及无开挖时的时效破裂。

（1）单区破裂。深部工程硬岩单区破裂表现为宏观裂隙萌生、裂隙扩展和掉块等开挖响应现象集中在单个区域内，钻孔内其他位置不会出现开挖响应裂隙，破裂范围为钻孔孔口到最远开挖响应裂隙处，如图 3-5 中所示。深部工程围岩出现单区破裂时，围岩应力会发生卸荷和应力集中等变化，诱导其发生宏观拉破坏，单区破裂形成后，其破裂深度和程度会在该破裂区进一步发育，但不会跳跃式发展，破裂区发展方向由边墙向围岩内部发展。单区破裂沿断面上最大主应力方向呈对称分布。

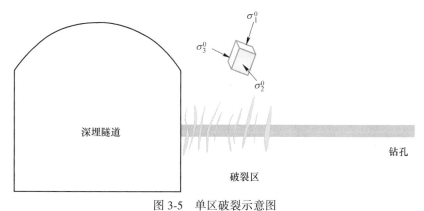

图 3-5  单区破裂示意图

（图中 $\sigma_i^0$（$i$ = 1，2，3）为未开挖前岩体初始应力场，下同）

岩体强度、岩体完整性和地应力水平是深部工程硬岩破裂区形成的关键影响因素。原位测试结果表明，高地应力条件下，全断面开挖或分层开挖时，开挖扰动区内完整岩体可能连续出现硬性结构面等不良地质构造，深部工程硬岩易出现单区破裂。

（2）分区破裂。分区破裂是指深部硬岩隧道开挖后围岩中产生的破裂区和非破裂区交替分布的现象，分区破裂的特征为破裂区被相对完好的非破裂区所分隔开。两个破裂区间的围岩径向非破裂区长度在 0.5m 及以上，就可认为是分区破裂。根据分隔后破裂区的数量，可将分区破裂细分为两区破裂、三区破裂等，如图 3-6 所示。分区破裂沿断面上最大主应力方向近似成对称分布。

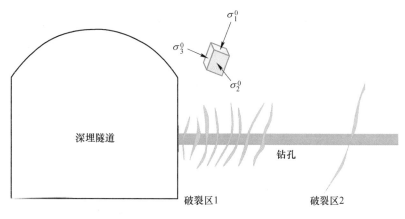

图 3-6  分区破裂示意图

　　分区破裂出现在强度较高且岩体完整性较好的岩体内，围岩强度与完整性较高且损伤区内发育有 1~2 组原生裂隙时，围岩破裂模式更易表现为分区破裂，隧洞开挖卸荷后原生裂隙附近出现新生裂隙，且范围扩大形成多个破裂区；深部工程硬岩存在分区破裂时，靠近洞壁出现一个破裂区，围岩的深层出现另一个破裂区或两个破裂区。中间的破裂区在中心两侧会出现新的破裂，离洞壁最远的一个破裂区会向洞壁扩展，即在该破裂区的临近洞壁会产生新的破裂。

　　（3）深层破裂。深层破裂是指破裂的位置距洞壁一定深处的破裂，多发生在高边墙大跨度洞室的围岩内部，一般距离洞壁超过 5~7m。深层破裂发生在洞室断面上与最大主应力方向垂直的围岩内部位置上。深部工程围岩的深层破裂主要有三种模式（图 3-7）：1）由于距洞壁不同位置处结构面张开引起的不连续破裂（图 3-7（a））；2）完整岩体渐进破裂形成的连续破裂，破裂位置离洞壁较远（图 3-7（b））；3）多洞室交叉区域岩柱由于多面卸荷和应力集中形成的岩柱破裂（图 3-7（c））。

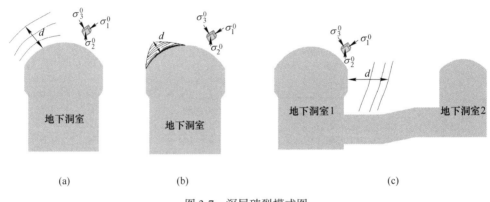

|  (a) | (b) | (c) |

图 3-7　深层破裂模式图

　　高地应力下高边墙、大跨度硬岩洞室距边墙一定距离处（>5m）局部存在硬性结构面等不良地质构造的围岩易出现深层破裂。洞室开挖过程中强烈的卸荷效应会导致原岩应力重分布，形成应力集中区，并发生明显的空间调整和转移，应力集中区的空间跳跃式转移易引发深层硬质岩体，尤其是含结构面岩体出现非连续的深层破裂。

　　（4）时效破裂。时效破裂是指深部工程硬岩开挖后数月甚至数年仍有破裂发生的现象，深部硬岩工程时效破裂在距边墙较近的表层和距边墙较远的深层均会发生。图 3-8 中显示了某深埋硬岩隧洞在钻爆法开挖方式下围岩内部（距边墙 22.0~24.0m）时效破裂演化过程。该隧洞埋深 2430m，岩层主要为完整大理岩，表现出坚硬、结构致密和孔隙度较小等特征。开挖前 32 天时，该区域已经存在原生裂隙。由于距边墙较远，开挖引起的扰动并未使该区域裂隙发生显著变化，只是原生裂隙宽度增加并有一定的扩展。而至开挖后的第 3 天，在原生裂隙周围产生了新生裂隙，并随着时间的增加（开挖后 690 天），新生裂隙逐渐扩展，最后形成宏观裂隙。

　　高应力、强延性、原生裂隙发育条件下深部工程硬岩容易发生时效破裂。其中，高应力是必要条件，在长时间高应力作用下，强延性岩体或含原生裂隙岩体内部破裂随时间推移仍然持续萌生、扩展及贯通，造成岩体整体强度降低，最终发生时效灾害。

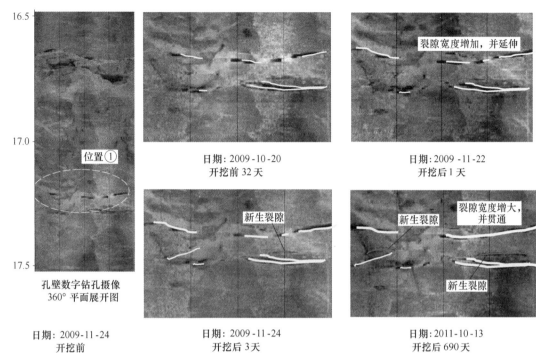

孔壁数字钻孔摄像
360°平面展开图

日期：2009-11-24
开挖前

日期：2009-11-24
开挖后3天

日期：2011-10-13
开挖后690天

图 3-8　深部工程围岩内部时效破裂现场观测结果

彩色原图

### 3.2.2　片帮

#### 3.2.2.1　片帮现象

片帮是高地应力硬脆性岩体中常见的一种宏观破坏，表现为岩体的片状或板状剥落，与深埋硬脆性岩体中同样常见的岩爆灾害相比，片帮破坏的烈度相对较弱，一般无岩块弹射现象（图 3-9）。

图 3-9　深部工程围岩片帮现象

彩色原图

深部岩体工程中片帮破坏屡见不鲜，如已竣工的锦屏一级、锦屏二级、二滩、猴子岩、拉西瓦、官地等大型水电站地下洞室，在其开挖施工过程中均遭遇到不同程度的片帮破坏问题（图 3-10）。片帮破坏的特征、规律及机制分析是对其进行预测和调控的基础。

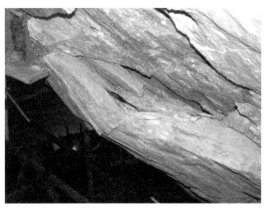

彩色原图

图 3-10　锦屏一级水电站主厂房大理岩片帮破坏特征

国外对于片帮破坏的研究较早，Hoek 和 Brown 最早编录和分析了发生在南非石英岩中长方形开挖隧洞边墙的脆性破坏案例，利用隧洞垂向应力与岩石短期单轴抗压强度之比作为脆性破坏评价指标；20 世纪 90 年代起，由加拿大 AECL 开展的关于多个硬岩地下试验洞的一系列研究工作，极大地推动了片帮破坏的研究进展；Read 等对 Mine-by 花岗岩试验洞（图 3-11）和 ASPO 闪长岩圆形试验洞的片帮现象进行了详细调查统计，确立了片帮分布位置与地应力方向的对应关系；Martin 和 Christiansson 基于多个硬岩地下试验洞片帮案例调查统计结果，确定了围岩片帮剥落的门槛应力值；Martin 等基于片帮破坏深度与应力水平、岩石（体）强度的关系建立了片帮破坏深度估计的经验公式。

图 3-11　加拿大 Mine-by 花岗岩试验洞围岩片帮特征

### 3.2.2.2　片帮破坏特征与发生条件

片帮破坏的主要特征包括：

（1）片帮按其剥落厚度可分为片状与板状剥落，片状剥落的厚度较薄，一般不超过 3cm，板状剥落的厚度较大，一般大于 3cm，个别甚至超过 10cm。

（2）片帮属于围岩的浅表层破坏，对某深部工程围岩的片帮剥落深度进行统计，结果如图 3-12 所示，其中 87.5% 的片帮深度小于 0.5m，仅少量片帮的剥落深度大于 0.5m。现场测试结果表明，片帮剥落均发生在围岩的松弛范围以内。

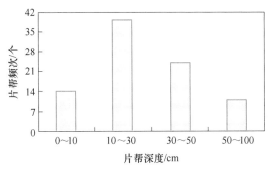

图 3-12　某深部工程开挖后片帮深度分布统计结果

（3）片帮一般在开挖后数小时发生，并且随着时间的推移，围岩由表及里渐进地松弛开裂、剥落，片帮深度及范围逐渐增大，破坏可以持续数天或更长时间。

（4）片帮一般发生在开挖掌子面附近，图 3-13 给出了某深部工程围岩片帮滞后于开挖掌子面的空间距离分布，统计时片帮发生以围岩出现宏观剥落为准，开挖掌子面以空间上最靠近片帮区域的掌子面为准。75% 的片帮发生在爆破掌子面 12m 影响范围内，93.2% 的片帮发生在爆破掌子面 25m 影响范围以内，还有极少部分片帮滞后掌子面较远，最远达 70m。

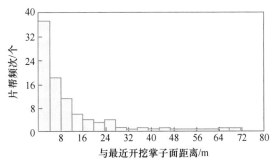

图 3-13　某深部工程开挖后片帮滞后于掌子面的距离统计结果

（5）现场施工表明，片帮发生频次与岩性有一定关系。图 3-14 中显示了某深部工程不同玄武岩中片帮发生频次统计结果，其中，斜斑玄武岩与隐晶质玄武岩中相对更易出现片帮。

（6）片帮在开挖断面上的分布位置呈现出明显的规律性。某水电站地下厂房中导洞开挖期间，片帮主要分布在厂房顶拱靠上游侧一边。厂房第一层扩挖期间，片帮主要分布在上游侧拱肩全侧拱部位以及下游侧拱脚部位（图 3-15）。

图 3-14　某深部工程不同类型玄武岩中片帮频次统计结果

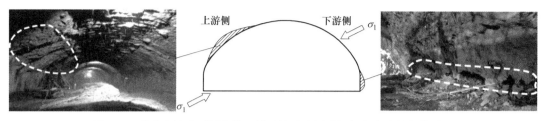

图 3-15  某水电站地下厂房第一层开挖后片帮破坏与主应力的方位关系

（7）片帮区域围岩支护薄弱。根据某深部工程统计结果，77%的片帮区域围岩以无支护或仅初喷（喷层厚度约 5cm）为主，这对于围岩应力状态的改善作用微弱，难以有效地抑制围岩的后续开裂、剥落。

片帮发生条件主要包括地应力、岩体结构和开挖活动等方面。片帮破坏本质上是在特定的初始地应力场作用下，隧洞开挖后围岩应力重分布使得洞周某些部位的切向应力急剧增加，当应力超过一定限度时即会引起围岩破裂和片帮。Martin 和 Christiansson 通过大量工程实例分析研究得出，当地下空间截面内的最大切向边界应力与岩块单轴抗压强度的比值 $\sigma_{\theta_{\max}}/\sigma_c \geqslant 0.4\pm0.1$ 时，开挖面上会出现应力诱发的脆性破坏；Hoek 和 Brown 通过总结南非采矿围岩破坏观测结果认为，当洞室开挖后表层围岩中最大主应力与岩石单轴抗压强度之比 $\sigma_{\theta_{\max}}/\sigma_c \geqslant 0.34$ 时，围岩表层开始出现片帮破坏。

据统计，片帮发生在完整或较完整岩体中，围岩以Ⅱ类、Ⅲ类为主。其中，不同级别的结构面对于片帮破坏的控制尺度及影响程度不同。从整体上看，错动带、断层、长大裂隙等Ⅱ级、Ⅲ级结构面的出露部位与片帮分布位置具有一定的对应关系。错动带等软弱地质构造揭露部位片帮破坏较少发育，由于这类软弱地质构造部位岩体往往较为破碎，以岩体结构控制型的破坏模式更为常见，如塌方或掉块等；而在硬性的断层及长大裂隙出露部位附近一定区域内片帮破坏较为聚集，由于这类地质构造对于应力场具有一定影响，地质构造带附近区域往往出现应力增高现象，更容易导致片帮破坏。另外，发育普遍而延伸较短的结构面对于围岩片帮破坏的特征也具有一定影响。某深部工程片帮统计调查表明，片帮区域内单位体积节理数多为 0~6，结构发育组数一般不多于 2 组，为硬性无充填的Ⅳ级结构面，延伸仅几米，且往往断续延伸。此外，片帮区域内揭露的平行于开挖卸荷面的破裂面均为新生的，而非沿原生结构面的劈裂。但这类结构面可能会构成片帮破坏的边界，影响片帮坑的形态。

施工是影响片帮的重要因素，涉及开挖方式以及支护方式、支护强度与支护时机等。大型地下洞室由于断面尺寸大，不得不选择分步开挖的方式。多个具有一定间隔的掌子面同时开挖掘进，使围岩应力反复调整。一方面，围岩在开挖后短时间内由于应力调整剧烈往往容易出现局部破坏现象；另一方面，前期开挖区域应力调整恢复平静时，又在后期受到来自邻近掌子面开挖的影响，可能使得该区域围岩再度出现应力调整而导致破坏。有时片帮破坏滞后原开挖掌子面已有相当距离，受其影响相对较小，但因受到附近其他更近掌子面开挖的影响而发生。另外，围岩长时间受到来自多个掌子面爆破扰动的影响，不断累积损伤，也会促进围岩破坏。此外，围岩破坏与现场支护方式、支护强度及支护时机也具有较大的关联性。

### 3.2.2.3 片帮孕育过程

片帮既可以发生在不含结构面的完整岩体中，也可以发生在含少量硬性无充填结构面的较完整岩体中。对于这两类情况而言，片帮形成与发生过程大致相同，但对应的破坏形态会稍有差别。

（1）完整岩体中片帮的形成与发生机制。洞室开挖后应力调整，平行于开挖面的切向方向应力急剧增加，可看作是 $\sigma_1$。洞壁围岩法向卸荷，应力急剧降低，甚至降至 0，该法向应力可看作是 $\sigma_3$。平行于洞轴的应力则看作是 $\sigma_2$。此应力状态会使浅表层范围内的硬脆性围岩由于压致拉裂而产生近似平行于卸荷面的张性破裂裂隙。随着掌子面的不断推进，应力的调整、集中与释放以及能量的聚集、耗散与释放也随之变化，掌子面的开挖和向前推进又进一步加剧能量的聚集，张拉裂隙随着切向应力增加和法向应力卸载，进一步发展劈裂成板状（图 3-16（a）），岩板在切向应力与围岩法向支撑力的共同作用下，逐渐向临空方向发生内鼓变形，当内鼓至一定程度时，在岩板内鼓曲率最大处出现径向水平张裂缝（图 3-16（b）），随着径向张裂缝的逐渐扩张，岩板折断失稳并在重力作用下从母岩脱离、自然滑落或在爆破扰动下剥落（图 3-16（c）），随着应力的不断调整或附近累积爆破扰动的影响，岩板由表及里渐进折断、剥落，最终形成片帮坑（图 3-16（d））。

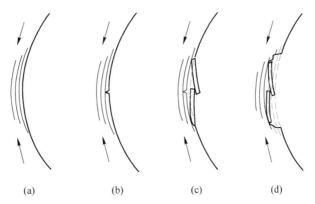

(a)　　　　　(b)　　　　　(c)　　　　　(d)

图 3-16　深部工程完整岩体片帮破坏过程

（a）劈裂成板；（b）内鼓开裂；（c）折断剥落；（d）渐进破坏

（2）含硬性结构面岩体的片帮形成与发生机制。结构面的存在对于围岩破裂及片帮剥落的形成过程具有一定影响。深部工程开挖后围岩应力调整，洞壁围岩法向卸荷而切向应力集中，首先造成浅表层范围内的硬脆性围岩产生近似平行于开挖卸荷面的张拉裂隙，并随着切向应力增加和法向应力卸载进一步发展劈裂成板状。与完整岩体中破裂成板有所不同的是，由于结构面的切割作用，围岩的劈裂往往止于结构面而不穿过（图 3-17（a）），因此，形成了多段短小的岩板，在切向应力与围岩法向支撑力的共同作用下，岩板逐渐向临空方向发生内鼓变形，且内鼓曲率最大处附近的硬性结构面首先延伸张开，出现径向水平张裂缝（图 3-17（b））。随着径向张裂缝的逐渐扩张，岩板之间开始分离，最终在重力作用下从母岩脱离、自然滑落或在爆破扰动下剥落（图 3-17（c））。随着应力的不断调整或受附近累积爆破扰动的影响，岩板由表及里渐进地沿硬性结构面分离、脱落，最终形成片帮坑（图 3-17（d）），且硬性结构面构成了片帮破坏的边界。

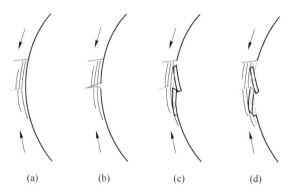

图 3-17　深部工程含硬性结构面岩体片帮破坏过程

（a）劈裂成板；（b）内鼓开裂；（c）折断剥落；（d）渐进破坏

#### 3.2.2.4　片帮深度预测

Martin 等搜集了多个深部硬岩工程片帮破坏的案例，根据实测片帮深度和地应力数据提出了下面的预测公式：

$$\frac{R_f}{a} = 0.49(\pm 0.1) + 1.25\frac{\sigma_{max}}{\sigma_c}$$

式中，$\sigma_{max} = 3\sigma_1 - \sigma_3$ 为圆形隧道开挖后边界最大切向应力的弹性理论解；$\sigma_c$ 为岩块的单轴压缩强度；$a$ 为隧道等效半径；$R_f$ 为隧道中心到片帮坑边界的距离，见图 3-18。

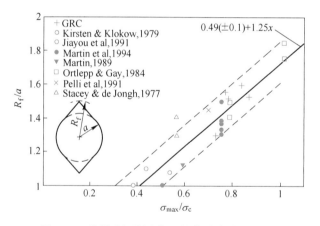

图 3-18　片帮破坏深度与开挖扰动应力的关系

此外，目前已经发展出考虑岩体真三向应力环境下的起裂应力和洞室高跨比的片帮深度预测方法。

### 3.2.3　大变形

#### 3.2.3.1　大变形现象和特征

大变形是相对正常变形而言，目前还没有统一的定义和判别标准。大变形较常规变形量具有变形量大、持续时间长、变形速率高的特点。目前定义方式主要有变形量和变形形式两种。

（1）以变形量定义：根据围岩变形是否超出初期支护的一定量值来定义大变形，常见的有日本把相对变形超过2%的变形定义为大变形；Hoek把相对变形达到1%~2.5%的变形定为将产生挤压性问题；国内铁道部科学研究院西南分院、中铁二局等单位以及徐林生、刘志春、张祉道等人把相对变形1%~2%描述为最小的一级变形；有学者认为初期支护发生了大于25cm（单线隧道）和50cm（双线隧道）的位移称之为大变形。

（2）以变形形式定义：大变形为隧道及地下工程围岩的一种具有累进性和明显时间效应的塑性变形破坏，它既区别于岩爆运动脆性破坏，又区别于围岩松动圈中受限于一定结构面控制的坍塌、滑动等破坏。也有学者认为，不能从变形量的绝对值大小来定义大变形问题，具有显著的变形值是大变形问题的外在表现，其本质是由剪应力产生的岩体的剪切变形发生错动、断裂分离破坏，岩体将向地下空洞方向产生压挤推变形来定义大变形。

以变形量定义较变形形式更为直观，也便于现场掌握和操作。目前不同的国家和行业规范（标准）均预留了常规变形。其中，常规变形的上限为单线隧道12cm、双线隧道15cm，约为其开挖跨度的2%。为了与现行设计规范、通用图及常规支护参数衔接，在高地应力软岩条件下，将变形超过常规变形量（即相对变形2%）定义为挤压大变形。

国内外隧道工程中，所遇到的大变形不良地质问题较多，为了解决大变形给隧道施工带来的问题和确保围岩稳定及作业安全，各国针对大变形工程现象进行了许多实验性和工程性的研究，并在工程施工过程中采取了许多措施。根据国内外隧道施工的实践，在挤压性围岩、膨胀性围岩、断层破碎带、高地应力条件下的软弱围岩中进行隧道施工会发生大变形现象。它们共同的特点是断面缩小、基脚下沉、拱腰开裂、基底鼓起等。变形初期不仅绝对值比较大，而且位移速度也很大，如不加控制或控制不及时，就会造成不可预计的后果。例如我国大寨岭、老爷岭、老头沟隧道、二郎山隧道、华蓥山隧道、乌鞘岭隧道、保镇隧道以及穿越煤系地层的家竹箐隧道等就出现了类似的大变形的情况，给施工、设计造成极大的困难。这种情况在国外的隧道施工中，也是屡见不鲜的，如日本的惠那山公路隧道，Tauern、Arlberg等隧道都是典型的工程实例。国内外典型大变形隧道详情见表3-1。

隧道大变形灾害危害程度很大，表现为处理风险大，整治费用高，工期延误。预防和治理隧道大变形是一项世界级难题，已成为隧道工程界的一个重大问题，如南昆铁路家竹箐隧道长390m的大变形洞段，治理工期达4个月之久，消耗自进式锚杆10万余米，造成了巨大损失。

### 3.2.3.2 易发大变形的岩性条件

在特定的地应力环境和岩体结构条件下，软质岩和硬质岩均有发生大变形的可能，因此应将岩性、地应力、岩体结构等因素联系起来考虑。

易发大变形的软岩是指强度低、孔隙度大、胶结程度差、受构造面切割及风化影响显著或含有大量膨胀性黏土矿物的松散软弱岩层。更为广泛的软岩概念则包括低强度软岩、节理化软岩、膨胀性软岩、复合型软岩等类型。低强度软岩指在中高以上应力条件下发生显著变形的岩体，一般包括薄层状、片状或千枚状，呈较破碎-极破碎的软质岩、压性断层破碎带、蚀变带，常见高地应力软岩种类多为炭质泥岩、炭质页岩、泥质页岩、泥灰岩、凝灰岩、板岩、炭质板岩、绿泥片岩、炭质片岩、云母片岩、绢云母片岩、千枚岩、炭质千枚岩、绿泥石千枚岩、各类蚀变岩、煤系地层及其断层破碎带构造岩等，一般层厚小于10cm，多呈薄层状、片状，且层厚越薄往往变形也越大。节理化软岩指节理发育、

表3-1　国内外典型大变形隧道

| 项目 | 隧道名称 | | | | | | | | |
|---|---|---|---|---|---|---|---|---|---|
| | Tauern | Arlberg | 惠那山 | 家竹箐 | 乌鞘岭 | 木寨岭 | 哈达铺 | 同寨、毛羽山等六座隧道 | 两水、清水隧道 |
| 长度/m | 6400 | 13980 | 8635 | 4990 | 20500 | 19095 | 16600 | 45478 | 8249 |
| 断面宽度/m | 11.8 | 10.8 | 12.0 | 9.34 | 7.8 | 10.48 | 10.48 | 13.8 | 13.8 |
| 断面高度/m | 10.75 | 11.2 | 10.5 | 10.47 | 11.1 | 11.98 | 11.98 | 12.02 | 12.02 |
| 类型 | 公路 | | | | 铁路 | | | | |
| 埋深/m | 500~1000 | 最大740 | 400~450 | 400 | 450~1100 | 260~600 | 100~485 | 200~670 | 200~350 |
| 发生大变形地段岩性 | 绿泥石、绢云母千枚岩 | 千枚岩、片麻岩、局部片岩 | 风化花岗岩断层破碎带 | 煤系地层 | 板岩夹千枚岩、断层破碎带 | 板岩夹炭质板岩 | 板岩 | 板岩 | 千枚岩 |
| 抗压强度/MPa | 0.4~1.6 | 1.2~2.9 | 1.7~4.0 | 1.7 | 0.7 | 4.15~14.3 | 4.39~10.8 | 4.39~10.8 | 1~4.71 |
| 初始地应力/MPa | 16~27 | 13 | 10~11 | 8.57~16.09 | 9.15~20.5 | 最大27.16 | 5.16~12.61 | 11.45~21.28 | 10.3~14 |
| 围岩级别 | V | | | | IV~V | | | | |

岩块强度较高，表现为硬岩特性，但整个岩体强度较低，在高地应力条件下易发生显著变形的岩体，以碎裂结构为其显著特征。膨胀性软岩是指膨胀性黏土矿物含量较高，以围岩的吸水膨胀性变形为主，在较低应力水平条件下即可发生变形的岩体。复合型软岩为上述类型的组合，如高应力-节理化软岩、高应力-膨胀性软岩等复合型软岩。

由于高地应力软岩是指处于高地应力环境中具有流变性的岩体，离开高地应力，软岩只是软岩，而不具有大变形特性。因此高地应力软岩除涵盖传统意义的高地应力条件下低强度软岩外，还包含部分硬质岩，该类硬岩在埋深大、高应力作用下也呈现了显著的变形特征，此外还涵盖高应力-膨胀性复合型软岩和高应力-节理化复合型软岩等。由于高地应力是产生软岩大变形的环境条件，在工程地质特征上，此类岩石具有典型高地应力作用的特征，如岩体结构致密、开挖无渗水或渗水量小、围岩收敛变形大等。正是由于高地应力作用下的岩石流变性，相对结构松散的低应力岩体变形容易坍塌，高地应力软岩变形除了变形量级大还有"大而不坍"的特点。

### 3.2.3.3　大变形分类和分级

软岩大变形主要分为膨胀型，挤压型和松散、离层坍塌型三种类型。膨胀型一般在含有膨胀性矿物、地下水的黏土岩、泥灰岩、石膏地层中发生，机理是体积膨胀，表现特征主要是底鼓；挤压型一般在断层带、构造接触带、软岩中发生，机理是剪切滑移，表现特征是有明显的优势部位和方向，一般边墙收敛较大；松散、离层坍塌型一般发生在松散地层中，机理是松散压力荷载，变形特征是具有突发性。

鉴于高地应力软岩的复杂性和多变性，勘测设计阶段高地应力软岩变形等级划分多为以定性预测为主，难以真实反映高地应力软岩变形等级，需在施工阶段结合开挖揭示掌子面围岩完整程度、层厚等特性和隧道围岩变形速率、变形量及支护破坏特征（表 3-2）等综合分析，动态调整。

表 3-2　高地应力软岩变形特征

| 变形等级 | 变形特征 |
| --- | --- |
| 一 | 开挖后围岩初期变形一般呈低速运动，变形持续时间较长，位移较大，相对变形 2%~4%；支护开裂，局部有掉块现象 |
| 二 | 开挖后围岩初期变形一般呈中速运动，变形持续时间长，位移大，相对变形 4%~6%；支护开裂、掉块，有钢架扭曲、侵限现象 |
| 三 | 开挖后围岩初期变形一般呈高速运动，变形持续时间很长，位移很大，相对变形 6%~8%；支护裂损、钢架扭曲折断、侵限破坏现象明显 |
| 四 | 开挖后围岩初期变形一般呈极高速运动，变形持续时间极长，位移极大，相对变形大于 8%；支护裂损、钢架扭曲折断、侵限破坏现象明显，局部出现二衬裂损现象 |

在极高地应力环境下，强度较高的硬质岩也可能产生大变形。针对硬岩大变形问题，不仅要考虑围岩浅表层变形量和变形速率，还应考虑围岩内部破裂程度及深度，可按表 3-3 进行分级。

**表 3-3　硬岩大变形分级及特征**

| 大变形等级 | 相对变形/% | 围岩内部破裂深度/m | 破裂变形特征 | 支护破坏特征 |
|---|---|---|---|---|
| I | 3~5 | 2~3 | 围岩内部原生裂隙张开，新生裂隙逐渐增多；开挖过程中围岩有较大位移，持续时间较长 | 喷混开裂，钢拱架局部与喷层脱离 |
| II | 5~8 | 3~4 | 围岩内部原生裂隙张开，新生裂隙持续增多并相互贯通；围岩位移显著，持续时间长，底板隆起 | 喷混严重开裂，钢拱架局部变形，锚杆垫板变形 |
| III | >8 | >4 | 围岩内部原生裂隙张开或滑移，新生裂隙持续增多并相互贯通，岩体破碎严重；开挖过程中围岩有剥离现象，鼓出显著甚至发生大位移，持续时间长，底板明显隆起 | 喷混大面积严重开裂，钢拱架变形扭曲，锚杆拉断 |

### 3.2.3.4　大变形控制

控制软岩大变形的总体设计原则是：

（1）加固围岩，控制变形。深埋高地应力及软弱围岩是隧道产生大变形的内在原因。地应力自然存在无法改变，但围岩可采取措施加固。国内外软弱围岩典型挤压性变形隧道的成功处置经验证明，长锚杆是主动控制软弱围岩大变形的主要手段。因此，应特别加强软弱围岩的加固力度，按照"锚杆打入围岩松动圈外稳定岩层中不小于 2m"的原则确定锚杆长度，形成较厚的围岩加固圈，控制围岩松弛变形范围，减少围岩对支护衬砌结构的用力。

（2）改善洞型，优化断面。边墙曲率越大，受力条件越好，特别是单线断面，调整边墙曲率受力效果改善特别明显。

（3）先柔后刚，先放后抗。"先柔后刚"是指支护结构，先施作的初期支护——钢筋网喷混凝土、可缩钢架及长锚杆为柔性结构，后施作的二次支护——模注钢筋混凝土是刚性的，以承受残余的地层荷载。"先放后抗"是指初期支护施作完成后允许发生一定程度的变形，达到设计预留的变形量后再施作二次模注混凝土衬砌。

（4）变形留够，防侵净空。在高地应力条件下的挤压性软弱围岩坑道一般都可能发生大变形，在确定开挖轮廓时必须预留足够的变形量，防止变形后的初期支护侵入二次模注混凝土衬砌净空。同时，预留足够的变形量，可较大幅度地释放地应力，减少作用在二次衬砌上的荷载，有利于隧道结构安全。

（5）底部加强，抑制隆起。为防止隧底隆起，隧道底部支护的强度应足够，并应及时施作隧底筋混凝土仰拱或增设底部锚杆。

控制软岩大变形的一般措施包括：

（1）调整断面形状：采用将断面形式改为圆形或改变断面弧度的办法对大变形部分进行处理，有利于隧道承载和控制变形。

（2）长锚杆支护：国内外大部分大变形隧道中，加强锚杆是抑制大变形较为有效的措施，特别是在煤矿巷道中采用最多。大部分通过加长锚杆来达到目的，锚杆长度一般为 5~6m，对于变形极难控制的地段，也有较多使用 9~13m 的案例。

（3）加强初期支护：高地应力软岩隧道与一般隧道相比，初期支护应具有更高的强度，使围岩处于较高支护力作用下的变形过程中，实现围岩发生可控的变形，松动圈处于可控的发展过程中，起到卸压和深处转移二次应力的作用（图 3-19）。

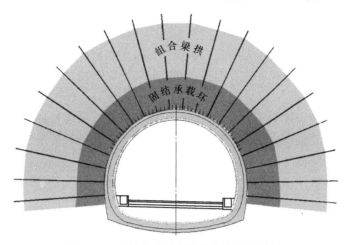

图 3-19 高地应力软岩隧道初期支护效果

（4）基底加固：为保证基底稳定，采用改变仰拱曲率、加强锚杆、增加仰拱强度、底部注浆或旋喷桩等手段能有效加固基底，进而有利于支护系统的稳定。

（5）合理确定预留变形量：高地应力软岩隧道最终变形量大，有必要预留足够的空间，以保证变形后的隧道空间能满足运营需要。确定预留变形量的主要依据是隧道断面、围岩性质、地应力和地下水环境，也与施工技术有关，需针对工程具体情况加以选择。

（6）掌子面变形及稳定性控制：采取超前支护（如超长玻璃纤维锚杆等）能较好地抑制掌子面变形，进而达到控制隧道稳定的目的。

（7）拱脚稳定性控制：实践表明，保证拱脚稳定对于维护初期支护体系的稳定意义重大。拱脚沉降控制方法较多使用锁脚锚杆（管）或扩大拱脚等，视地质情况选用锁脚锚管并进行注浆。

（8）开挖方法：大变形隧道开挖方法多以台阶法为主，因大变形隧道中，如施工方法过于复杂，对支护的及时闭合极为不利，而支护的及时闭合是保证减小变形、稳定围岩的有力手段（图 3-20）。

图 3-20 大断面隧道分台阶开挖

彩色原图

（9）衬砌尽快施作：当围岩位移达到一定值时，必须施加强力支护。变形持续时间长是高地应力软岩隧道的特点之一。实践表明，隧道变形稳定后再施加二次衬砌的一般性要求难以达到，当围岩和初期支护位移达到一定值时，即可施作二次衬砌，给围岩施加强有力的支护，这也是控制围岩的重要措施，避免变形过大引起初期支护破坏和围岩失稳。由于二次衬砌会受到流变荷载的作用，而且施作时间较早，因此二次衬砌要通过加厚并配置钢筋增大其承载力。

控制硬岩大变形应以控制围岩内部破裂区范围和破裂程度为目标，多选择可施加预应力的主动加固技术，使锚固体深入岩体内部直至超过预估的破裂区最大深度，并结合施工工序优化，确保围岩得到及时支护。

### 3.2.4 塌方

#### 3.2.4.1 塌方现象与分类

塌方是指地下工程开挖后不同部位围岩（尤其是顶拱）发生的坍塌现象（图3-21），可以从不同角度对其进行分类。

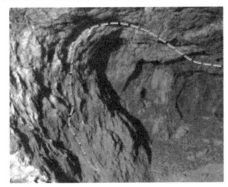

图3-21 塌方现场照片

彩色原图

塌方按致灾因素分类可分为应力型塌方、应力-结构型塌方和结构型塌方三类：

（1）应力型塌方指无结构面影响下的完整岩体在高应力下产生新生破裂面，形成块体，在重力作用下发生塌方。此类塌方通常发生在坚硬致密、完整性较好的岩体中，塌腔内有显著高应力破坏特征，呈薄片状剥落，破坏区域附近围岩完整性好、干燥、无结构面发育，是开挖后局部应力集中导致的围岩开裂破坏。

（2）应力-结构型塌方指在高应力和岩体结构的控制下发生的塌方。该情况下，开挖后结构面切割不构成可动块体，但在深埋高应力环境下，岩体内部发生裂纹萌生和扩展，与结构面构成块体，最终在重力作用下发生掉块。含大型地质构造、硬性结构面岩体及破碎硬质岩均可发生应力-结构型塌方（图3-22）。

（3）结构型塌方指在岩体结构的控制下，岩体受重力作用发生的塌方。根据岩体结构类型，又可分含硬性结构面岩体塌方和软弱破碎岩体塌方两类。

此外，按塌方发生部位可分为洞顶塌方、边墙塌方、掌子面塌方等，按塌方发生规模和形式可分为整体塌方、顺层塌方、局部塌方等。

隧道塌方典型案例见表3-4。

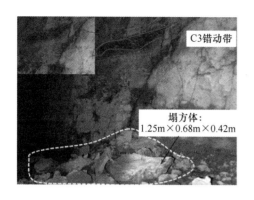
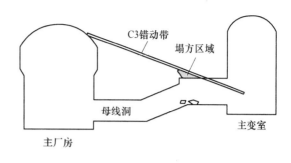

(a)

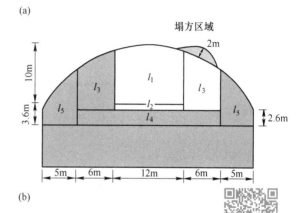

(b)

图 3-22 深部工程应力-结构型塌方现场照片及破坏模式

（a）含错动带深埋地下洞室塌方；（b）含硬性结构面深埋地下洞室塌方

彩色原图

表 3-4 隧道塌方典型案例

| 项目 | 隧道名称 | | | | |
|---|---|---|---|---|---|
| | 大岭铺隧道 | 白花山隧道 | 澄江口隧道 | 侯家湾四号隧道 | 白炭坞隧道 |
| 隧道埋深/m | 46~160 | 最大约65m | 7~30m | 约20m | — |
| 地层岩性 | 千枚岩，岩体扭曲揉皱，层间结合差，基岩裂隙水丰富，岩体遇水软化呈泥状 | 硅质胶结的石英砂岩，岩体破碎，节理裂隙极发育，多数间距小于0.1m，风化剧烈，多呈松散结构 | 变质砂岩夹板岩，极严重风化，地下水不发育 | 风化极严重的破碎玄武岩 | 泥质砂岩夹流纹斑岩 |
| 塌方部位及特征 | 自掌子面开始纵向沿线路由里向外，直至塌穿地表，总长24m，塌方量约2700m³ | 塌落体充满隧道空间，顶面长40m，底面长60m，塌方量约8000m³ | 冒顶塌方，形成直径约10m的塌腔，塌方量约2000m³ | 拱部塌方，长17m，初期支护被压垮，地表形成塌穴，塌方量约33630m³ | 顶拱塌方，纵向长度近20m，塌方高度10~13m，塌方量约500~600m³ |

对于深部工程，岩体塌方通常受高地应力和岩体结构双重控制，因此以下重点介绍应力-结构型塌方特征与孕育过程。

### 3.2.4.2 含硬性结构面深部工程硬岩塌方特征及孕育过程

含硬性结构面深部工程硬岩塌方的主要特征为：

（1）主要发生在临近掌子面的开挖卸荷区，常见于隧道或洞室拱肩及拱肩与边墙交界部位；

（2）岩体坚硬完整，并含有少量硬性结构面（不超过两组）；

（3）塌方后揭露的岩面新鲜且粗糙，塌落坑形态多为"V"形，塌方体边界受硬性结构面控制；

（4）塌方体多为较大体积的岩石块体，如某水电站左岸主厂房RK0+90-106拱肩发生的塌方最大块体尺寸为5m×4m×1.8m，塌方坑最大深度为2m，塌方总体积约为90m³。

图3-23展示了含硬性结构面深埋大型洞室顶拱塌方的孕育过程。由前述发生条件可知，塌方坑的部分边界受硬性结构面控制（图3-23（a））。开挖卸荷引起原岩应力场发生调整，开挖边界切向应力增大，与边界相交的缓倾角结构面在重分布应力作用下向完整岩体内部扩展，且扩展方向在结构面和切向应力联合影响下不断向主厂房临空面方向偏转，并逐渐接近局部切向应力方向（图3-23（b）），导致塌方坑局部平行于开挖边界。这种岩体内部裂隙扩展实际上是由一系列微小的裂隙共同构成的。随着破裂程度不断增加，围岩由较完整结构向块状结构转变，并达到临界平衡状态。在临近爆破等扰动影响下，已形成的块体临界平衡状态被打破，最终发生较大体积塌方（图3-23（c））。

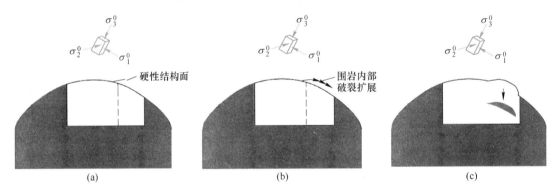

图3-23 某水电站左岸主厂房拱肩塌方孕育过程示意图

（a）开挖前含压密且非贯通的硬性结构面岩体；（b）开挖后围岩内部破裂沿局部切向
应力方向扩展；（c）潜在块体受爆破振动等扰动影响发生垮落

### 3.2.4.3 含破碎硬质岩的岩脉塌方特征及孕育过程

高地应力下含破碎硬质岩的岩脉塌方的主要特征为：

（1）塌方体边界由大型岩脉以及高应力诱导新生裂隙构成。

（2）此类塌方通常表现为大体积塌方，塌落物为较大的岩石块体与岩脉破碎岩体的混合物。例如，某水电站主厂房大体积塌方区位于$\beta_{80}$辉绿岩岩脉破碎带及其下盘，塌方堆积体在顶拱塌方口下形成圆锥体，锥体底边长39.24m、宽17.80m、高约10m，顶部长约15m，宽4~5m，总方量约3569m³。堆积体主要为花岗岩、辉绿岩块碎石，块体尺寸以0.05~0.2m及0.5~1.0m为主，个别大于1m。塌腔体型呈倒置的、偏向厂房左侧的不规则葫芦状体，且沿岩脉走向分布，塌腔孔口长约14m，宽4~7.5m，塌腔中部长约22m，宽18.4m，塌腔高约33.0m（图3-24）。

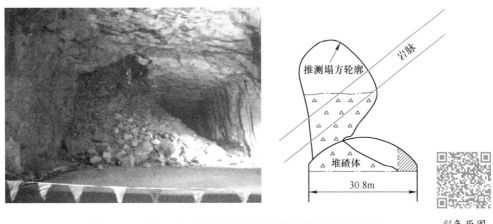

图 3-24　某水电站主厂房顶拱辉绿岩脉大体积塌方示意图

彩色原图

（3）此类塌方发生前通常没有明显征兆，监测数据没有明显突变，即表现为突然发生。

含岩脉大型地下洞室应力-结构型塌方破坏机理可总结如下：

（1）由于初始应力场方向与洞室轴线不一致，洞室开挖后容易在一侧拱肩处产生应力集中，并在围岩内部诱发新生拉破坏，加之支护不及时和周围多次爆破扰动，导致内部破裂深度和程度不断增加，最终与岩脉连通而产生塌方。

（2）塌方初期，当岩脉与洞室临空面之间的岩体塌落后，岩脉破碎带失去了侧向约束，而支护长度未能深达破碎带内部，因此破碎带内的大量松散岩体在重力作用下不断塌落，并诱发深部围岩应力集中，最终引发大体积塌方。

### 3.2.4.4　结构型塌方特征与机理

#### A　块体垮落或滑落

结构面与隧洞开挖临空面不利组合形成的不稳定块体容易坍塌。这种破坏主要取决于结构面与开挖临空面的几何组合关系和结构面自身的抗剪强度。破坏的主要原因是关键块体的自身重力超过结构面的抗剪强度，而与隧洞开挖引起的二次应力场关系不大。隧洞顶拱范围内的不稳定块体表现为垮落；而边墙范围内的不稳定块体表现为滑落，结构面的抗剪强度在块体滑落过程中得到发挥。块体垮落或滑落主要发生在整体块状结构与镶嵌结构岩体中。浅埋隧洞中，这种破坏最为常见，破坏后围岩处于平衡状态。而深埋隧洞中此类破坏现象较少出现，但破坏一旦出现，引发局部应力重新调整，可能导致其他的破坏模式，如片状剥落。

#### B　软弱破碎岩体塌方

此类塌方表现为由于断层或挤压破碎带本身岩体破碎，在重力作用下发生掉块。例如，锦屏地下实验室二期 3 号实验室开挖过程中曾发生约 2000m³ 的大体积塌方，塌方表现为多期次，首先开始于南侧边墙，接着是掌子面和北侧边墙，最后向拱部发展，塌方整体如图 3-25 所示。

事后对塌方部位岩体的工程地质特性进行调查，发现塌方轮廓线呈参差状或弧状，表

彩色原图

图 3-25　锦屏地下实验室二期 3 号实验室围岩大体积塌方现场照片

明塌方未受结构面控制影响。塌方部位主要为风化或溶蚀较为严重的大理岩松散体，呈镶嵌组合胶结状，并伴有方解石化，整体强度较低，自稳性差，因此认为这次塌方是由局部挤压破碎带内软弱破碎岩体失稳所致。

### 3.2.4.5　塌方的征兆

许多工程实例表明，围岩临近塌方前，通常会出现以下征兆：

（1）掌子面及其附近：开挖后围岩掉块不停，掌子面可见出水点频繁变换位置，掌子面突然涌水或涌水压力增大，岩层张开裂隙明显增大，涌水由清变浊，砂层地段间隔流沙等。

（2）支护：喷混凝土大面积开裂、脱落甚至坍落，钢支撑扭曲变形，支撑连接点明显变形、错位，边墙支撑中间鼓出，支撑受力大并发出响声等。

（3）钻孔：正常钻孔中出现不正常的卡钻，钻进速度变快或堵孔，钻孔内的水异常浑浊等。

（4）监测数据：变形值长期不收敛且变形速率仍较大，收敛量测曲线已收敛但又出现变形值突然增大的现象等。

### 3.2.4.6　塌方的防治

对于高地应力破碎硬质岩塌方的防治，可采取以下方法：

（1）优化断面形状。高地应力隧道开挖断面越接近圆形，二次应力场分布特征越有利于围岩稳定。因此可调整开挖断面曲率，使其尽量接近圆形，改善隧道结构受力状况。

（2）加强超前及初期支护。对于高地应力破碎硬质岩隧道，开挖初期支护结构所受压力较大，因此初期支护刚度宜大不宜小。由于掌子面节理裂隙密集发育，应及时封闭掌子面。开挖下一循环之前，应加强超前支护措施，采用注浆小导管在隧道拱部形成超前支护体，以防止开挖时拱顶掉块、坍塌。

（3）掌子面后方注浆。针对高地应力破碎硬质岩塌方防治，注浆是一种有效方法。注浆可对节理裂隙等进行填充，从而保证围岩完整性，防止塌方发生。此外，浆液在裂隙内流动扩散、充填、固结，成为具有一定强度和低透水性的结石体，截断水流通道，固结破碎岩石，降低围岩渗透系数，从而减小隧道的涌水量。

（4）控制台阶长度和高度，优化工序。根据现场地质条件，确定开挖台阶的合理长度和高度，并在施工过程中严格控制。施工中短进尺掘进，并及时施作初期支护和仰拱；解决好上下台阶的施工干扰问题，下部施工应减少对上部围岩和支护的扰动；合理安排工序，优化工序衔接，加快施工循环，及时封闭成环。

### 3.2.5 岩爆

#### 3.2.5.1 岩爆现象

岩爆是指在开挖或其他外界扰动下，地下工程岩体中聚积的弹性变形势能突然释放，导致围岩爆裂、弹射，并伴有声响的动力现象（图3-26）。岩爆会造成施工机械设备被埋或损毁以及支护结构损坏，造成停工，严重威胁施工人员安全，也给施工人员带来极大的心理压力。

图 3-26　深部工程岩爆现象

彩色原图

在国外，加拿大 Falconbridge 镍矿和 Kidd Creek 铜矿、印度 Kolar 金矿、南非 ERPM 矿、美国 Idaho 的铅锌银矿、日本关越隧道、挪威 Heggura 公路隧道、瑞典 Vietas 水电站引水隧洞等均有岩爆发生。1996~2003 年，岩爆是南非金属矿山造成致命事故的第二大来源。在我国，红透山铜矿、玲珑金矿、渔子溪一级水电站、天生桥二级电站、太平驿水电站、锦屏二级水电站、川藏公路二郎山隧道、秦岭铁路隧道、川藏铁路、引汉济渭等工程中均有岩爆发生。随着埋深的增加和地应力水平的增高，岩体所赋存的地质环境更为复杂，开挖（开采）诱发的岩爆灾害更加突出、严重，给深部地下工程设计、施工与生产等带来前所未有的挑战。

锦屏二级水电站施工排水洞长度约为 16.67km，开挖直径约为 7m，采用 TBM 开挖，上覆岩体一般埋深 1500~2000m，最大埋深 2525m，隧洞穿越岩层的岩性主要为大理岩。地应力反演结果表明，隧洞轴线上的最大主应力约为 63MPa，中间主应力约为 34MPa，最小主应力约为 26MPa。2009 年 11 月 28 日施工排水洞在开挖过程中发生极强岩爆，顶拱最大深度超过 7m 范围内的岩体强烈弹射而出，刀盘至后支撑约 20m 范围内的围岩整体性崩塌，TBM 主梁前段被冲击折断，TBM 被严重损坏，被迫中途退役，岩爆造成 7 人遇难，1 人受伤。

### 3.2.5.2 岩爆分类

岩爆在孕育过程中受岩石性质、地应力、地质构造、地下水、开挖方式和开挖速度等多种因素的影响，从而表现出各种各样的特征。因此，为了更好地对岩爆开展针对性的监测、预警和防控，需要对岩爆进行分类。

根据岩爆的孕育机制，将岩爆分为应变型岩爆、应变-结构面滑移型岩爆、断裂滑移型岩爆三种类型，其主要特征如表 3-5 所示。

**表 3-5  按照孕育机制分类的不同类型岩爆特征及典型案例**

| 岩爆类型 | 发生条件 | 特征 | 典型案例 | |
| --- | --- | --- | --- | --- |
| 应变型 | 完整，坚硬，无结构面的岩体中 | 浅窝型、长条深窝型、"V"形等形态的爆坑，爆坑岩面新鲜 | | 无明显结构面，最终形成浅窝型爆坑 |
| 应变-结构面滑移型 | 坚硬、含有零星结构面或层理面的岩体中 | 结构面控制爆坑边界，一般情况下破坏性较应变型大 | | 受结构面的影响，最终形成长 5.0m、宽 4.5m、深 0.5m 的爆坑 |
| 断裂滑移型 | 有大型断裂构造存在 | 影响区域更大，破坏力更强，甚至可能诱发连续性强烈岩爆 | | 沿结构面滑移，爆坑深度 11~13m，造成暂停施工接近两个月，经济损失超千万 |

根据岩爆发生的时间和空间特征，将岩爆分为即时型岩爆、时滞型岩爆和间歇型岩爆。即时型岩爆多发生在开挖卸荷效应影响过程中。时滞型岩爆多发生在由开挖卸荷引起的应力调整已基本平衡的区域，且多在外界扰动作用下发生。根据岩爆发生时间与掌子面施工时间的关系和岩爆发生位置与掌子面间距离的关系，时滞型岩爆又可分为时空滞后型和时间滞后型。间歇型岩爆是指同一区域一定时间内，多次发生同等级或更高等级的岩爆。当这一系列岩爆主要沿隧道轴向发展时，又称为沿隧道轴向发展的"链式"岩爆；当这一系列岩爆主要沿隧道径向发展时，又称为沿隧道径向发展的"链式"岩爆。不同类型岩爆的特征和典型案例如表 3-6 所示。

表 3-6　按照发生时间和空间分类的不同类型岩爆特征和典型案例

| 岩爆类型 | 特征 | 典型案例 | |
|---|---|---|---|
| 即时型 | 发生频次相对较高；多在开挖后的几个小时或是 1~3 天内发生；多发生在距工作面在 3 倍洞径范围内 | | 在开挖爆破后 1 小时内发生岩爆，爆坑位于掌子面后方 0.5 倍洞径范围内 |
| 时滞型 | 发生频次相对较低；在开挖后数天、1 月、数月后发生；发生位置距离工作面可以达到几百米 | | 岩爆发生时，该部位已经开挖 5 天，岩爆位置距离开挖工作面约 5 倍洞径 |
| 间歇型(沿隧道轴向发展的"链式"岩爆) | 发生频次相对较低；在掌子面附近和距离掌子面较远的位置都可能发生，延续时间较长，沿洞轴线影响范围大 | | 开挖后，发生中等岩爆，约 28 小时后，在第 1 次岩爆区域及其附近发生第 2 次中等岩爆，约 45 小时后，在第 2 次岩爆区域及其附近发生第 3 次中等岩爆，爆坑长度从 3m 延伸至 14m |
| 间歇型(沿隧道径向发展的"链式"岩爆) | 发生频次相对较低；多发生在掌子面附近，在有施工扰动和无施工扰动情况下均可能发生 | | 开挖后，发生中等岩爆，之后该区域停止施工，但是岩爆持续发展，第 3 天发生了强烈岩爆，第 5 天仍有块体弹落，该岩爆持续发展时间超过 100 小时，并且爆坑深度从 3m 延伸至 20m 左右 |

### 3.2.5.3 岩爆分级

为了客观地评价岩爆的危害程度，科学地指导岩爆监测预警，有效地建立岩爆防控措施，需要对岩爆进行分级。因此，引入岩爆等级对岩爆的强烈程度与破坏规模进行描述。岩爆等级可划分为轻微岩爆、中等岩爆、强烈岩爆和极强岩爆。通常岩爆等级越高，对围岩、支护体系及构筑物的破坏也越大。各等级岩爆所表现出来的典型特征和现象如表 3-7 所示。可以看出，不同等级岩爆的特征和破坏程度具有明显的差异，岩爆预警应该给出潜在岩爆的等级，并根据预警岩爆等级，制订针对性的防控措施。

表 3-7    不同等级岩爆的典型特征和现象

| 岩爆等级 | 危害性描述 | 岩爆破坏深度 $D$/m | 岩爆沿洞轴线破坏长度 $L$/m | 爆块平均弹射初速度 $V_0$/m·s$^{-1}$ | 爆块特征 | 声响特征 |
|---|---|---|---|---|---|---|
| 轻微 | 危害低。钻爆法施工时，易造成小型机械设备局部易损部位损坏，影响正常使用。TBM 施工时，偶尔会造成 TBM 的刀盘、锚杆钻机等受损。对工序影响较小，局部排险、支护后可正常施工，清理爆坑处松动围岩需 1~3h | $D<0.5$ | $0.5<L<1.5$ | $V_0<1.0$ | 呈薄片状~板状厚 1.0~5.0cm | 清脆的噼啪、撕裂声，似鞭炮声，偶有爆裂声响 |
| 中等 | 危害中等。钻爆法施工时，易造成小型机械设备被砸坏，或大型设备设施局部暴露部位被砸至变形，需维修才能正常使用。TBM 施工时，易造成 TBM 的刀盘、锚杆钻机受损等。对工序影响稍大，施工短暂等待、排险、支护后可正常施工，清理爆坑处松动围岩需 8~12h | $0.5{\leqslant}D<1.0$ | $1.5{\leqslant}L<5.0$ | $1.0{\leqslant}V_0<5.0$ | 呈薄片状、板状和块状，板状岩石厚 5.0~20.0cm，块状岩石厚 10.0~30.0cm | 清脆的似子弹射击声和雷管爆破的爆裂声，围岩内部偶有闷响 |
| 强烈 | 危害高。钻爆法施工时，易造成施工台架砸坏、机械设备驾驶室严重变形、机械设备作业臂砸断等大型设备设施的暴露部位损害，需大量修复或更换。TBM 施工时，易造成 TBM 的刀盘、锚杆钻机被砸坏、刀盘内油缸损坏等。对工序影响大，等待足够久的时间后才可排险、支护，清理爆坑处松动围岩需 12~24h | $1.0{\leqslant}D<3.0$ | $5.0{\leqslant}L<20.0$ | $5.0{\leqslant}V_0<10.0$ | 围岩大片爆裂脱落、抛射，伴有岩粉喷射现象，块度差异较大，大块体与小岩片混杂，呈薄片状、板状和块状，块状岩石厚 20.0~40.0cm | 似炸药爆破的爆裂声，声响强烈 |

| 岩爆等级 | 危害性描述 | 岩爆破坏深度 $D$/m | 岩爆沿洞轴线破坏长度 $L$/m | 爆块平均弹射初速度 $V_0$/m·s$^{-1}$ | 爆块特征 | 声响特征 |
|---|---|---|---|---|---|---|
| 极强 | 钻爆法施工时，大型施工台架、挖掘机、卡车、凿岩台车等机械设备被埋或被摧毁。TBM 施工时，TBM 损坏非常严重，需大量修复或部件更换，甚至造成 TBM 被埋无法使用。对工序影响极大，等待足够久的时间后才可排险、支护，清理爆坑处松动围岩需几天到几十天 | $D \geqslant 3.0$ | $L \geqslant 20.0$ | $V_0 \geqslant 10.0$ | 围岩大面积爆裂垮落，岩粉喷射充满开挖空间，块度差异大，大块体与小岩片混杂，最大块体厚度一般可达 1.0m | 低沉的似炮弹爆炸声或闷雷声，声响剧烈 |

#### 3.2.5.4 岩爆的影响因素

（1）不同施工方法的岩爆特征。不同的施工方法诱发岩爆是有区别的。TBM 开挖相对于钻爆法开挖，造成的围岩影响区范围要小，围岩的承载能力强；围岩应力集中区临近洞壁，围岩内部存储的能量逐次释放；开挖扰动弱，能够更及时地形成有效支护。因此，相同条件下，钻爆法施工过程中时滞型岩爆的概率要大于 TBM 施工，而 TBM 施工过程中，高等级岩爆发生前往往伴随有低等级岩爆的发生，钻爆法施工时该特征不明显。

（2）不同岩性岩体的岩爆特征。岩爆主要发生在硬岩中，围岩的岩体力学特征是影响岩爆发生的基本条件，特别是岩体的峰值强度和岩体的脆性特征对岩爆具有明显的影响。在地应力、地质构造、施工、支护方法等其他条件一致时，岩体的峰值强度越高，其储能性质越好，可能发生的岩爆等级越高；岩体的脆性越强，越容易发生岩爆。沉积岩的强度和弹性模量一般较岩浆岩和变质岩低，相同情况下，沉积岩中发生的岩爆一般较岩浆岩或变质岩少。

#### 3.2.5.5 岩爆监测预警

#### A 微震监测技术

岩爆孕育过程现场实时监测，包括应力、扰动应力、微震、声发射、电磁辐射等监测，其中微震监测是岩爆最为广泛的监测方法。岩爆微震监测是根据评估的岩爆风险源区域，布置多个传感器（至少 4 个），对岩爆风险源区域内的岩体破裂释放出的弹性波信号进行采集，根据采集获取的弹性波信号，进一步分析获得破裂位置、时间、能量等震源参数的监测方法，其监测原理如图 3-27 所示。

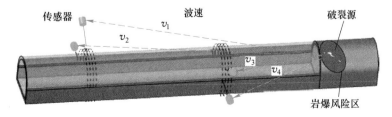

图 3-27 岩爆微震监测原理示意图

    岩爆孕育过程岩体破裂微震信号的频率主要分布在几十到几百赫兹。因此，微震监测系统的选择必须能满足岩爆监测的需求，传感器与采集系统要能覆盖岩爆孕育过程的频率范围。目前，在我国主要用于岩爆孕育过程监测的微震系统有南非 IMS、加拿大 ESG、波兰 SOS 和中国 SSS（图 3-28）等。

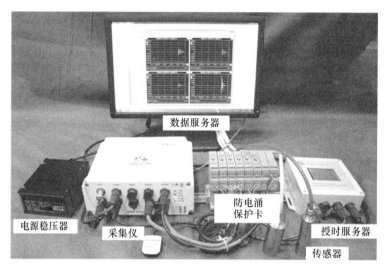

图 3-28   SSS 微震监测系统

    岩爆孕育过程的微震监测需要解决的关键问题包括：（1）如何获取有效的岩石破裂信号；（2）如何更准确地确定岩石破裂的位置。

    有效岩石破裂信号获取的关键在于岩爆孕育过程中岩石破裂信号的捕捉和识别。合理的微震传感器布置是捕捉有效岩石破裂信号的基础。首先，传感器应尽量包裹岩爆风险区域，在受布置条件限制所形成的传感器阵列无法包裹岩爆风险区域时，传感器应尽量避免在空间上形成面性或线性布置，图 3-29 为某隧道传感器在空间上立体错开式布置示意图。同时，岩爆微震监测传感器布置应根据潜在岩爆风险的区域与类型设计；还应考虑工程特点、施工方法和施工工况等。

    针对即时型岩爆，传感器应紧跟工作面掘进而动态移动，保证工作面附近岩石破裂可被实时采集。针对时滞型岩爆，则可围绕潜在发生区域布置传感器。针对间歇型岩爆，由于其发生过程时间通常较长且工作面暂停掘进，应靠近间歇型岩爆区域临时增补传感器。应变型和应变-结构面滑移型岩爆通常为即时型岩爆，其传感器布置参见图 3-29。断裂滑移型岩爆则应尽量在潜在岩爆发生区域的断裂上下两侧布置传感器。对于隧道工程，传感器通常在轴线上以组的方式排列布置。对于洞室类工程（如矿山采场、地下厂房），开挖前应在可预见的高岩爆风险区域附近加密布置传感器，开挖时则应紧随开挖过程针对性地对不利地质条件区域和存在高岩爆风险区域动态增补传感器。传感器宜靠近潜在岩爆风险区域布置，可有效提高岩石破裂信号的捕捉能力，但应考虑不同施工方法条件下传感器布置的可行性和便利性，如钻爆法施工时，应考虑爆破可能造成传感器损坏；TBM 施工时，应考虑 TBM 本身结构选择便于传感器安装的位置。

    岩爆孕育过程中岩石破裂信号的识别是通过分析监测设备所采集的微震波形，识别出

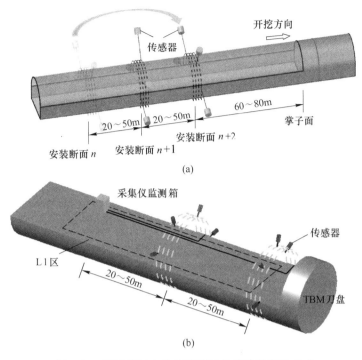

彩色原图

图 3-29 不同施工方法岩爆监测的传感器布置方式
(a) 钻爆法施工；(b) TBM 法施工

有效的岩体破裂事件（图 3-30）。岩爆孕育过程中的岩体破裂与噪声信号往往呈现出波形相似且交织的特征。传统的人工识别方法和基于特征值指标的识别方法准确率难以保障，两种方法耗时较长且难以满足岩爆及时预警的需要。目前，基于深度学习的信号识别方法已应用于识别岩体破裂信号。该方法以所采集的原始波形作为输入，直接准确识别其类型，可对海量微震监测波形进行实时识别，大大提升了岩爆孕育过程岩体破裂信号识别的准确率及效率。

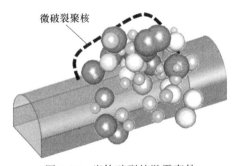

图 3-30 岩体破裂的微震事件

　　岩爆孕育过程中的岩体破裂精确定位同样面临着诸多技术难题。一方面，所使用的岩体波速对微震源定位结果具有重要影响，需要选择适宜于微震源定位的速度模型。隧道工程中，不同洞段的地质条件存在差异，局部的地质弱面会造成不同洞段岩体波速存在差异。因此，微震信号从微震源到不同组传感器的岩体波速不同。但微震信号从微震源到同一组传感器内各传感器所经过的洞段相似，为了保障定位计算可行性以及减少运算量，同组微震传感器宜选择相同岩体波速。因此，在隧道岩爆孕育过程中采用同组同速异组异速的分区速度模型来解决这一问题。对于洞室类工程，微震传感器常在空间上分散布置在监测对象附近，微震信号从微震源到不同微震传感器经历的岩体条件及波速差别一般较大，应尽量采用三维速度模型。

另一方面，微震源定位精度、算法收敛速度等对监测信息（微震事件的监测到时、波速等）与待求解参数（震源三维坐标、发震时间等）组成的方程组的系数矩阵依赖程度很大。传统定位算法在传感器布置方案确定时多强调要确保微震源位置位于传感器阵列范围之内，而对于传感器阵列外的微震源，使用传统的定位算法很难保证微震源的定位精度，对于微震事件也很难确保定位算法的收敛性，这就很大程度上限制了岩爆预警的准确性与及时性。为解决这一问题，引入群智能定位算法，利用群智能算法无须求解方程组系数阵，而是对待求解问题进行全局优化搜索的优势，摆脱了传统方法对系数矩阵的依赖，联合分区速度模型，较好地提高了微震源的定位精度，尤其是传感器阵列范围之外微震源定位精度。

### B　岩爆孕育过程预警

岩爆孕育过程预警是指根据岩爆微震监测信息，预判潜在岩爆的位置及其岩爆等级和发生概率。预警结果是制订岩爆孕育过程的防控策略的基础，也是规避岩爆风险、保证工程顺利进行和降低工程成本的前提。

在开裂或摩擦滑动过程中，岩体由弹性变形向非弹性变形转化，存储于岩体内的能量，以弹性波形式进行释放，该能量即为微震释放能；视体积是反映震源非弹性变形区的岩体体积的参量。大多数即时型岩爆孕育过程具有微震信息前兆特征，如图 3-31 所示。大多数即时型岩爆孕育过程中微震事件及其能量的演化具有自相似性，存在时间、能量及空间分形特征。这表明在大多数情况下，利用微震监测信息，可对即时型岩爆的位置和岩爆等级进行预警。

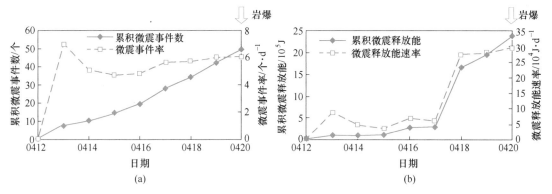

图 3-31　钻爆法施工深埋隧洞岩爆孕育过程的微震信息随时间演化规律
（a）累积微震事件数和事件率；（b）累积微震释放能和释放能速率

采用基于微震信息的岩爆预警法对即时型岩爆孕育过程进行预警。该方法区分施工方法及岩爆的类型，根据实时监测的微震信息，利用岩爆定量预警公式，预判潜在岩爆的位置及其岩爆等级和发生概率。基于微震信息的岩爆预警法的岩爆预警公式如下：

$$P_i^{mr} = \sum_{j=1}^{6} w_j^{mr} P_{ji}^{mr}$$

式中，$m$ 为施工方法，包括钻爆法和 TBM 法；$r$ 为岩爆类型，按岩爆机制划分可包括应变型岩爆、应变-结构面滑移型岩爆等；$i$ 为岩爆等级，包括无岩爆、轻微岩爆、中等岩爆、强烈岩爆和极强岩爆；$j$ 为预警区域微震监测信息；$w_j^{mr}$ 为 $m$ 施工方法条件下 $r$ 类型岩爆预警时，微震监测信息 $j$ 的权系数；$P_{ji}^{mr}$ 为基于微震监测信息 $j$ 获取的 $m$ 施工方法条件下 $r$ 岩爆类型 $i$ 岩爆等级的岩爆发生概率；$P_i^{mr}$ 为 $m$ 施工方法条件下 $r$ 岩爆类型 $i$ 岩爆等级的岩爆发生概率。各等级岩爆发生概率范围为 $0 \sim 100\%$，概率越大，对应等级岩爆发生的可能性越大，所有等级岩爆发生的概率之和为 $100\%$。用于预警的微震监测信息包括累积微震事件数、累积微震释放能、累积微震视体积等。

基于微震监测信息 $j$ 获取的 $m$ 施工方法条件下 $r$ 岩爆类型 $i$ 岩爆等级的岩爆发生概率 $P_{ji}^{mr}$ 如图 3-32 所示。其中，$M_{j\text{无}}^{mr}$，$M_{j\text{轻微}}^{mr}$，$M_{j\text{中等}}^{mr}$，$M_{j\text{强烈}}^{mr}$ 和 $M_{j\text{极强}}^{mr}$ 分别为 $m$ 施工方法条件下 $r$ 类型岩爆预警时，无岩爆、轻微岩爆、中等岩爆、强烈岩爆和极强岩爆对应的微震监测信息 $j$ 的预警值。

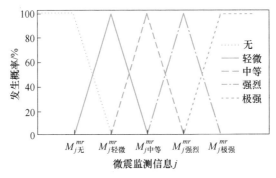

图 3-32　不同岩爆等级条件下岩爆孕育过程的微震信息预警阈值

岩爆预警结果应为最大发生概率对应的岩爆等级及其发生概率。当多个岩爆等级的发生概率相差不到 2%，且大于其他岩爆等级发生概率时，应选择其中最高的岩爆等级及其发生概率作为岩爆预警结果。

对于时滞型岩爆和间歇型岩爆，可通过分析微震活动的演化趋势进行预警，细节可查阅相关文献。

### 3.2.5.6　岩爆防控

岩爆防控措施根据预警的岩爆等级确定。轻微岩爆采用支护系统进行防控。中等岩爆采用优化工程布置和开挖参数以及支护系统进行防控。强烈岩爆和极强岩爆采用"三步走"策略进行防控：第一步，优化工程布置和开挖参数，减少开挖引起的岩体内部能量集中水平；第二步，采用应力释放措施，释放和转移储存在岩体的部分能量；第三步，利用支护系统，吸收岩体释放的能量。

（1）工程布置和开挖参数设计优化。通过优化设计洞室布置位置、方位、洞群间距等，在条件允许的情况下，尽可能降低潜在岩爆洞段的长度及岩爆等级。同时，应尽可能避免洞室穿越褶皱核部、活动性断层等易诱发极强或强烈岩爆的特殊地质构造。通过优化开挖断面形状和尺寸、开挖或掘进速率、相向开挖改单向开挖的时机、穿越刚性断裂的方向等，并考虑施工可能性，尽可能减少开挖引起的岩体内部能量集中水平。开挖或掘进速率的优化应尽可能降低单次卸载量和开挖扰动效应。相向开挖改单向开挖的时机设计优化应尽可能降低因掌子面相向开挖/掘进时引起的岩柱内叠加能量的升高、叠加速率的增大和相互扰动的影响。穿越刚性断裂的方向设计优化应尽可能降低刚性断裂活化的可能性以及因开挖和刚性断裂造成的能量集中水平。

（2）应力释放孔设计优化。通过优化设计应力释放孔的位置、孔深、间距等，释放应力和能量集中较大部位岩体内的应力和能量。应力释放孔应针对性地布置在岩体能量集中的最大位置，该位置可通过计算获得的应力和弹性应变能等指标量值大小和微震活动集中的部位确定。潜在岩爆由硬性结构面或刚性断裂引起时，应力释放孔深度要超过结构面或断裂部位。能量集中水平越高，应力释放孔间距越小。

（3）支护系统设计优化。支护设计原则为表面围岩封闭支护与内部能量吸收支护相结合。强岩爆条件下，采用喷锚网、拱架等支护单元协同作用，各种支护单元相互连接，形成一个整体对岩爆进行防控。通过优化设计支护系统，尽可能多吸收岩体破裂所释放的能量，降低能量释放速率。同时，尽可能提高围岩强度，在岩爆后仍保持支护系统的完整性。支护系统的极限吸能应大于设计要求的吸能值，同时应考虑各支护单元的相互协调作用，岩爆等级越高，支护设计强度应越高。为了充分利用深部岩体的脆延转换特性，应及时喷射混凝土封闭围岩。根据岩爆等级设计喷射混凝土厚度，岩爆等级越高，喷射混凝土越厚。锚杆类型原则上应选择吸能锚杆，主动吸能，以便更好地消耗岩爆巨大的冲击能量。在满足工程约束条件下，吸能锚杆的长度应不低于潜在爆坑深度与有效锚杆长度之和。同时，锚杆宜大角度穿过控制型结构面或刚性断裂。

此外，在施工过程中应采用岩爆动态调控方法，根据新揭示的地质条件进行岩爆等级和区域复核及修正，以及动态调整开挖、应力释放孔和支护方案，以避免岩爆的发生或降低岩爆发生等级。由于地质信息、地应力条件、微震活跃性等的变化导致潜在岩爆区域和等级等相对于先前估计或预警结果发生变化时，应根据最新岩爆区域和等级的估计或预警结果，进行开挖、应力释放和支护方案的动态优化。根据前期岩爆风险实施相应开挖、应力释放或支护措施后，微震活动性变化或岩爆风险防控未达到所要求的效果，应对开挖、应力释放和支护方案进行不断调整，使得微震活动性变化或岩爆风险防控达到所要求的效果。

### 3.2.6　冲击地压

#### 3.2.6.1　地压

深部矿山采掘过程中常遇到不同类型的变形破坏现象，包括在玄武岩、闪长岩、辉绿岩、石灰岩等脆性岩石中的巷道冒顶、片帮等（图3-33），以及在黏土、泥质页岩等软质岩体中出现的巷道顶板下沉、两帮及底板鼓胀等围岩变形现象（图3-34）等。为了保证安全与巷道的正常使用，防止围岩发生危险的变形或破坏，必须采取维护措施，依据具体情况或架设支架，或加固围岩，或合理布置巷道位置。当采用支架时，围岩的位移和冒落在支架上的岩块使支架承受压力，采矿工作者习惯上把这种围岩作用于支架的压力称为地压。支架在压力作用下使构件内产生应力。如果应力小于支架材料的强度，支架只产生轻微变形；如应力超过支架材料的强度，支架将被压坏甚至完全失去承载能力。习惯上把围岩和支架的变形与破坏现象，统称为地压（或矿压）现象。

地压有广义和狭义两种含义。广义地压认为地压就是岩体中存在的力，这种力由围岩（天然形成的地下结构物）与支架（从事构筑的地下结构物）两种共同承担。采矿工作者习惯于把围岩因位移和冒落岩块作用在支架上的压力称为地压。实际上这种压力只是

图 3-33 深部巷道冒顶现象

原巷道断面轮廓

变形后巷道
断面轮廓

图 3-34 深部巷道顶板下沉两帮鼓胀现象

彩色原图

全部地压中的一部分。为了区别起见,将岩体内部原岩作用于围岩上的压力称为广义地压,而将前述围岩位移与冒落块作用在支架上的压力称为狭义地压。当采掘空间内不采用任何人工结构物时,地压全部由围岩来承担。在这种情况下,地压与广义地压的概念是一致的。而在采用任何支架的情况下,地压可分为广义地压与狭义地压两部分。

采区地压的显现是一个比较缓慢的过程,如顶板下沉、断裂、岩层垮落,支架变形、折损和破坏,煤壁片帮,底板鼓起等。地压的显现,是由于地层受采矿后,在外力作用下变形、移动和破坏的结果。这个外力是由岩石内多种因素组成的复杂力系,其中主要有上覆岩层的自重应力、构造应力,围岩中潜在能(瓦斯),热应力以及地下水压力,岩石浸湿后的膨胀力等。这些力在地层受采动后,通过应力重新分布和集中表现出来。这个存在于回采空间周围的复杂力系就是前面所讲述的"广义地压",由此而引起的力学现象称为"地压显现"。

### 3.2.6.2 冲击地压

地下采矿工程靠近工作面采空区的岩体在高应力作用下突然破裂、破坏垮塌,对工作面冲击较大(图 3-35),我国和苏联、东欧等国家称之为冲击地压,其他国际文件称之为矿震、煤炭行业有的称之为矿压,这是矿山动力过程失去控制的表现。在矿区常称为"煤爆""岩爆""冲击地压"等。矿震是煤岩体破裂过程辐射的弹性波。由于矿震震源浅，频度高，较小级别就能给地面造成较大的破坏。矿震的强度和频度随着开采深度和掘进的不断增加而日益严重，全球统计结果表明，开采深度大于 500m 的矿山就有发生 3 级以上矿震的可能。

图 3-35  深部巷道冲击地压现象

世界上最早报道冲击地压的是 1738 年英国的南斯塔福煤矿，此后陆续有德国、南非、波兰、苏联、捷克、加拿大、日本、法国以及中国等 20 多个国家和地区记录并报道冲击地压现象。我国自 1933 年在抚顺胜利矿发生冲击矿压以来，先后在北京、辽源、通化、阜新、枣庄、大同、开滦、天府、南桐、徐州、大屯新设、兖州、华亭等矿区都发生过冲击矿压的现象，随着煤矿采掘的增加，冲击矿压现象越来越普遍，已成为制约我国煤矿生产的严重灾害之一。例如 1974 年 10 月 25 日，北京矿务局城子矿在回采 −340m 水平 2 号煤层大巷的护巷煤柱时发生一次严重冲击矿压，里氏震级达到 3.4 级。在冲击震动瞬时，煤尘飞扬，大量煤块从巷道一侧抛出，致使底板鼓起、支架折损、巷道堵塞，造成重大伤亡。

冲击地压有以下明显特点：

（1）突发性：冲击地压一般没有明显的宏观前兆，而是突然发生的，冲击过程持续时间为几秒钟到十几秒钟，过程短暂，难以事先准确确定发生的时间、地点和强度。

（2）瞬间震动性：冲击地压发生过程急剧而短暂，像爆炸一样伴有巨大的声响和强烈的震动，井下地面有地震感觉。

（3）巨大破坏性：冲击地压发生时，顶板可能有瞬间明显下沉，但一般不冒落，有时底板突然开裂鼓起，甚至接顶，常常有大量岩块甚至上百立方米的岩体突然破碎，并从岩壁抛出破坏支架，从后果来看常造成惨重的人员伤亡和巨大的经济损失。

（4）复杂性：从煤种来说，除褐煤以外的各种煤种都记录到冲击地压现象。采深从 200~1000m，地质构造从简单到复杂，煤层从薄层到特厚层，倾角从水平到急倾斜，顶板包括砂岩、灰岩、油母页岩等都发生过冲击矿压。

冲击地压按震级与煤量大体可分为三级：

（1）轻微冲击（Ⅰ级）抛出煤量在 10t 以下，震级在里氏 1 级以下的冲击地压。

（2）中度冲击（Ⅱ级）抛出煤量在 10~50t，震级在里氏 1~2 级的冲击地压。

（3）强烈冲击（Ⅲ级）抛出煤量在 50t 以上，震级在里氏 2 级以上的冲击地压。

冲击地压发生的原因大致有以下三种解释：

（1）强度理论：认为岩体破坏的原因和规律实际上是强度问题，即材料受载超过其强度极限时发生破坏。从 20 世纪 50 年代起，这种理论开始着眼于矿体-围岩力学系统极限平衡条件的分析和推断，其中具有代表性的是夹持煤体理论。该理论认为，较坚硬的顶底板可将煤体夹紧并阻碍深部煤体自身或煤体-围岩交界处的卸载变形。由于阻抗作用，使煤体更加压实，承受了更高的压力，积蓄了较多的弹性能，一旦应力突然加大或系统阻力突然减小，煤体可突然破坏和运动，抛向已采空间，形成冲击地压。

（2）能量理论：代表人物为苏联学者阿维尔申和英国学者库克。该理论认为，当矿体与围岩系统的力学平衡状态破坏后所释放的能量大于消耗能量时，就会发生冲击地压，它阐明了矿体与围岩的能量转换关系，以及煤、岩体急剧破坏形成的原因等问题。

（3）冲击倾向理论：利用一些试验或实测指标对发生冲击地压可能程度进行估计或预测，这种指标的量度称为冲击倾向度。发生冲击地压的条件是介质实际的冲击倾向度大于规定的极限值。这些指标主要有弹性变形指数、有效冲击能指数、极限刚度比、破坏速度指数等。这种方法又称为冲击倾向理论。

冲击地压的预测预报方法主要有采矿机械方法和地球物理方法。采矿机械方法主要是钻屑法及表面位移法，地球物理方法包括地音法、电磁辐射法和微震法等。

（1）钻屑法：最早由德国学者提出并运用于实践当中，它的特点是简单、便于操作、成本低，目前仍是世界各采矿国家普遍采用的预测预报方法之一。钻屑法是通过在煤层中打直径为 42~50mm 的钻孔，记录每钻进 1m 的排煤粉量，根据排出的煤粉量及其变化规律和有关动力现象，鉴别冲击危险的一种方法。其原理是当煤体受到压缩或应力升高时，会导致单位长度钻孔煤粉量增大，并出现卡钻、震动、声响等动力现象。钻屑法预测是先在应力正常的区域打钻，并测定每米钻孔平均排粉量，再将待测地点测得的煤粉值与之相比，得出的数值为钻屑总指数。一般当其值大于 1.5 时，就说明待测区应力升高，并有冲击危险，且其值越高，则说明该处应力越高，发生冲击的可能性越大。

（2）地音法：采矿活动引发的动力现象中，反应强烈的属于采矿微震范畴，反应较弱的如声响、震动、卸压等则为采矿地音，也称为煤岩的声发射。地音法监测主要采用连续监测和便携式流动地音仪监测两种方法，主要是记录声发射的频度、一定时间内脉冲能量的总和、采矿地质条件及采矿活动等。连续地音监测系统是在监测区内布置地音探头，用地音监测装置自动采集地音信号，经微机实时处理和加工统计报表及图表，由工作人员结合采掘工程进度判断监测区域内的地音活动程度和危险程度。流动地音监测是将探头布置在深 1.5m 的钻孔中，距探头钻孔 5m 处打深 3m 的钻孔，并装上激发所用的标准质量炸药（1kg），记录炸药爆炸前后一段时间内产生的微裂隙发出的弹性波脉冲。

（3）电磁辐射法：采掘工作面形成后，工作面附近的岩壁应力的平衡被打破，岩壁中的岩体必然要发生变形或破裂，以向新的应力平衡状态过渡，这种过程会引起电磁辐射。应力越高，电磁辐射信号就越强，发生冲击地压的可能性也就越大，利用此方法可以预测冲击地压，这就是电磁辐射法。电磁辐射的主要参数是电磁辐射强度和脉冲数，电磁辐射强度反映岩体的受载程度及变形破裂程度，脉冲数主要反映岩体变形及微破裂的频次。电磁辐射预测冲击地压主要有临界值法和偏差两种。临界值法是在没有冲击地压危险、压力比较小的地方观测十个班的电磁辐射幅值最大值、幅值平均值和脉冲数等数据，取其平均值的 $K$ 倍（一般 $K$ 取 1.5）作为临界值，然后将在地压危险区域测得的值与临界值比较，超过临界值的区域是危险区域。偏差方法就是分析电磁辐射的变化规律，分析当班数据与平均值的差值，根据差值和前一班数据的大小，对冲击地压危险进行预测预报。

（4）微震法：采矿微震的能量一般在 $10^2 \sim 10^{10}$J，对应里氏震级为 0~4.5 级，震动频率在 0~50Hz，一般发生冲击地压的最低能量为 $1 \times 10^3$J，大部分是在 $10^5$J 时开始的，在 $10^6$J 时发生的冲击地压最多。可通过微震监测技术获得某个区域或全矿井的微震活动性，并进行冲击地压的预测预报。微震监测原理和技术已在岩爆一节进行了详细介绍，这里不再重复。

# 3.3 突涌水与岩溶

## 3.3.1 突涌水

### 3.3.1.1 突涌水现象和概念

突涌水是山岭隧道、深部矿井等工程中常见的一种地质灾害，是由先期赋存在围岩中的地下水在隧道/巷道掘进过程中，通过构造裂隙、钻孔、爆破孔等涌入隧道/巷道而形成，对工程威胁很大（图 3-36）。突水和涌水主要是水量和水压上的差别，涌水现象的水量和水压均比突水小。若在地下洞室施工过程中，穿过充填泥质物的溶洞或含泥量较大的断层破碎带等地段时，也可能发生伴随突水的突然大量冒泥现象，即突泥灾害。因此，通常将突水和突泥一起考虑。

图 3-36　深埋隧道突涌水现象

突涌水的发生需满足一定条件，涌水量的大小及时间、空间的变化特征受地形地貌、地层岩性、地质构造及水文地质条件综合影响，尤其各种破碎带更是突涌水（突泥）最常见的部位，具有突然性和水量大等特征。

表 3-8 中列出国内外典型断层型突涌水隧道案例。

**表 3-8　国内外典型断层型突涌水隧道案例**

| 名称 | 国别 | 岩性 | 地质构造 | 突涌水特征 |
|---|---|---|---|---|
| 大柱山隧道 | 中国 | 玄武岩、灰岩、白云岩 | 断层破碎带 | 最大涌水量 220000m³/d，水压 3MPa |
| 大瑶山隧道 | 中国 | 砂岩、板岩、灰岩 | $F_9$ 断层、向斜轴部 | 上盘最大涌水量 50000m³/d，水压 6MPa，上盘最大涌水量 14000m³/d |
| 关角隧道 | 中国 | 灰岩、炭质页岩 | $F_1$ 和 $F_2$ 断层破碎带 | 瞬时涌水量 10000m³/d |
| 青函隧道 | 日本 | 火山角砾岩、凝灰岩 | $F_{15}$、$F_{14}$、$F_{10}$ 断裂带 | 最大涌水量 100800m³/d，水压 2.6MPa，流出土石 1000m³ |
| 黑部 4 号隧道 | 日本 | 花岗岩 | 断层、节理密集带 | 涌水量 57024m³/d，水压 4.2MPa |
| 旧丹那隧道 | 日本 | 火山岩、断层角砾岩 | 断层破碎带 | 最大涌水量 288000m³/d，水压 1.4~4.2MPa |
| 北穆隧道 | 苏联 | 花岗岩 | 贝加尔断裂带 | 涌水量 11952~16848m³/d，最大涌水量 599040m³/d |
| 阿瓦利隧道 | 黎巴嫩 | 灰岩、砂岩 | Alps 褶皱复合体、岩性接触带、断层破碎带 | 最大涌水量 615600m³/d，水压 7.3MPa，7d 涌砂量 97500m³，淹埋隧道 3.0km |
| 格兰萨索隧道 | 意大利 | 灰岩、白云岩、泥灰岩 | 瓦勒雷达断层 | 最大涌水量 6480m³/d，水压 6.0MPa |

### 3.3.1.2　突涌水成因和危害

我国是隧道突水突泥灾害最严重的国家之一，突水突泥灾害所造成的人员伤亡和经济损失在各类隧道地质灾害中居于前列。突水突泥灾害易造成掌子面和施工机具被淹，威胁施工人员安全，导致被迫停工，后期处置也会造成严重经济损失。据统计，裂隙型突水突泥占总量 51%，断层型突水突泥占 30%，因此需要着重研究各类突水突泥灾害的诱发因素、孕育过程、预测预报方法及防控措施。

根据突水突泥灾害源的类型可分为裂隙型、断层型、溶洞溶腔型与暗河型四种。其中，溶洞溶腔型与暗河型突水突泥均属于岩溶诱发的灾害现象在 3.3.2 节讲述，这里主要介绍断层型突水灾害。

常见的断层有张性、压性和扭性三种类型，断层影响范围内岩体破碎，既可作为地下水的储存空间，又可作为地下水的运移通道。断层的构造岩带及旁边影响带的含水性，主要取决于断层两盘的岩性、断层类型、断层规模和近期是否活动等因素。断层构造岩特征见表 3-9。

两盘岩性：两盘为灰岩、大理岩等可溶岩时，其破碎带裂隙和岩溶发育，透水性和含水性都很强；两盘为石英砂岩、侵入岩等非可溶脆性岩石，其破碎带空隙率大，透水性较强；两盘为泥岩、泥质页岩等软质岩石，其破碎带的空隙多被泥质填充，孔隙率和裂隙率均较小，透水性和含水性小。

断层类型：张性和张扭性断层的断裂面张裂程度较大，其破碎带物质多为棱角状角砾岩，具有疏松多孔、透水性和含水性强的特点，其富水带主要分布于断层角砾岩带；压性和压扭性断层两盘影响带裂隙较发育，具备含水条件；断层破碎带物质多为压片岩、糜棱岩、断层泥及其他粉碎物质，其本身的透水性和含水性很小，常为相对隔水体（图3-37）。

**表3-9 断层构造岩特征**

| 岩石类型 | 岩性特点 | 岩石构造特征 | 强度特征 |
|---|---|---|---|
| 碎块岩 | 与原岩一致 | 节理密集，间有碎屑 | 受切割面产状控制 |
| 压碎岩 | 与原岩一致 | 岩石被压碎，仍保持原产状 | 受块度及结构控制 |
| 断层角砾岩 | 以角砾为主，夹有泥质 | 角砾经过错动，节理呈无序状 | 受角砾控制，具随机特征 |
| 糜棱岩断层泥 | 以细颗粒为主，多风化为黏土 | 发育有缓倾角节理及滑面 | 受黏土矿物及含水量控制 |

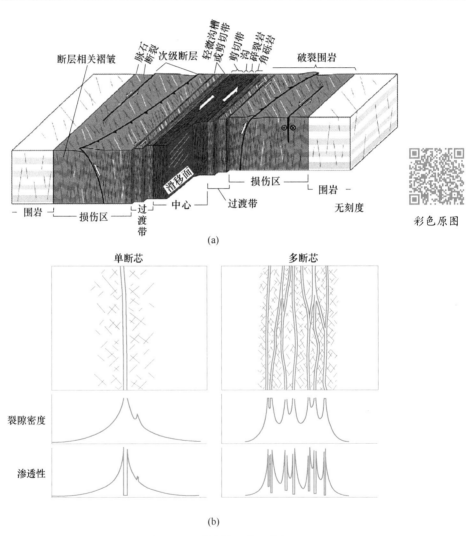

图3-37 断层破碎带结构及其导水性

近期活动性：活动断裂破碎带胶结性弱，具备透水和含水条件，而非活动断裂破碎带通常被充填和固结成岩，不具备透水条件，只有在遭受风化和重新溶蚀后才可能含水和透水，透水性取决于后期改造程度。

断层规模：断层规模越大，其破碎带的宽度也越大，致使张性断层富水性更强，而对于构造岩阻水的压性断层，其阻水性更强。

断层切割：断层切割含水层时，断层破碎带地下水就有充足的补给来源，断层富水性强度。

### 3.3.1.3 突涌水调查和预报

#### A 水文地质调查

水文地质调查工作包括水文地质测绘、水文地质物探、水文地质钻探、水文地质试验等内容，经过一定的勘察程序去查明研究区基本的水文地质条件，包括含水层系统或蓄水构造的空间结构及边界条件，地下水补给、径流和排泄条件及其变化，地下水水位、水质、水量，地下水动态特征及其影响因素等，并解决专门性水文地质问题。

水文地质测绘主要调查内容包括：

（1）地貌形态、成因类型及各地貌单元的界线和相互关系，查明地层、构造、含水层的分布、地下水富集等及其与地貌形态的关系。

（2）地层岩性、成因类型、时代、层序及接触关系，查明地层岩性与地下水富集的关系。

（3）褶皱、断裂、裂隙等地质构造的形态、成因类型、产状及规模，查明褶皱构造的富水部位及向斜盆地、单斜构造可能形成自流水的地质条件，判定断层带和裂隙密集带的含水性、导水性，富水地段的位置及其与地下水活动的关系，确定新构造的发育特点与老构造的成因关系及其富水性。

（4）含水层性质、地下水的基本类型、各含水层（组）或含水带的埋藏和分布的一般规律。

（5）区域地下水补给、径流、排泄等水文地质条件。

（6）泉的出露条件、成因类型和补给来源，测定泉水流量、物理性质和化学成分，搜集或访问泉水的动态资料，确定主要泉的泉域范围。

（7）钻孔和水井的类型、深度、结构和地层剖面，测定井孔的水位、水量、水的物理性质及化学成分，选择有代表性的水井进行简易抽水试验。

（8）初步查明区内地下水化学特征及其形成条件。

（9）初步查明地下水的污染范围、程度与污染途径。

（10）测定地表水体的规模、水位、流量、流速、水质和水温，查明地表水和地下水的补排关系。

深埋长大隧道的水文地质勘察面临的主要问题是埋深大，常规勘察方法几乎都失效；线路所经地段多为山区，交通不便，勘察工作难以开展。针对上述情况，需采用包括高精度解析遥感技术、物探方法、超前钻探、超前探测技术等综合勘察技术手段。当隧道穿越松散含水层、饱水断层破碎带、含水岩溶洞穴时，必须对隧道进行涌水预测。在涌水预测中，不仅要预报出洞身的涌水量，而且要预报出集中涌水的准确地段、涌出的方式等。隧道涌水量预测的确定性数学模型方法包括水文地质类比法、水均衡法、水力学法、地下水动力学法、数值法等，可查阅水文地质相关书籍。

#### B 突涌水预报

深部工程施工过程中应注重地质超前预报工作，提前预报掌子面前方一定范围内有无突涌水、突泥，并查明其范围、规模、性质，预测突涌水量的大小及其变化规律，并评价其对施工的影响。此外，地质超前预报还应预报掌子面前方断层的位置、宽度、产状、性质、充填物状态以及是否为充水断层。为此，提出多种预报方法相结合的综合预报方法，即宏观地质超前预报、长距离超前预报、短距离超前预报三级预报机制。首先，通过地质分析宏观上确定所要预报隧道各段的围岩情况，并进行风险等级划分。在岩性较好的地段，一般用 TSP（tunnel seismic prediction，隧道地震勘探）预报 100~150m，在岩性较差的地段一般预报 100m。当接近不良地质体（断层、溶腔、水体等）时，采用地质雷达或瞬变电磁进行短距离预报，同时用超前探孔进行确认，也可在先行隧道中从侧向钻探了解不良地质构造情况。通过上述手段的结合确定不良地质体的性质和规模。

（1）宏观地质预报。深部工程所在地区的地质分析和不良地质宏观预报是超前地质预报的基础和前提，是高水平的施工地质灾害超前预报不可或缺的第一道工序。因为只有在地质分析和宏观预报的指导下，才能更准确、更有效地实施下一步的洞体不良体地质超前预报、超前钻探、判断及临近警报等后续预报工作。

宏观预报首先收集、整理工程区区域地质资料，结合地质调查进行资料分析，研究区域断裂及岩溶发育规律，从而判断工程区岩溶发育特征、断裂发育方向及规模，以及可能出现的地质灾害；其次，根据前期的地质勘察资料，对工程区的工程地质和水文地质状况做出预测；最后，依据分析结果，预测地层岩性分布、主要构造、可能突水突泥段、围岩类别、有害气体等洞段的桩号范围及风险级别，提出工程需加强预报及预处理的洞段，以及计划采取的综合超前地质预报方案，并随开挖过程进行调整。

（2）长距离地质预报。一般采用地质分析法对地面不良地质体进行预报，采用 TSP 技术进行隧道内 150m 的长距离探测，采用 TSP 定性和半定量地预报掌子面前方 50~200m 范围内的不良地质体，包括掌子面前方存在的岩层界线、断层、软岩、溶洞和富水带等不良地质体。

（3）短距离地质预报。短距离超前地质预报是在长距离超前地质预报的基础上进行的，预报距掌子面前方 50m 范围内的不良地质情况，判断围岩类别等。所采用的预报方法主要为地质分析法、物探仪器测试、超前钻探及经验法。物探仪器测试主要采用地质雷达和瞬变电磁法。一般而言，当掌子面前方岩体完整、反映信息较强时，通常预报距离为50m；掌子面前方裂隙发育、岩体较破碎、反映信息较弱时，一般预报距离为 20~30m。可能发生涌水的部位及前兆、可能出现断层破碎带的前兆等预报经验见表 3-10。

表 3-10 突涌水和断层破碎带经验法预测表

| 预测内容 | 预 报 经 验 |
|---|---|
| 可能发生突涌水的部位 | 1. 可溶岩与非可溶岩接触界面；<br>2. 暗河、沟谷穿过部位；<br>3. 隧道通过的断层、向斜、背斜核部位置 |
| 可能发生突涌水的前兆 | 1. 当隧道由弱可溶岩进入强可溶岩的边界部位时，可能发生涌水；<br>2. 当隧道由渗、滴水段进入线状渗水段时，可能出现集中涌水；<br>3. 风钻孔内出现浑水，前方可能有涌水；<br>4. 当地温测值出现比前一点低时，可能有涌水 |
| 可能出现断层破碎带的前兆 | 节理裂隙组数及密度剧增，岩石强度降低，出现压裂岩、碎裂岩，岩石风化相对强烈，泥质含量增加等，或超前钻孔中出现较大涌水 |

（4）TSP 简介。TSP 超前预报方法是由瑞士 Amberg 测量技术公司在 20 世纪 90 年代初开发的，于 90 年代末引入我国，在我国应用广泛。TSP 超前预报系统能够对掌子面前方的地层界面、断层、大规模溶洞等不良地质体的位置和规模进行探测和识别，对与隧道轴线近似垂直相交的不良地质体探测效果最佳。同时，TSP 可给出掌子面前方的纵横波速、泊松比、杨氏模量等岩石力学参数，可据此判断掌子面前方的岩性变化。TSP 的探测距离为 100~150m。

TSP 的观测是垂直剖面法，其观测方式如图 3-38 所示。首先将三分量检波器埋入隧道侧壁中 1.5~2m，炮点与检波器布置在同侧隧道边墙。由微型爆破激发的地震波信号分别沿不同的路径以直达波和反射波的形式到达接收器，与直达波相比，反射波需要的传播时间较长。接收单元在特制钢套管内接收地震波信号，由一个三分量地震加速度检波器组成，可将频宽在 10~5000Hz 动态范围内的地震信号转换为电信号，能够实现三维空间范围的全波记录。

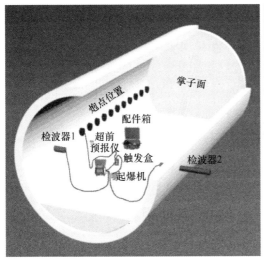

图 3-38　TSP 设备

TSP 使用了深度偏移成像方法，直观性好，操作方便，强弱反射震相都参与成像计算。同时在偏移成像之前进行二维 Radon 变换，利用视速度的差异消除了与隧道走向近乎平行界面的反射波。TSP 系统的处理分析软件为 TSPwin，能对接收到的反射纵波 P、横波 SV、横波 SH 进行分离后分别处理。TSP 测量数据要进行包括 11 个步骤的数据处理，数据处理后的主要成果有偏移结果图、反射层二维及二维结果图、岩石力学参数（纵横波波速、泊松比、密度、剪切模量、杨氏模量等）。在 TSP 成果解释中，以 P 波资料为主对岩层进行划分，结合横波资料进行解释，遵循以下准则：正反射振幅表明硬岩层，负反射振幅表明软岩层；若纵横波速之比 $v_p/v_S$ 增加或泊松比突然增大，密度和杨氏模量明显下降，且深度偏移图中有较强的负反射，而且反射面后一段距离内反射面较少，这常常是由流体的存在而引起的；若纵波速度 $v_P$ 下降，则表明裂隙或孔隙度增加。

（5）地质雷达和瞬变电磁法简介。地质雷达是交流电法勘探中的一种，它是利用对空雷达的原理，由发射机发射脉冲电磁波，其中一部分沿着空气与介质（岩土体）的分界面传播的直达波，经过时间 $t_0$ 后到达接收天线，被接收机所接收；另一部分则传入介质内，若在其中遇到电性不同的另一介质体（如地下水、洞穴、其他岩性的地层），就会被反射和折射，经过时间 $t_s$ 后回到接收天线，称为回波。根据所接收的两种波的传播时间差，就可判断另一介质的存在并测算其埋藏位置。地质雷达具有分辨能力强、判译精度高，一般不受高阻屏蔽及水平层、各向异性的影响等优点。它对探查浅部介质体，如地下空洞、管线位置、覆盖层厚度等的效果尤佳。

瞬变电磁法利用接地电极或不接地回线通以脉冲电流，在地下建立起一次脉冲磁场（图 3-39）。在一次场的激励下，地质体将产生涡流，其大小与地质体的电特性有关。在一次磁场间歇期间，该涡流将逐渐消失并在衰减过程中产生一个衰减的二次感应电磁场。通过设备将二次场的变化接收下来，经过处理、解释可以得到与断裂带及其他与水有关的地质资料。由于瞬变电磁法仅观测二次场，与其他电性勘探方法相比，具有体积效应小、纵横向分辨率高、对低阻体反应灵敏、工作效率高、成本低廉等优点，是解决水文地质问题较理想的探测手段。

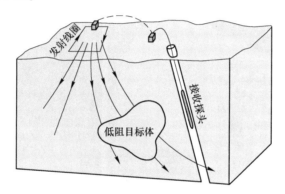

图 3-39  瞬变电磁法原理示意图

### 3.3.2  岩溶

#### 3.3.2.1  岩溶对地下工程的危害

我国岩溶隧道主要集中在长江以南和西南地区，各种类型的岩溶现象给隧道建设带来了极大的困难和挑战。岩溶隧道施工中的主要问题，一是遇高压富水岩溶，易发生突水、突泥、突石灾害，造成人员伤亡和设备损坏；二是岩溶形态各异，处置复杂，施工难度大，工期长；三是施工完成后，遇特大暴雨，隧道排水不畅形成水压，易产生衬砌水害，造成结构开裂、损毁、仰拱上鼓等问题；四是易因失水引起环境破坏。

案例一：宜昌至万州铁路共有 91 座岩溶隧道，全线岩溶极其发育。施工中遇到溶洞1100 余处，分布广、体量大、水压高、施工难度大、风险高，溶腔、岩溶管道、高压导水断层等地质问题突出。野三关、马鹿箐等隧道先后遭遇大型溶腔，溶腔内充填水、泥、砂、石，与暗河相通，突水突泥风险极高。马鹿箐隧道水压 1.2MPa，采用常规堵水加固技术处理后仍发生了突水突泥，峰值涌水量达 $1.2 \times 10^4 \, m^3/min$，总突泥量 $8 \times 10^4 \, m^3$，使施工陷入困境。

案例二：黔江至张家界至常德铁路位于渝东南、鄂西南和湘西北三省交界地带。全线隧道92座，总长168.31km，其中，隧道可溶岩段落长度80.844km，占全线隧道长度的47.2%，大于6km的可溶岩隧道4座，最长为武陵山隧道，长度为9043m。沿线可溶岩多以条带状和团块状分布，其他地方以星散状出现。岩溶形态多样，岩溶沟谷、岩溶洼地、落水洞、漏斗、溶芽、溶槽、溶洞、暗河、岩溶泉等均有发育，隧道施工期间突水突泥风险很高。

案例三：成贵高铁玉京山隧道位于云贵高原云南省威信县境内，设计时速250km，隧道长6306m。2016年7月，施工至隧道中部，揭示了一座巨型溶洞，溶洞位于地面以下60m，高50~120m，顺线路长95m，横向宽230m，其面积相当于3个标准足球场，其规模在铁路领域是最大的，在世界范围也是极其罕见的。溶洞底部堆积物厚30~90m，横坡30°~40°，横坡低侧发育一大型暗河，宽5~15m，长18km，雨季流量70m³/s。隧道高悬于溶洞顶板附近，距溶洞底40m，与暗河水面垂直高度110m。为保证暗河水系不被破坏，施工方耗时7个月，重新开挖了一条隧道，使暗河改道绕过溶洞处理区之后，再次回到原有的河道。之后对溶洞底部进行回填。

### 3.3.2.2　隧道岩溶突水突泥的类型

（1）按岩溶管道涌、突水量划分。按岩溶管道、突水量大小划分为ABCD四级，详见表3-11。

**表3-11　按岩溶管道、突水量大小划分级别**

| 级别代号 | 涌、突水量 $Q$ /m³·d⁻¹ | 说　明 |
|---|---|---|
| A级 | 大于10000 | 突水型：地下水水量大，瞬间以大于0.5MPa的水压射出，短时间淹没施工掌子面，破坏施工设施，危及施工人员生命安全，突水时间长达数小时，甚至数十小时后水量逐渐减小至稳定 |
| B级 | 1000~10000 | 涌、突水型：突水与涌水间的过渡类型，可能突水，也可能涌水，涌水时水压小于0.5MPa；由于水量较大，在短时间内地下水流量达到稳定，可能致使施工停止，对人员安全有一定影响 |
| C级 | 100~1000 | 涌水型：水压力小，只靠动水压力流动，基本不影响施工，需加强排水 |
| D级 | 10~100 | 地下水缓慢流动，顺坡施工时，水沟即能满足排水要求，不影响施工 |

（2）按岩溶管道涌、突水中物质成分划分。

清水：在枯水期或雨季无降雨时，从揭露的溶洞口中涌出、突出的地下水，水清澈透明，不含任何碎屑物质。

混浊水：在连续降雨时，从岩溶洼地或槽谷中汇集的水，携带大量颗粒和岩屑，通过落水洞加入到原有岩溶管道中的地下水流。

泥水混合型：混有砂、砾石、岩屑等的地下水，在水压力作用下沿管道倾泻或喷射，来势凶猛，危害性极大。

（3）按地下水从岩溶管道中的涌、突水方式划分。

瞬时突水、突泥：隧道施工时揭露岩溶管道后，地下水或地下泥石流瞬间以巨大压力从岩溶管道口射出，其流量每小时可达几千立方米，甚至逾万立方米。

稳定涌水：当隧道施工揭露充水（过水）岩溶管道时，地下水在水压力作用下流动，除雨季外水量在施工前后无明显变化。

季节性突、涌水：干溶洞或充水溶洞补给区汇水面积大，且距隧道较近，在雨季连续降雨或暴雨时，岩溶管道中迅速充满水，沿揭露的岩溶管道产生突水或"地下泥石流"；当降雨停止一定时间后，岩溶管道中的地下水渐渐消失，使岩溶管道恢复常态。

### 3.3.2.3 岩溶调查

《铁路工程地质勘察规范》规定了线路通过可溶岩地层、具有岩溶地质灾害的地区时应开展的工程地质勘查内容。

（1）在岩溶地区应加强地质勘察工作，对于高压富水大断层、深埋富水大型岩溶应尽量躲避，不能躲避时，尽量通过物探、钻探查清其分布和特征。

（2）岩溶发育、形态复杂，岩溶水害严重，对于工程方案和施工安全影响较大的可溶岩地段，应进行岩溶水文地质和工程地质专题研究。

（3）岩溶可按发育强度分为四级：岩溶强烈发育、岩溶中等发育、岩溶弱发育及岩溶微弱发育，如表3-12所示。

表 3-12　岩溶按发育强度分级

| 级别 | 岩溶强烈发育 | 岩溶中等发育 | 岩溶弱发育 | 岩溶微弱发育 |
|---|---|---|---|---|
| 岩溶形态 | 以大型暗河、廊道、较大规模溶洞、竖井和落水洞为主 | 沿断层、层面、不整合面等有显著溶蚀，中小型串球状洞穴发育 | 沿裂隙、层面溶蚀扩大为岩溶化裂隙或小型洞穴 | 以裂隙岩溶或溶孔为主 |
| 连通性 | 地下洞穴系统基本形成 | 地下洞穴系统未形成 | 裂隙连通性差 | 裂隙不连通 |
| 地下水 | 有大型暗河 | 有小型暗河或集中径流 | 少见集中径流，常有裂隙水流 | 裂隙透水性差 |

（4）岩溶隧道勘察应分析既有地质、水文地质等资料，采用遥感图像解译，工程地质及水文地质调绘、勘探、地质测试等综合勘察方法。

（5）遥感图像解译内容应包括岩溶地貌、地质构造、地层岩性、岩溶水文地质等。

（6）工程地质及水文地质调绘应包括下列内容：查明地层岩性、地质构造特征，岩溶发育与岩性、地质构造及裂隙的关系（图3-40）；调查岩溶地貌和岩溶形态，查明岩溶与隧道的相对位置及关系；查明地下水的分布特征，以及地下水的补给、径流及排泄情况；查明岩溶水与地表水的联系、岩溶水的垂直分带与隧道设置的关系，分析深层岩溶水和承压岩溶水存在的可能性；查明隧道附近的暗河系统及相关地表溶蚀洼地，分析其与隧道的关系，必要时进行示踪试验，查明暗河地下水的走向、流速等特征。

（7）岩溶地段勘探、地质测试应符合下列要求：勘探应采用物探、钻探、地质测试等相结合的综合勘探方法；对于地形条件复杂的深埋岩溶隧道，可采用大地电磁法，尤其是高频大地电磁探测法等先进的物探方法；勘探点的位置、深度及地质剖面布置应根据岩溶类型及隧道位置确定；对于物探异常的情况，应适当布置验证钻孔，并结合钻孔和地质调绘资料对物探结论适当修正；选择一定数量的钻孔、岩溶泉、暗河，进行不少于一个水文年的水文地质动态观测。

（8）岩溶隧道勘察应进行综合勘察资料整理，分析岩溶隧道突水、突泥的风险，估计隧道施工诱发地面塌陷和地表水漏失等环境问题，并提出相应工程措施意见。

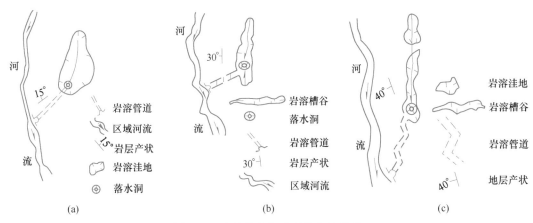

图 3-40 岩溶发育与地质构造的关系

（a）沿岩层走向发育的岩溶；（b）沿断层发育的岩溶；（c）沿走向、节理发育的岩溶

### 3.3.2.4 施工期岩溶地质预报

施工期岩溶地质预测预报应包括以下主要内容：地质素描，地震反射波探测、地质雷达探测、红外探测等物探，水平钻探，超长炮孔，洞内外水文监测等。物探方法详见3.3.1 "突涌水" 相关内容。

（1）水平钻探。物探方法只能用于探测掌子面前方或已开挖隧道的隧底及周边的不良地质体，水平钻探可以用一定的外插角和仰角、俯角，探测隧道围岩一定厚度以外岩溶发育情况，以保证隧道围岩有一定厚度的稳定岩盘，保障施工和运营安全（图 3-41）。钻孔数量根据地质复杂和风险级别而定，一般 3~6 个。钻孔可以采取取芯和不取芯两种模式钻探。当工程结构需要掌握前方岩性的变化、破碎程度或溶洞充填物的性质时，采用取芯钻探；当为了提高钻探速度，减少掌子面占用时间，只需要掌握掌子面前方是否存在不良地质异常时，可采用不取芯钻探。

图 3-41 水平钻探技术

（2）超长炮孔。超长炮孔探测主要是为了弥补超前钻孔的不足而采取的超前预报措施，就是将正常的施工炮孔延长到 5m 左右，确保在一个施工循环后，掌子面前方和周边还有 3m 左右的稳定岩盘。由于可以在炮眼施工时同时施作，因此占用掌子面的时间较少，

是一种经济有效的短距离探测方法。超长炮孔一般布置在隧道掌子面的周边，呈 30°~45° 外插角，弥补水平钻探对隧道周边探测的盲区，以保证有 3m 左右的稳定围岩，掌子面的正前方一般视雷达异常和超前钻孔数量适量布置。该方法可用来发现其他方法不能发现的小溶腔和导水通道。

（3）水文监测。对于复杂岩溶隧道来说，岩溶或地下暗河造成的突水突泥是最主要的安全隐患，因此，在施工过程中加强对洞内外的水文监测是施工地质的重要一环。对于复杂岩溶隧道，应从洞内、洞外两个方面进行水文地质监测。

1）洞外水文地质监测。主要是进行大面积的水文地质调绘，根据调绘所掌握的大气降水、汇水面积、断层的导水特性、岩层的导水性和地下通道的发育特征等，来探索岩溶隧道在不同降雨条件下的水文过程，并进行岩溶管道突水模式的隧道峰值涌水量的预测。

2）洞内水文地质观测。在施工阶段对洞内的水文地质观测是施工地质的一项主要内容，主要有涌水点的调查、涌水量的观测和水压测试等。

# 3.4　高温热害

随着埋深的增加，地下工程内的温度也相应升高。在潮湿坑道中，当温度达到 40℃ 时，工作就很困难。地下工程气温超过一定限度就要采取降温措施。当工程埋深较深时，应研究地温的变化规律及其对工程的影响。

地壳中温度变化有一定规律。在地层表面，因受太阳辐射影响，地温随着气温的季节变化而变化，这一层叫变温层。变温层的底部，温度常年保持不变，叫作恒温层。恒温层温度近似等于当地年平均温度。我国恒温层的深度一般为 10~35m，但各地恒温层的深度并不完全一致，而随纬度与海拔高度不同而不同。在恒温层以下，地下温度随深度增加而增加。通常把地下温度每升高 1℃ 所需增加的深度叫地温梯度。各地地温梯度不完全相同，一般情况下为 33m，山区为 40~50m。恒温层以下地温增加受许多因素的影响，如地质构造、地形起伏和切割深度、岩石导热率和含水量、地下温度和火山活动等。从地质构造来看，背斜区地温随深度的增加率高于相邻的向斜地区；平缓岩层出露区高于相邻同岩性的直立岩层出露区；而在活动断裂附近，通常地温都异常得高。从岩性来看，在构造相同的情况下，导热良好的岩层的地温随深度的增加率要比导热性差的岩层要低。从地形上看，山岭地带易于散热，谷地则不宜散热。处于温泉附近（图 3-42）、火山活动地区的隧道地温也较高。

图 3-42　地热温泉

彩色原图

### 3.4.1 高地温的热源

隧道通过高温、高热地段，会给施工带来困难。一般在火山地带的地区修建隧道或地下工程会遇到比较高温高热的情况。在高温隧道中发生过施工人员由于地层喷出热水或硫化氢等有害气体而烫伤或中毒的事件。

地热的形成按热源分类，可分为三大类，即地球的地幔对流、火山岩浆集中处的热及放射性元素的裂变热成为热源。其中，对隧道工程造成施工影响的主要是火山的热源和放射性元素的裂变热源。

（1）火山热的热源。由于火山供给的热是地下的岩浆集中处的热能产生热水，这种热水（泉水）成为热源又将热供给周围的岩层。当隧道或地下工程穿过这种岩层，就有发生高温、高热的现象。

（2）放射性元素的裂变热的热源。由于地壳内岩石中含有放射性物质，其裂变热产生地温，地下增温率以所处的深度不同而异，其平均值为3℃/100m。假定地表温度为15℃，地下增温率以3℃/100m计，覆盖层厚1000m深处的地温为45℃。日本某地质调查所对30处深层热水地区调查的结果表明，在平原地区认为不受火山热源的影响，其地下2000m深处的温度为67~136℃。这说明如果覆盖层很厚，即使没有火山热源供给也有发生高温、高热问题的可能性。

### 3.4.2 深部工程高温热害问题

各国在修建深埋长大隧道时都曾出现了不同程度的高温热害问题。表3-13列举了国内外部分深埋长隧道的地温值及穿越的主要地层岩性。

**表 3-13　部分国内外隧道地温值及岩性分布**

| 国别 | 隧道 | 长度/km | 最大埋深/m | 施工期地温/℃ | 主要岩性 |
|---|---|---|---|---|---|
| 中国 | 布仑口-公格尔电站引水隧洞 | 18 | 300 | 82 | 片岩 |
| 中国 | 昆河铁路旧寨隧道 | 4.46 | 150 | 52 | 砂岩、砾岩、灰岩等 |
| 中国 | 禄劝铅厂电站引水隧洞 | 5.59 | 380 | 76 | 白云岩 |
| 中国 | 西康铁路秦岭隧道 | 18.45 | 1600 | 31.5 | 花岗岩、片麻岩 |
| 日本 | 安房公路隧道 | 4.35 | 700 | 75 | 板岩、砂岩、斑岩 |
| 意大利 | 亚平宁铁路隧道 | 18.52 | 2000 | 63.8 | 砂质片麻岩、软岩 |
| 瑞士 | 辛普隆隧道 | 19.8 | 2140 | 55.4 | 流纹岩、片麻岩、花岗岩 |
| 法国、意大利 | 里昂-都灵隧道 | 54 | 2000 | 40 | 砂页岩、灰岩、片麻岩、石英岩 |
| 法国、意大利 | 勃朗峰公路隧道 | 11.6 | 2480 | 35 | 花岗岩、结晶片岩、片麻岩 |
| 瑞士 | 老列其堡隧道 | 14.6 | 1640 | 34 | 灰岩、片麻岩、花岗岩 |
| 俄罗斯 | 阿尔帕-谢万输水隧洞 | 43 | — | 30 | 中等~坚硬岩 |

隧道施工中遇到高温，其主要危害是影响施工人员身体健康甚至生命安全，降低劳动效率，机械设备故障率升高，高地温产生的附加温度应力会引起隧道初期支护及二次衬砌开裂，影响结构安全和耐久性。

高地温隧道典型案例为川藏铁路拉萨-林芝段桑珠岭隧道，桑珠岭隧道是整条铁路建设最难点，全长 16.449km，最大埋深 1347m，隧道里面最高温达到了惊人的 89℃（岩壁温度），洞内最高气温达到了 56.6℃，平均气温超过 40℃。受高温影响，作业人员在作业区不能持续工作超过 2h。为解决高岩温难题，施工区域设置接力风机加强通风、安装自动喷淋系统洒水、在洞内放置冰块等。为保证隧道施工人员进行正常的安全生产，我国对隧道施工作业环境的卫生标准有明确规定，如原铁道部规定，隧道内气温不得超过 28℃；交通运输部规定，隧道内气温不宜高于 30℃。

### 3.4.3　高地温防控

#### 3.4.3.1　环境热害处理设计原则

（1）隧道开挖面空气干球温度（从暴露于空气中而又不受太阳直接照射的干球温度表上所读取的数值，是温度计在普通空气中所测出的温度，即气温）应不超过 28℃。

（2）当隧道开挖面空气干球温度位于 28~30℃时，需加强通风降温，对掌子面、二次衬砌等作业人员相对集中处，增设局部通风设施加快空气流通，以改善作业人员的热感应舒适度。

（3）当隧道开挖面空气干球温度大于 30℃时，除加强通风外，应采取强制制冷降温措施（图 3-43），将掌子面附近空气温度控制为不大于 28℃。

图 3-43　隧道内使用冰块降温

（4）对于导热水断层，为防止地下热水涌出恶化作业环境，需采取"以堵为主，限量排放"的地下水处理原则，采取超前帷幕注浆，帷幕注浆后出水量控制在 $5m^3/(m \cdot d)$，同时要求掌子面前方 20m 范围内隧道拱墙初期支护的表面淋水面积需控制在 55% 以内，漫流于仰拱表面的热水在 20m 后必须归槽处理。

#### 3.4.3.2　地温异常段衬砌结构处理措施

（1）岩温异常段（28~40℃）。对于岩温低于 40℃的异常地温段，在施工期间洞内采取降温措施，并将作业面 100m 范围内气温控制在 28℃的条件下，于衬砌混凝土中掺加矿粉、粉煤灰时，基本可使养护阶段混凝土芯部温度控制在 60℃左右，衬砌结构内外侧温差控制在 10℃左右。因此，对于岩温低于 40℃的异常地温段，采用一般复合式衬砌结构，并于衬砌混凝土内掺加矿粉、粉煤灰取代水泥用量，以控制水化热与热害叠加引起的混凝土芯部温度和结构内外温差。

（2）导热水断裂带（40~50℃）。为防止高温湿热环境下衬砌混凝土因温度应力产生结构开裂，以及确保使用期间隧道运营通风能将洞内环境温度控制在28℃以内，对于地温高于40℃的地段，需采取隔热措施。一般设计对于隧道通过导热水断层地段，采用隔热衬砌，其结构形式为"初期支护+防水板+二次衬砌（外衬）+拱墙隔热层+防水板+模筑衬砌（内衬）"的结构体系。

此外，对于地热段建筑材料，如喷射混凝土、锚杆、防水板、隔热层、衬砌混凝土等的成分、配比及耐热性能均有特殊要求。

### 3.4.3.3 劳动保护措施

（1）在掌子面附近设置低温工作室，供施工人员轮换休息。

（2）在洞口设置冰室，在洞内放置冰块降温。

（3）施工人员穿高温防护服。

（4）增加局部通风措施。

（5）注意中暑症的防治。

（6）合理安排高温作业时间。

（7）加强健康管理。

## 3.4.4 高地温调查

《铁路工程地质勘察规范》中对高地温地区线路选线和工程地质勘察工作内容进行了规定。

应按高地温地区进行工程地质勘察的地区包括全新世火山或岩浆活动强烈、地温梯度异常、地表热显示发育地区或深埋隧道，以及施工过程中可能出现高岩温或高温热水（汽）等热害现象的地区。

高地温地区工程地质选线应遵循以下原则：

（1）线路应绕避可能大范围出现严重热害的高地温地区，选择在常温带或地温相对较低地带通过。

（2）线路宜以桥梁或路基形式通过高地温地区。

（3）隧道通过高地温地区时，宜减少隧道埋深。

高地温地区地质调绘应包括下列内容：

（1）调绘前应收集区域地质、水文地质、遥感图像、地震、活动断裂、放射性、地表热显示、地温测试和气象等资料以及既有地下洞室施工资料。

（2）地形、地貌、气象和水文资料。

（3）地层岩性、地质构造及其演化、新构造运动、地震、岩浆（火山）活动情况与地热显示、地热异常的关系。

（4）水文地质条件，地下热水的补给、径流、排泄条件和规律，地下热水的动态及其与一般地下水的关系等。

（5）地表热显示分布特征、岩石水热蚀变和热水矿物质的沉积特征。

（6）高地温地区的热储、盖层、导水和控热构造。

高地温地区勘探与测试应采用钻探、地球化学勘探、综合测井、测热勘探和室内试验等综合勘探方法，查明岩性特征、地质构造、岩体热力学指标，地温、高温地下热水特征。应取地下热水进行化学全分析、气体分析、固形物光谱分析及放射性物质测定等。地温异常的钻孔应进行水文地质试验，确定水文地质参数。

# 3.5　活　断　层

## 3.5.1　活断层的概念和危害

活断层是指目前还在持续活动，或在历史时期或近期地质时期活动过、极可能在不久的将来重新活动的断层，后者也可称为潜在活断层。

断层在目前持续活动的标志，当然是判定活断层无可争议的证据。如何判定潜在活断层则有各种不同的标准（表3-14）。人类历史时期有过活动记录的当然是潜在活断层。对于近期地质时期却有不同的限定，有人将其限于全新世（即最近11500年以内），或限于最近35000年（$^{14}$C确定绝对年龄的可靠上限）之内，或限于晚更新世（最近12万～10万年）之内。从工程使用时间尺度和断层活动时间测年的准确性来考虑，活动时间上限不宜太长，应以前两者为宜。不久的将来可能有重新活动，一般理解为重要建筑物如大坝、原子能电站等的使用年限之内，约为100～200年。

**表3-14　不同行业规范对于活断层的定义方式**

| 行业规范 | 活断层定义 |
| --- | --- |
| 岩土工程勘察规范 | 在地质历史时期形成的断裂，在全新世以来有过活动，在未来工程试用期间（50～100年）可能在此活动的断裂 |
| 铁路勘察规范 | 在地质历史时期形成的断裂，在全新世（11500年）以来有过活动，在未来工程试用期间（50～100年）可能在此活动的断裂 |
| 公路工程地质勘察 | 在地质历史时期形成的断裂，在全新世（11500年）以来有过活动，在未来工程试用期间（50～100年）可能在此活动的断裂 |
| 水电工程规范 | 晚更新世以来活动过的断层定为活断层（12万～10万年前以来） |
| 核电站勘测技术规程 | 以$Q_3$以来（晚更新世）活动断层作为能动断层（活断层）的重要的评定标准 |

活断层有不同的活动特性。一种为蠕滑，是指持续不断缓慢蠕动，也称为稳滑。另一种为黏滑，是指间断地、周期性突然错断。其中黏滑常伴有地震，是活断层的主要活动方式。一条长大活断层的不同区段可以有不同的活动方式。活断层的活动强度主要以其错动速率来判定。活断层错动速率相当小，两盘相对位移平均达到1mm/a，已属相当强的活断层。世界上最著名的活断层，如美国的圣安德烈斯断层，两盘间年平均最大相对位移也只有3.4cm。所以，即使是现今还在蠕动的断层，也不能用一般的观测方法取得它活动的标志，而需采用重复精密水准测量（水准环测或三角、三边测量）测得两盘相对位移，以确定其是否活动。近年来所进行的全球定位系统（GPS）观测，提供了高精度、大范围和准实时的地壳运动定量数据，使在短时间内获得大范围地壳运动速度场和活动断层两盘之间

的相对运动速率成为可能，已经成为识别和研究活断层的强有力的手段。判定断层活动性主要依靠地质标志，即断层近期活动在最新沉积层中、在地形地貌上或在断层物质中留下来的证据。通过这些证据的详细研究，可以判定断层是否活动、活动方式和规模及是否伴有地震。通过多种绝对年龄测定，还可判定断层的活动时间、速率及重复活动的时间间隔。

对活断层进行工程地质研究的重要意义有以下两方面：一方面是活断层的地面错动及其附近伴生的地面变形，往往会直接损害跨断层修建或建于其邻近的建筑物；另一方面是断层活动多伴有地震，而强烈地震又会使建于活断层附近较大范围内的建筑物受到损害（图 3-44 和图 3-45）。

活断层产生黏滑或使其锁固点、端点破裂而发生错动，积蓄的弹性应变能释放出来而发生地震。近年来，一些深部线性工程（如铁路隧道）需要穿越活动断层带，因此需要对活断层的性质开展研究，包括判定其活动时代、错动速率、重复活动的证据和重现周期等。下面将重点介绍活断层的类型和活动方式，活断层的长度和断距，活断层的错动速率和重复活动时间间隔，活断层活动的时空不均匀性，活断层区修建工程的主要措施和活断层的调查、监测和研究等内容。

图 3-44 活断层导致地表错断（唐山市丰南区）

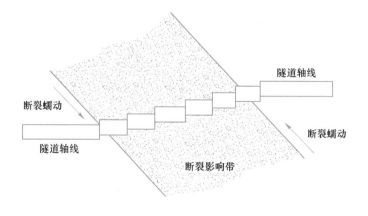

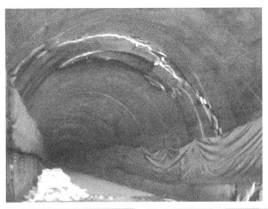

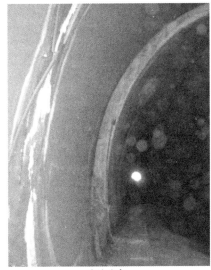
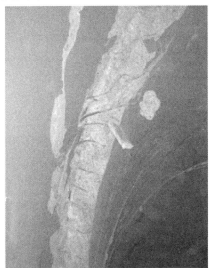

边墙分离　　　　　　　　　　　　　　　边墙滑移

顶拱分离

图 3-45　活断层导致深埋隧道错断
（崔臻等，2022）

彩色原图

### 3.5.2　活断层的类型和活动方式

活断层可划分为地质上熟悉的三种类型，即走向滑动或平移断层，逆倾向滑动或逆断层，以及正倾向滑动或正断层。三类活断层由于几何特征和两盘相对运动特性不同，所以它们对工程场地的影响也各异。

走向滑动或平移断层最大、最小主应力都近于水平，两者之间的最大剪应力面（断层面）近于直立。

逆倾滑或逆断层在最大主应力近于水平、最小主应力近于垂直的挤压环境下，滑动面上盘相对上升的断层，常由一组产状相同的次级逆断层叠瓦状组合而成。走向垂直于最大主应力的断层面与水平面夹角一般小于45°，往往为20°~40°。且由于位移是水平挤压形成的，所以断层面两侧两点间的距离总是由于位移而缩短。上盘除上升外还产生牵引褶皱、弯曲褶皱等地面变形，这些变形主要发生在断层上升盘。

正倾滑或正断层在最大主应力近于垂直、最小主应力近于水平的拉伸环境下，滑动面上盘相对下降的断层，走向垂直于最小主应力且与最大主应力呈锐角的断层面与水平面夹角大于45°，一般为60°~80°。

上述三种活断层的位移矢量均分别为单纯走滑或倾滑，其产生的应力场三个主应力方向中的两个是水平的，而另一个是垂直的。实际应力场往往是复杂的，三个主应力方向既不完全水平也不完全垂直，而是由不同的水平和垂直分量合成。因此，断层的位移矢量也多由不同的倾滑、走滑分量合成。而活断层的类型也就可以是左（或右）旋走滑逆冲断层或左（或右）旋走滑正断层等多种形式。

活断层具有两种基本活动方式，即黏滑或蠕滑，有些断层则兼具两种方式。

黏滑错动是间断性突然发生的。在一定时间段内断层的两盘就如同黏在一起（锁固起来），不产生或仅有极其微弱的相互错动，一旦应力达到锁固段的强度极限，较大幅度的相互错动就在瞬时突然发生，锁固期间积蓄起来的弹性应变能也就突然释放出来而发生较强地震。这种瞬间发生的强烈错动间断、周期性地发生，沿这种断层就有周期性的地震活动（图3-46）。

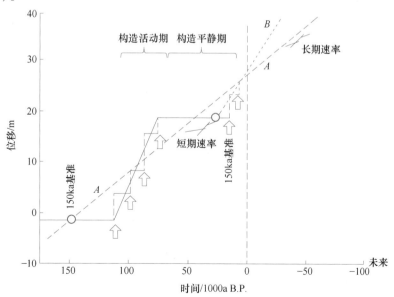

图3-46 黏滑错动时间-位移关系曲线

稳（蠕）滑错动是持续平稳发生的，其变形时间关系为一平滑曲线。由于断层两盘岩体强度低，或由于断层带内有软弱充填物或有高孔隙水压力，当承受一定水平的剪应力时，就会持续不断地相互错动而不能锁固以积蓄应变能，这种方式活动的断层一般无地震活动或仅伴有小震。

实际上活断层的活动方式，既非绝对蠕滑也非绝对的黏滑，而是二者兼而有之。

### 3.5.3　活断层的其他性质

#### 3.5.3.1　活断层的长度和断距

活断层的长度和断距是表征活断层规模的重要数据。通常分别用强震导致的地面破裂的长度（$L$）和伴随地震产生的一次突然错断的最大位移值（$D$）表示。通过对地表错断的研究，既可以了解地震破裂的方式和过程，判定地震断层动力学特征；又可了解地震时的地面效应，判定地震危险性和震害程度，为在活断层区修建建筑物的抗震设计提供参数。研究表明，地震地表错断长度自不到 1 千米至几百千米，最大位移自几十厘米至十余米。一般说来地震震级越大，震源深度越浅，则地表错断就越长。大于 7.5 级的浅源地震均伴有地表错断，而小于 5.5 级的地震除个别特例外均无地表错断。同样震级的地震由于震源深度不同或锁固段岩体强度不同其地表断裂的长度各不相同。一般认为，地面上产生的最长地震地表断裂，可以代表地震震源断层的长度。而地震震源断层长度与震级大小正相关。

#### 3.5.3.2　活断层的错动速率和重复错动间隔

活断层的错动速率是反映活断层活动强弱、断层所在地区应变速率大小的重要参数。如前所述，活断层的活动方式以黏滑为主，往往是间断性地产生突然错断，所以错动速率以一定时间段内的平均错动速率表示。断层的错动速率越大，两次突然错断之间的时间间隔，亦即其重复错动间隔，也就越短。突然错动事件总是伴有地震，所以重复错动间隔也就是地震重现间隔（earthquake recurrent interval）。

世界范围的活断层研究表明，活断层的错动速率一般为不足 1mm/a 到每年几毫米，最强的也仅有 $n \times 10$mm/a。板块边缘断层最强，一般为每年几厘米。如美国加利福尼亚州圣安德烈斯断层属板块边界的转换断层，其最大错动速率为 3~5cm/a。我国的活断层一般为板块内部断层，活动速率要小得多。研究表明，我国活断层错动速率大小具有明显的区域性。大致以东经 105° 为界，西部与东部不同；东部华北与华南又不同。自上新世晚期以来的位移总量，在西部为数千米至 20km，在东部则为数十米至数千米。东部的错动速率，在华北为每年不足 1mm 到数毫米（鄂尔多斯周边），华南、东北则一般小于 0.1mm。西部错动速率达每年数毫米至 10mm 以上。值得注意的是，作为青藏地块与华南地块边界之一的龙门山断裂错动速率只有 1.5mm/a，远远低于与之邻近且同属两地块边界的安宁河断裂（6mm/a）、鲜水河断裂（12mm/a）和小江断裂（10mm/a）。而 2008 年 5 月 12 日四川汶川 8.0 级特大地震恰恰是发生在活动性看似较低的龙门山断裂。大地震的发生表明，夹持在鲜水河断裂与东昆仑断裂之间的这一三角形活动地块在向东南方向挤出的过程中受到了华南地块的阻挡，因而不能自由地以蠕滑方式消能，于是弹性应变能就积蓄起来直至发生 8.0 级特大地震。

根据断层的错动速率，可以将活断层分为活动强烈程度不等的级别，见表 3-15。

**表 3-15 我国活断层分级**

| 级别 | A | B | C | D |
|---|---|---|---|---|
| 速率 $R/\mathrm{mm} \cdot \mathrm{a}^{-1}$ | $R \geqslant 10$ | $10 > R \geqslant 1$ | $1 > R \geqslant 0.1$ | $R < 0.1$ |
| 强烈程度 | 特别强烈 | 强烈 | 中等 | 弱 |
| $M_{\max}$ | >8.0 | 7.0~7.9 | 6.0~6.9 | <6.0 |

一条长达数百千米的活断层，其不同段有不同的活动习性，即有些段具黏滑错动习性（伴有强烈地震）；有些段具稳（蠕）滑错动习性（无地震伴生）；有些段则二者兼有（伴有较小的地震）。以沿（跨）断层重复精密测量或伸缩仪定点监测，可获得稳滑段错动速率。对于黏滑段或黏滑、稳滑兼有段，其错动量来自或主要来自间隔多年发生的、最大可达数米级的突然错动事件，重复测量或监测不能测得其错动速率或只能测得错动速率的一小部分。由于突发性错动事件总要留下地质或地貌证据，通过地质或地貌分析，判定事件次数、累积错距和各事件的绝对年龄，即可求出平均错动速率，同时也可求出其重复活动间隔。确定活断层错动速率的方法主要有以错断地貌面计算活断层错动速率，以地质证据计算活断层错动速率，以 GPS 观测成果计算活断层错动速率等方法。

### 3.5.3.3 活断层活动的时空不均匀性

活断层在全新世期间的活动在全世界范围内都表现出明显的时空不均匀性。在时间上的不均匀性主要表现在活动强度随时间有较大的变化，某一时间段活动强烈而另一时间段则活动微弱。因此，突然错动事件在某一时间段就显得十分密集，而在另一时间段则相对稀疏得多，似乎是这些事件群集发生在某一时间段内。在空间上的不均匀性主要表现在不同大地构造区内断层活动强度显著不同；同一断层的不同分支或不同段落也有显著差异。随时间的延续，这些活动区或活动段落又会变为活动微弱或不活动，而另外一些微弱活动或不活动的区段又转化为强烈活动区段，表现为强烈活动区段发生了迁移。

## 3.5.4 活断层对深部工程的影响

一般来说，在深部工程的选址过程中，应尽量规避在高地震烈度区规划或建造大跨度地下工程。相关规范中也倾向于建议各类地下工程的兴建远离各类活断层。但当前随着我国经济水平提升，因为社会发展、国防建设需要等因素在强震区规划建设大型地下工程的需求逐渐凸显出来，如目前在我国西部青藏高原强震区，规划了诸多重要的铁路工程与长距离区域调水工程等生命线工程，而隧道则是这些生命线工程的重要组成部分。在诸如青藏高原这样的高烈度区中，由于断裂带极其发育，使得隧洞隧道很难通过线路调整规避活动断裂带。因此，研究直接穿越活动断裂带条件下隧洞隧道等地下工程变形破坏特征，成为了重要的科研课题。

当跨越活动断裂时，活动断裂上下盘发生的不均匀位错，是活动断裂对隧道威胁的主要形式。在不均匀的相向位错条件下，隧道的衬砌结构可能因为剪切、拉伸等因素损坏，影响隧道功能，威胁隧道安全。根据活动断裂的运动形式，活断裂的位错大致可分为三种形式：正断层错动、逆断层走错动及走滑断层错动。而根据错动发生的机制，可分为两种形式：同震黏滑与无震蠕滑。同震黏滑会通过高地震设防烈度的形式威胁隧道安全；而无震蠕滑模式则正好相反，断裂带两盘在构造作用下以极低速率（mm 级）但日益累积地发生相对错动，造成隧道结构产生变形与损失，从而威胁隧道安全。

虽然两种活动断裂的运动形式不同，对隧道造成损伤的机制也迥异。但在高地震烈度区域内，往往存在黏滑断裂和蠕滑断裂共存的现象，即存在隧道本身穿越蠕滑断裂，却同时受到近场内其他黏滑断裂的强震威胁。因此，在这样区域内兴建的隧道，有必要同时考虑两种活断裂机制以及其时序作用的影响。

## 3.6 深部岩体工程地质灾害实例

### 3.6.1 工程地质条件

锦屏二级水电站位于四川省凉山彝族自治州木里、盐源、冕宁三县交界处的雅砻江干流锦屏大河湾上（图 3-47），是雅砻江干流上水头最高、装机规模最大的一座水电站，也是雅砻江干流上的重要梯级电站。它利用锦屏大河湾 150km 的天然落差，开挖隧洞裁弯取直，引水发电，装机容量 4800MW，额定水头 288m，保证出力 205lW，多年平均年发电量 $249.9 \times 10^8 kW \cdot h$。电站枢纽主要由首部拦河闸、引水系统、尾部地下厂房三大部分组成，引水隧洞为超深埋、长隧洞的特大型地下水电工程，是控制电站能否按期发电的关键线路。

锦屏二级水电站拥有庞大的地下洞室建筑群，以四条单条长约 17.5km 的水工隧洞为主体，开挖洞径 13m，主洞南侧平行布置两条长度为 17.5km 的锦屏（交通）辅助洞和一条排水洞，共七条长隧洞，累计长度达 120 余千米。长隧洞群由西向东以 SE76° 方向横穿锦屏山体，埋深多在 1500m 以上，最大埋深达 2525m。隧洞围岩主要为三叠系的大理岩、灰岩、砂板岩、绿片岩等，其中碳酸盐岩约占 90%，沿线地质条件十分复杂。面临的主要深部工程地质问题为深埋和碳酸盐岩所带来的岩溶与突涌水、高地应力引起的围岩破坏（如岩爆、应力松弛破坏、构造应力型破坏等）、软岩大变形及塌方、有害气体等，其综合规模和技术难度都处于当今世界的前列。

锦屏山以近南北向展布于河湾范围内，山势雄厚，重峦叠嶂，沟谷深切，主体山峰高程 4000m 以上，最高峰 4488m，最大高差达 3000m 以上。

引水隧洞从东到西分别穿越盐塘组大理岩（$T_{2y}$）、白山组大理岩（$T_{2b}$）、三叠系上统砂板岩（$T_3$）、杂谷脑组大理岩（$T_{2z}$）、三叠系下统绿泥石片岩和变质中细砂岩（$T_1$）等地层。岩层陡倾，其走向与主构造线方向一致（图 3-48）。其中可溶岩（大理岩）分布洞段占洞长的 84%~88%，其余的非可溶岩（砂岩、板岩、绿泥石片岩）则主要分布在引水隧洞西部。

引水隧洞沿线穿越落水洞背斜、解放沟复型向斜、老庄子复型背斜、大水沟复型背斜及规模相对较大的 $F_5$、$F_6$、$F_{27}$、$f_7$ 等结构面。结构面走向主要有近 SN、NE、NW、近 EW 向四组，其中以近 EW 向为主，其优势结构面产状分别为（1）N44° E/NW ∠78°；（2）N85°W/NE ∠73°；（3）N16°E/SE ∠84°；（4）N89°W/SW ∠76°。结构面以陡倾角为主，中倾角次之，缓倾角较少；结构面性质以逆断层性质为主，少量平移断层性质。它们的总体特征是：结构面宽度大多在 50cm 以内，除 $F_5$、$F_6$、$F_{27}$ 三条区域性结构面外，结构面长度一般在几百米以内；断裂内充填物多为碎裂岩、角砾岩或片岩、岩屑，部分存在断层泥及次生黄泥。

图 3-47　锦屏二级水电站地理位置图

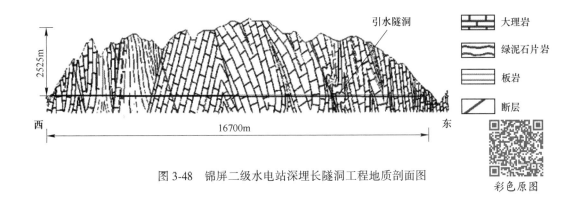

图 3-48　锦屏二级水电站深埋长隧洞工程地质剖面图

岩溶发育受岩性、构造、地下水动力条件、地形地貌及新构造运动的制约，诸因素相互作用，共同影响区内的岩溶发育。对于本区而言，岩性、构造（及构造运动）和地下水动力条件是影响岩溶发育的主要因素，在岩性条件确定的情况下，构造则为主控因素。工程区褶皱、断层发育，NNE、NE、近EW向构造组成了本区的构造骨架，纵张断层和横张断层、节理切割带常为地下水活动通道，也为地下水富集地带。从地质调查统计可以看出，岩溶大泉、洼地、溶蚀裂隙等岩溶形态多数沿断层及其交汇地带发育；引水隧洞所揭露的岩溶形态中，除沿层面发育以外，其余几乎都沿NE~NEE、NW~NWW向的断层、裂隙发育，且受岩层产状、褶皱、断层和裂隙的控制，说明断裂构造是控制本区岩溶发育的最主要因素。根据工程区岩溶含水层组、岩溶水的补给、运移、富集和排泄特点，工程区不同地带（地段）的水文地质条件有明显差异，其规律性受地形地貌、地质构造、含水介质类型、岩溶发育及气候条件的控制或影响，据此将大河弯内对隧洞涌水条件有影响的地区划分为以下四个水文地质条件有所差异的岩溶水文地质单元（图3-49）：Ⅰ中部管道——裂隙汇流型水文地质单元；Ⅱ东南部管道——裂隙畅流型水文地质单元；Ⅲ东部溶隙——裂隙散流型水文地质单元；Ⅳ西部溶隙——裂隙散流型水文地质单元。

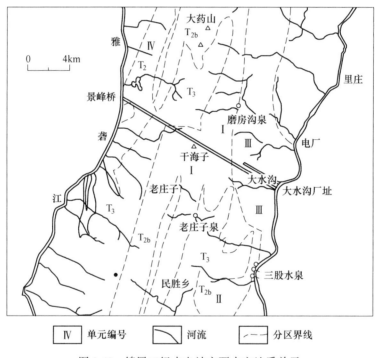

图3-49　锦屏二级水电站主要水文地质单元

技施阶段主要在辅助洞不同埋深部位采用水压致裂法进行地应力测试，结果表明，在最大埋深（2000~2400m）一带实测的第一最大主应力量值一般在64.69~75.85MPa，局部可达94.97MPa。由于引水隧洞揭露的岩体以大理岩为主，其岩石平均饱和单轴抗压强度为65~90MPa，抗拉强度为3~6MPa，围岩强度应力比大多小于2，具备发生高地应力破坏的强度条件。

根据开挖揭露的工程地质条件，锦屏深埋隧洞主要工程地质问题有：（1）高地应力引起的岩爆、应力型破坏、松弛等围岩破坏；（2）软岩大变形与塌方；（3）岩溶及地下涌水。

### 3.6.2 高地应力引起的围岩破坏

引水隧洞埋深较大，脆性岩体在开挖过程中破坏方式主要有高地应力条件下的围岩破坏、一般性围岩破坏及 TBM 撑靴挤压坍塌破坏三种。其中，高地应力条件下围岩破坏类型主要指岩爆和围岩松弛。

#### 3.6.2.1 岩爆

锦屏二级水电站引水隧洞内岩爆发生的烈度级别主要以轻微为主，其次为中等岩爆，深埋地段存在少量强烈岩爆和极强岩爆（图3-50），各等级岩爆段落占比见表3-16。

图 3-50 锦屏二级水电站引水隧洞岩爆现象

彩色原图

**表 3-16 锦屏二级水电站引水隧洞岩爆统计结果** （%）

| 项目 | 1号隧洞 | 2号隧洞 | 3号隧洞 | 4号隧洞 | 各等级岩爆段长度占岩爆段总长之比 |
|---|---|---|---|---|---|
| 轻微岩爆 | 10.04 | 12.22 | 10.11 | 14.62 | 71.02 |
| 中等岩爆 | 2.12 | 5.00 | 3.62 | 3.66 | 21.75 |
| 强烈岩爆 | 0.36 | 1.96 | 1.30 | 0.81 | 6.68 |
| 极强岩爆 | — | 0.07 | — | 0.29 | 0.54 |

根据岩爆发生的时空特征，可将引水隧洞岩爆分为即时型和时滞型两类。其中，即时型岩爆是指开挖卸荷效应影响过程中，完整、坚硬围岩中发生的岩爆。深埋隧洞发生岩爆的位置主要有施工过程中的隧洞掌子面，距掌子面0~30m范围内的隧洞拱顶、拱肩、拱脚、侧墙、底板以及隧洞相向掘进的中间岩柱等，多在开挖后几个小时或1~3d内发生（某深埋隧洞爆破开挖一天两个循环进尺4~8m）。深埋隧洞的某一洞段可能发生1~2次岩爆，也可能连续发生多次不同等级或烈度的岩爆，开始时轻微~中等岩爆，然后极强岩爆。

在深埋隧洞开挖过程中，经常可观察到两种类型的即时型岩爆：即时性应变型岩爆和即时性应变-结构面滑移型岩爆。它们的时空特征各有所不同。图3-51为即时性应变型岩爆实例照片，其主要特征为：发生在完整、坚硬、无结构面的岩体中；爆坑岩面非常新鲜，爆坑形状有浅窝型、长条深窝型和"V"字型等。不同烈度的岩爆爆出的岩片大小不同。一般地，岩爆烈度或等级越大，爆坑深度越大，爆出的岩片就越大（厚），爆出的岩片弹射的距离也越大，岩体破坏的声响也就越大。

(a)          (b)

(c)          (d)

图 3-51　锦屏二级水电站引水隧洞即时性应变型岩爆照片

（a）拱顶；（b）左拱肩；（c）右侧边墙；（d）起拱线以下边墙

彩色原图

即时性应变-结构面滑移型岩爆的主要时空特征如图 3-52 所示。一般地，此类型的岩爆发生在坚硬、含有零星结构面或层理面（多为 1 条，偶有不同产状的 2 条或几条Ⅲ级、Ⅳ级闭合的硬性结构面或层理面）的岩体中，闭合的硬性结构面（或层理面）控制了岩爆爆坑的底部边界或侧部边界，控制岩爆爆坑侧部边界的结构面处有陡坎，也有结构面在爆坑中间部位穿过。与即时性应变型岩爆相比，一般情况下，即时性应变-结构面滑移型岩爆烈度或等级要高一些，形成的爆坑及造成的危害要大一些。

时滞型岩爆是指深埋隧洞高应力区经开挖卸荷，在应力调整平衡后，外界扰动作用下而发生的岩爆。根据岩爆发生的空间位置可分为时空滞后型和时间滞后型。前者主要发生在隧洞掌子面开挖应力调整扰动范围之外，发生时往往空间上滞后于掌子面一定距离，时间上滞后该区域开挖一段时间；后者发生时，空间上在掌子面应力调整范围之内，但时间上滞后该区域开挖一段时间，是时滞性岩爆的一种特例，主要发生在隧洞掌子面施工十分缓慢或施工后停止一段时间。

对锦屏二级水电站引水隧洞和施工排水洞约 8.2km 洞段施工过程发生的时滞型岩爆（开挖 6d 后发生的岩爆）进行统计：截至 2011 年 8 月，共发生时滞型岩爆 38 次（图 3-53），近 80% 的时滞型岩爆时间上滞后该区开挖 6~30 天，空间上在距离掌子面 80m

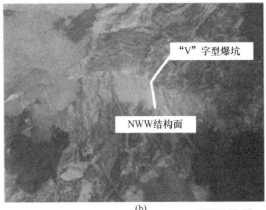

(a)　　　　　　　　　　　　　(b)

彩色原图

图 3-52　锦屏二级水电站引水隧洞即时性应变-结构面滑移型岩爆照片
(a) 结构面形成爆坑右侧边界；(b) 结构面形成爆坑下部边界

的范围内，时滞型岩爆发生时间滞后开挖时间最长约 163 天，滞后掌子面的
距离最远约 384m；正常施工条件下，时滞型岩爆发生时空同时滞后，时间上在该区开挖 6
天之后，空间上距离掌子面 30m 以外；特殊情况下，时滞型岩爆发生时仅时间滞后，时间
上在该区开挖 6 天之后，但距离掌子面的距离在 30m 以内，该类时滞型岩爆主要是在施工
十分缓慢或施工后停止一段时间条件下发生。

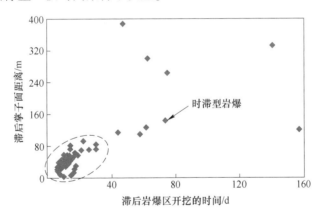

图 3-53　锦屏二级水电站引水隧洞时滞型岩爆时空滞后特征

### 3.6.2.2　围岩松弛

围岩松弛指隧洞开挖后应力重新调整和分布，产生围岩变形，导致松弛现象，在洞周
形成一定深度的岩石性质与强度改变的区域。在高地应力作用下，锦屏引水隧洞围岩的松
弛现象十分普遍，表现在不同围岩类别具有明显不同的松弛圈深度。以 1 号引水隧洞为
例，完整性较好的 II 类围岩松弛深度在 0.4~2.8m 不等，松弛岩体的平均波速在 3718~
5029m/s；III 类围岩松弛深度在 0.4~5.8m 不等，最大松弛深度发生在深埋白山组大理岩
洞段，松弛岩体平均波速在 2995~4814m/s；IV 类围岩松弛深度在 1.6~6.6m 不等，最大
松弛深度发生在绿片岩及杂谷脑组大理岩局部洞段，松弛岩休平均波速在 3034~4317m/s。

### 3.6.3 软岩塌方与大变形

在 1 号和 2 号引水隧洞引（1）1+534～784m、引（2）1+613～745m 洞段分布有绿泥石片岩，岩层产状为 N28°～45°W/NE∠55°，与洞线夹角小；其单轴干抗压强度的平均值为 38.8MPa，饱和时为 19.47MPa，软化系数为 0.5，遇水强度降低非常明显，遇水软化效应十分突出，属于典型的工程软岩（图 3-54）。受褶皱构造影响，岩体受挤压明显，岩层产状变化较大，裂隙密集发育，且绿泥石片岩被挤压后，围岩变得松散、软弱，岩块手掰即断，结构面之间充填岩粉，岩面变得光滑，手摸具有强烈滑感，几乎无黏聚力。绿泥石片岩洞段埋深在 1550～1850m，实测地应力最大为 30.45MPa。纯绿泥石片岩或以绿片岩为主的洞段，受褶皱构造挤压、高地应力、岩体自身性质差等各方面因素综合影响，围岩较破碎，综合围岩分类均为 Ⅳ 类。而与其相邻的大理岩或以大理岩为主洞段（岩溶洞段除外）的围岩完整性较差，综合围岩分类以 Ⅲ 类为主。

由于受高地应力及绿泥石片岩自身性质的影响，绿泥石片岩洞段隧洞开挖期间出现大规模塌方、围岩初期支护后的围岩持续变形等情况。

#### 3.6.3.1 塌方

绿泥石片岩洞段埋深较大，属于高地应力区，隧洞所通过部位褶皱及节理等构造发育，岩层受到强烈挤压，加之绿泥石片岩本身具有强度低、遇水易软化的特点，因此绿泥石片岩的承载能力低、抗变形能力差，难以在高地应力环境下保持自稳，直接开挖将难以保持围岩的短期稳定，这对现场开挖及支护提出了非常高的要求。在开挖过程中共出现 4 次较大规模塌方（图 3-55），其中 1 号引水隧洞出现两次塌方，单次坍塌方量为 500～1000m³。

图 3-54　锦屏二级水电站引水隧洞绿泥石片岩　　　　图 3-55　锦屏二级水电站引水隧洞
　　　　　　　　　　　　　　　　　　　　　　　　　　绿泥石片岩洞段塌方现象

#### 3.6.3.2 软岩大变形

绿泥石片岩本身具有强度及弹性模量等力学参数较低、遇水软化效应明显的特点，开挖后其围岩自稳时间较短，再加上前期系统支护措施未能及时有效地完成，围岩初期的松弛变形得不到有效控制，因此围岩出现了较大程度的变形，变

彩色原图

形以塑性变形为主。变形导致隧洞净空被侵占，喷层出现开裂等现象。

据收敛变形监测成果表明，1号引水隧洞引（1）1+575、1+655、1+675、1+725、1+760、1+780实测收敛值较大，多为边墙 $BC$ 和 $DE$ 两条水平测线（图3-56），其次是拱肩的侧向变形，其中最大收敛累计值为引（1）1+670m 断面的 $DE$ 水平测线（累计值为310mm，系非原始收敛值）。引（1）1+760m 断面 $DE$ 水平测线收敛速率最大，为1.97mm/d。后期在收敛监测数据基本稳定后，对隧洞断面进行了激光扫描，断面扫描结果显示，围岩变形侵占设计衬砌净空厚度普遍都在20cm以上，大部分为20~60cm，局部超过1m，其中以引（1）1+635~1+800m 段变形最为明显，其变形主要发生在北侧拱脚、边墙、拱肩和南侧拱脚。而2号引水隧洞则主要发生在北侧拱，从拱脚至顶拱均有较大变形发生。松动圈测试成果表明，绿泥石片岩Ⅳ类围岩洞段松弛范围较大，一般为3~6m，总体波速范围为3300~6500m/s，平均波速4400~4500m/s。

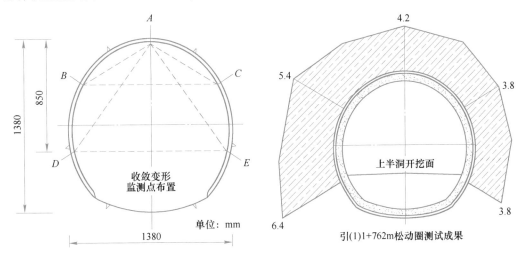

图3-56 锦屏二级水电站引水隧洞绿泥石片岩洞段收敛变形及松动圈监测

## 3.6.4 岩溶及地下涌水

根据可溶性大理岩的分布情况，隧洞区可分为西部杂谷脑组大理岩、中部白山组大理岩及东部的盐塘组大理岩。

### 3.6.4.1 岩溶

引水隧洞前期根据地表岩溶形态、水化学、溶蚀速率、水同位素、泉水衰减分析和示踪试验等成果综合分析，工程区岩溶发育总体微弱，不存在层状的岩溶系统。在高程2000m以下，岩溶发育较弱并以垂直系统为主，深部岩溶以 NEE、NWW 向的构造节理及其交汇带被溶蚀扩大了的溶蚀裂隙为主，认为在长隧洞高程（1600m）附近的岩溶形态以溶蚀裂隙为主，溶洞少，且规模不大。

西部岩溶主要发育于杂谷脑组（$T_{2z}$）大理岩地层中，集中发育于引水隧洞桩号0+250~0+450和1+435~1+535等两个洞段，其余洞段偶见发育小型溶洞或溶蚀裂隙。所揭露的岩溶形态一般均以近垂直的为主。在隧洞施工过程中揭露出规模不一的溶洞，最大可达10m以上；共揭露出大小不等的岩溶形态278个，形态以不规则的亚圆形为主，充填情况不一，其中直径大于 10m 的大型溶洞有 5 个，占总数的 1.80%；中型溶洞（直径 5～10m）有 7 个，占总数的 2.52%；小型溶洞（直径 0.5～5m）有 68 个，占总数的 24.46%；溶蚀宽缝（宽 0.5～2.5m）4 条，占总数的 3.96%；溶穴（直径 10～50cm）156 条，占总数的 56.12%；溶孔（<0.1m）31 条，占总数的 11.15%。

引水隧洞中部为白山组（$T_{2b}$）大理岩，共揭露出大小不等的岩溶形态 858 个，以溶蚀裂隙为主，占岩溶总数量的 96.27%，无大型溶洞发育；中型溶洞 4 个，占 0.47%；小型溶洞 14 个，占 1.63%；溶蚀宽缝 14 条，占 1.63%。岩溶主要集中于 1 号及 2 号引水隧洞 5+850～5+940 洞段、3 号引水隧洞引（3）8+900～9+000 洞段发育，其他洞段偶见溶蚀裂隙及溶孔，岩溶发育总体微弱。其中 1 号及 2 号引水隧洞 5+850～5+940 洞段主要发育 2 个中型溶洞、2 个小型溶洞及一些溶穴、溶孔，该处溶洞多无充填～半充填，渗～涌水，工程性质较差；3 号引水隧洞引（3）8+900～9+000 洞段发育 1 个中型溶洞、2 个小型溶洞及一些溶孔，中型溶洞充填铁、钙质胶结好的角砾岩，工程性状一般，2 个小型洞无～半充填，工程性质较差。其他洞段仅沿结构面发育有少量溶蚀现象，部分溶蚀裂隙宽度在 10～20cm 之间，局部发育规模较大（0.3m×0.5m～1.2m×2m）的近垂直向溶蚀管道，且这些规模较大的管道均沿断层带出露，但未见大的岩溶管道及厅堂式岩溶形态，总体岩溶发育微弱。

引水隧洞东部盐塘组（$T_{2y}$）大理岩中共揭露出大小不等的岩溶形态 827 个，形态以不规则的亚圆形为主，充填情况不一，发育 1 个直径大于 10m 的大型溶洞，占总数的 0.12%；中型溶洞（直径 5～10m）有 4 个，占总数的 0.48%，主要发育在 3 号引水隧洞与厂 9 施工支洞交叉口一带；小型溶洞（直径 0.5～5m）有 30 个，占总数的 3.63%；溶蚀宽缝 19 条，占总数的 2.30%；溶穴（直径 10～50cm）130 条，占总数的 15.72%；溶孔 643 个，占总数的 77.75%。说明东端岩溶主要以溶蚀裂隙为主，局部发育溶蚀宽缝及以近垂直方向为主的中、小型溶洞，中小型溶洞及溶蚀宽缝主要集中发育于桩号 16+450 以东，离东端岸坡近 800m 范围内，且主要集中发育于 $f_7$ 断层附近。岩溶总体轻微发育，局部近岸坡地带岩溶发育。

从勘探成果及揭露情况表明，工程区岩溶发育总体微弱，洞线高程的深部岩溶形态为溶蚀裂隙和岩溶管道，不存在地下暗河及厅堂式大型岩溶形态，但锦屏山两侧岸坡地带局部岩溶相对发育。

### 3.6.4.2 地下涌水

引水隧洞内揭露的地下水有裂隙性岩体中的渗滴水、线状流水，透水性断层带或溶蚀裂隙中的股状涌水、集中涌水。四条引水隧洞共揭露流量大于 50L/s 涌水点 42 个，其中流量大于 1m³/s 的涌水点达 6 个。其中，引水隧洞西部近岸坡地下水主要集中在杂谷脑组（$T_{2z}$）大理岩层内，表现为岩溶管道水和少量裂隙水。岸坡浅部（0～800m）岩溶管道水单点最大初始流量为 100～200L/s，并迅速衰减到 10L/s 左右，最后稳定水量 1～2L/s（枯水期）；裂隙水主要表现为小流量线状～淋雨状、渗滴水几种出水形式，股状涌水少见，且出水量一般小于 1L/s。

引水隧洞西部大于 1m³/s 的涌水点 1 个，位于引（1）1+487～492 底板，岩性为 $T_{2z}$ 灰白色角砾、条带状大理岩，沿 NWW 向断层的溶穴及溶洞涌出，其初始最大流量约 3m³/s，现流量仅为 30L/s，表明其补给源有限，主要为静水储量，大于 50L/s 的水点仅 6 处。

引水隧洞中部白山组（$T_{2b}$）大理岩中已揭露的地下水流量大于 50L/s 涌水点 18 个，其中大于 $1m^3/s$ 涌水点共 3 处，分别位于桩号引（1）5+879～881.5、引（2）5+519～917、引（3）11+392 底板，初始最大流量分别为 $3.37m^3/s$、$2.5m^3/s$、$1.84m^3/s$。

引水隧洞东部盐塘组（$T_{2y}$）大理岩洞段涌水量大于 50L/s 的水点共为 19 个（大于 100L/s 的水点共 15 个），其中 1 号隧洞 3 个、2 号隧洞 10 个、3 号隧洞 2 个、4 号隧洞 4 个。涌水量大于 $1m^3/s$ 共有 2 处，分别位于引（1）12+706、引（3）13+790 底板，初始最大流量分别为 $1.09m^3/s$、$1.0m^3/s$，并携带出大量的泥砂。

锦屏二级水电站引水隧洞所处高山峡谷岩溶地区，大多洞段为深埋～超深埋，存在高地应力引起的岩爆、应力型破坏、松弛，软岩大变形与塌方，岩溶及涌水等工程地质问题，开挖揭露的地质问题与前期预测结果基本一致，为隧洞设计和施工提供了地质依据。

—————— 本 章 小 结 ——————

本章主要讲解深部岩体工程地质灾害的概念、分类及影响因素，并分别对各类灾害的现象、特征、规律、发生条件、孕灾机理及防控措施等进行介绍。深部工程开挖会引起深部岩体应力场及岩体结构的调整，诱发围岩力学性质发生明显变化而产生系列破裂和能量释放，发生不同类型的应力型灾害。此外，由于岩体赋存环境受开挖活动影响，会诱发突涌水灾害、高温热害和活断层错断灾害。通过本章学习，期望学生能够对深部岩体工程地质灾害的相关知识形成一个较为完整清晰的图景。

思 考 题

1. 深部岩体工程地质灾害的主要影响因素是什么？
2. 深部工程围岩内部破裂包含哪几类，各类的特征分别是什么？
3. 深部工程围岩片帮灾害的发生条件包括哪些？
4. 深部工程围岩大变形灾害的岩性条件主要包括哪些？
5. 深部工程围岩塌方灾害的主要特征是什么？
6. 深部工程围岩岩爆灾害分为哪几类，各类的特征分别是什么？
7. 深部工程围岩冲击地压的主要特征是什么？
8. 深部工程突涌水灾害的主要影响因素包括哪些？
9. 深部工程高温热害的主要防控措施包括哪些？
10. 活断层的性质及其对深部工程的主要影响是什么？

# 4 深部岩体工程地质勘察

**本章提要**

工程地质勘察是认识工程区域地质要素的首要途径和方法，也是工程建设全过程的基础性工作，勘察结果可为设计和施工提供可靠的工程地质信息，也可为工程地质灾害预测预报提供数据支持。本章对深部岩体工程地质勘察的对象、内容、方法，以及矿山、铁路、水利水电等行业的深部岩体工程地质勘察相关内容进行详细介绍。通过本章的学习，学生应理解以下知识点：

(1) 工程地质勘察的对象、任务、阶段及方法。

(2) 工程地质测绘的范围、精度、方法、内容。

(3) 工程地质勘探的任务、手段、方法、技术。

(4) 矿区工程地质勘察的阶段、任务、内容、要求。

(5) 铁路隧道工程地质勘察的阶段、内容、要求。

(6) 水利水电工程地质勘察的阶段、内容、要求。

工程地质勘察是工程建设全过程的一项重要的基础性工作。通过系统的勘察工作，能够最大程度地获取工程预选场址区的工程地质条件，预测可能发生的工程地质问题及环境影响，对各类问题提出预防或治理方案，为设计提供基础地质数据。对于深部工程，应充分考虑到工程埋深大、初始应力水平高、地质构造复杂、结构面压密闭合、易发生应力型灾害等特点，在工程地质勘察时对初始地应力场分布特征、地质构造特征、岩体力学特性等方面加以重点调查和评估。

## 4.1 勘察对象与方法

工程地质勘察是研究、评价建设场地的工程地质条件所进行的地质测绘、勘探、室内实验、原位测试等工作的统称。为工程建设的规划、设计、施工提供必要的依据及参数。工程地质勘察是为查明影响工程建筑物的地质因素而进行的地质调查研究工作。所需勘察的地质因素包括地层岩性、地质构造、地貌、水文地质条件、土和岩石的物理力学性质、自然地质现象和天然建筑材料等，这些通常称为工程地质条件。查明工程地质条件后，需根据设计建筑物的结构和运行特点，预测工程建筑物与地质环境相互作用的方式、特点和规模，并做出正确的评价，为确定保证建筑物稳定与正常使用的防护措施提供依据。

### 4.1.1 工程地质勘察对象

工程地质勘察的主要对象是工程区及其影响区域内的各类工程地质条件、岩土工程问题以及不良地质现象，下面分别介绍这几类勘察对象的含义。

（1）工程地质条件：定义为与工程建设有关的地质因素的综合。这些因素包括岩土类型及其工程性质、地质构造及岩土体结构、地貌、水文地质、工程动力地质作用和天然建筑材料等方面（图4-1）。工程地质条件是一个综合概念，它直接影响工程建筑物的安全、经济和正常运行。所以任何类型的工程建设，进行勘察时必须查明工程区域的工程地质条件，并把它作为工程地质勘察的基本任务。

图4-1　各种工程地质条件

彩色原图

（2）岩土工程问题：指的是工程建筑物与岩土体之间所存在的矛盾或问题。在岩土工程施工以及工程建筑物建成使用过程中，工程部位的岩土体和地下水与建筑物发生作用，导致岩土工程问题的出现。由于建筑物的类型、结构和规模不同，其工作方式和对岩土体的负荷不同。因此，岩土工程问题是复杂多样的。例如，深埋地下洞室主要的岩土工程问题是围岩稳定性以及岩爆、大变形等灾害（图4-2）防控问题；除此之外，还有洞脸边坡稳定、地面变形和施工涌水、高地温等问题。岩土工程问题的分析及评价是岩土工程勘察的核心任务，每一项工程进行岩土工程勘察时，对主要的岩土工程问题必须做出确切的评价结论。

图4-2　深部工程主要工程地质灾害现象

（3）不良地质现象：定义为对工程建设不利或有不良影响的动力地质现象。泛指以地球外动力作用为主引起的各种地质现象，如崩塌、滑坡、泥石流、岩溶、土洞、河流冲刷以及渗透变形等（图4-3），它们既影响场地稳定性，也对地基基础、边坡工程、地下洞室等具体工程的安全、经济和正常使用不利。所以，在复杂地质条件进行岩土工程勘察时，必须查清它们的分布、规模、形成机制和条件、发展演化规律和特点，预测其对工程建设的影响或危害程度，并提出防治对策和措施。

图 4-3　不良地质现象

彩色原图

### 4.1.2　工程地质勘察等级

　　岩土工程勘察等级划分的主要目的，是为了勘察工作量的布置。显然，工程规模较大或较重要、场地地质条件以及岩土体分布和性状较复杂者，所投入的勘察工作量就较大，反之则较小。

　　按《岩土工程勘察规范》规定，岩土工程勘察的等级，是由工程重要性、场地和地基的复杂程度三项因素决定的。首先应分别对三项因素进行分级，在此基础上进行综合分析，以确定岩土工程勘察的等级划分。下面先分别论述三项因素等级划分的依据及具体规定，随后综合划分岩土工程勘察的等级。

#### 4.1.2.1　岩土工程重要性等级

　　按《岩土工程勘察规范》规定，岩土工程重要性等级是根据工程的规模和特征，以及由于岩土工程问题造成工程破坏或影响正常使用的后果划分的，可分为三个工程重要性等级，见表4-1。

表 4-1　岩土工程重要性等级

| 重要性等级 | 破坏后果 | 工程类型 |
| --- | --- | --- |
| 一级 | 很严重 | 重要工程 |
| 二级 | 严重 | 一般工程 |
| 三级 | 不严重 | 次要工程 |

　　对于不同类型的工程，应根据工程的规模和重要性具体划分。目前，地下洞室、深基坑开挖、大面积岩土处理等尚无工程安全等级的具体规定，可根据实际情况划分。大型沉

井和沉箱、超长桩基和墩基、有特殊要求的精密设备和超高压设备、有特殊要求的深基坑开挖和支护工程、大型竖井和平洞、大型基础托换和补强工程，以及其他难度大、破坏后果严重的工程，以列为一级重要性等级为宜。

#### 4.1.2.2 场地复杂程度等级

场地复杂程度是由建筑抗震稳定性、不良地质现象发育情况、地质环境破坏程度、地形地貌条件和地下水条件五个条件衡量的，同样划分为三个等级，见表4-2。

**表 4-2 场地复杂程度等级**

| 等　级 | 一级 | 二级 | 三级 |
|---|---|---|---|
| 建筑抗震稳定性 | 危险 | 不利 | 有利 |
| 不良地质现象发育情况 | 强烈发育 | 一般发育 | 不发育 |
| 地质环境破坏程度 | 已经或可能强烈破坏 | 已经或可能受到一般破坏 | 基本未受破坏 |
| 地形地貌条件 | 复杂 | 较复杂 | 简单 |
| 地下水条件 | 有影响工程的多层地下水、岩溶裂隙水或其他水文地质条件复杂，需专门研究 | 基础位于地下水位以下 | 地下水对工程无影响 |

#### 4.1.2.3 地基复杂程度等级

地基复杂程度按规定划分为一级、二级、三级三个地基等级。

一级地基（复杂地基）。符合下列条件之一者即为一级地基：

（1）岩土种类多，很不均匀，性质变化大，且需特殊处理；

（2）严重缺陷、膨胀、盐渍、污染严重的特殊性岩土，对工程影响大、需做专门处理的岩土。

二级地基（中等复杂地基）。符合下列条件之一者即为二级地基：

（1）岩土种类较多，不均匀，性质变化较大；

（2）除上述一级地基第二条规定之外的特殊性岩土。

三级地基（简单地基）。符合下列条件者即为三级地基：

（1）岩土种类单一，均匀，性质变化不大；

（2）无特殊性岩土。

#### 4.1.2.4 岩土工程勘察等级

综合上述三项因素的分级，即可划分岩土工程勘察的等级，见表4-3。

**表 4-3 岩土工程勘察等级**

| 勘察等级 | 确定勘察等级的因素 | | |
|---|---|---|---|
| | 工程重要性等级 | 场地复杂程度等级 | 地基复杂程度等级 |
| 一级 | 一级 | 任意 | 任意 |
| | 二级 | 一级 | 任意 |
| | | 任意 | 级 |

| 勘察等级 | 确定勘察等级的因素 | | |
|---|---|---|---|
| | 工程重要性等级 | 场地复杂程度等级 | 地基复杂程度等级 |
| 二级 | 二级 | 二级 | 二级或三级 |
| | | 三级 | 二级 |
| | 三级 | 一级 | 任意 |
| | | 任意 | 一级 |
| | | 二级 | 二级 |
| 三级 | 二级 | 三级 | 三级 |
| | 三级 | 二级 | 三级 |
| | | 三级 | 二级或三级 |

### 4.1.3　工程地质勘察任务

工程地质勘察是岩土工程技术体制中的一个重要环节，是工程建设首先开展的基础性工作。它的基本任务就是按照建筑物或构筑物不同勘察阶段的要求，为工程的设计、施工以及岩土体治理加固、开挖支护和降水等工程提供地质资料和必要的技术参数，对有关的岩土工程问题做出论证、评价。其具体任务归纳如下：

（1）阐述建筑场地的工程地质条件，指出场地内不良地质现象的发育情况及其对工程建设的影响，对场地稳定性做出评价。

（2）查明工程范围内岩土体的分布、性状和地下水活动条件，提供设计、施工和整治所需的地质资料和岩土技术参数。

（3）分析、研究有关的岩土工程问题，并做出评价结论。

（4）对场地内建筑总平面布置、各类岩土工程设计、岩土体加固处理、不良地质现象整治等具体方案做出论证和建议。

（5）预测工程施工和运行过程中对地质环境和周围建筑物的影响，并提出保护措施的建议。

（6）根据勘察结果，选择最适宜的建筑场址，计算地基和基础的承载力、变形和稳定性。

### 4.1.4　工程地质勘察阶段

工程地质勘察是为工程建设服务的，它的基本任务就是为工程的设计、施工以及岩土体治理加固等提供地质资料和必要的技术参数，对有关的岩土工程问题做出评价，以保证设计工作的完成和顺利施工。因此，勘察也相应地划分为由低级到高级的各个阶段。工程勘察阶段与设计阶段的划分是一致的。《岩土工程勘察规范》明确规定勘察工作划分为可行性研究勘察、初步勘察和详细勘察三个阶段。

可行性研究勘察也称为选址勘察，其目的是强调在可行性研究时勘察工作的重要性，特别是对一些重大工程更为重要。勘察的主要任务是对拟选场址的稳定性和适宜性做出岩土工程评价，进行技术、经济论证和方案比较，满足确定场地方案的要求。这一阶段一般有若干个可供选择的场址方案，都要进行勘察；各方案对场地工程地质条件的了解程度应该是相近的，并对主要的岩土工程问题做初步分析、评价，以此比较说明各方案的优劣，选取最优的建筑场址。本阶段的勘察方法，主要是在搜集、分析已有资料的基础上进行现场踏勘，了解场地的工程地质条件。当场地工程地质条件比较复杂，已有资料不足以说明问题时，应进行工程地质测绘和必要的勘探工作。

初步勘察的目的是密切结合工程初步设计的要求，提出岩土工程方案设计和论证。其主要任务是在可行性研究勘察的基础上，对场地内建筑地段的稳定性做出岩土工程评价，并为确定建筑总平面布置，对主要建筑物的岩土工程方案和不良地质现象的防治工程方案等进行论证，以满足初步设计或扩大初步设计的要求。此阶段是设计的重要阶段，既要对场地稳定性做出确切的评价结论，又要确定建筑物的具体位置、结构型式、规模和各相关建筑物的布置方式。如果场地内存在不良地质现象，影响场地和建筑物稳定性时，还要提出防治工程方案。因而岩土工程勘察工作是繁重的。但是，由于建筑场地已经选定，勘察工作范围一般限定于建筑地段内，相对比较集中。本阶段的勘察方法，是在分析已有资料基础上，根据需要进行工程地质测绘，并以勘探、物探和原位测试为主。应根据具体的地形地貌、地层和地质构造条件，布置勘探点、线、网，其密度和孔（坑）深按不同的工程类型和勘察等级确定。原则上每一岩土层都应取样或进行原位测试，取样和原位测试坑孔的数量应占相当大的比重。

详细勘察的目的是对岩土工程设计、岩土体处理与加固、不良地质现象的防治工程进行计算与评价，以满足施工图设计的要求。此阶段应按不同建筑物或建筑群提出详细的岩土工程资料和设计所需的岩土技术参数。显然，该阶段勘察范围仅局限于建筑物所在的地段内，所要求的成果资料精细可靠，而且许多是计算参数。例如，深部工程地质勘察需要开展岩体力学参数原位测试，获得岩体变形模量、结构面抗剪强度等参数。本阶段勘察方法以勘探和原位测试为主。勘探点一般应按建筑物轮廓线布置，其间距根据岩土工程勘察等级确定，较之初勘阶段密度更大。勘探坑孔深度一般应以工程基础底面为准算起。采取岩土试样和进行原位测试的坑孔数量，也较初勘阶段要大。为了与后续的施工监理衔接，此阶段应适当布置监测工作。

以上是岩土工程勘察阶段划分的一般规定。对于工程地质条件复杂或有特殊施工要求的重要工程，还需要进行施工勘察。施工勘察包括施工阶段和竣工运营过程中一些必要的勘察工作，主要是检验与监测工作、施工地质编录和施工超前地质预报。它可以起到核对已取得的地质资料和所做评价结论准确性的作用，以此可修改、补充原来的勘察成果。施工勘察并不是一个固定的勘察阶段，是视工程的需要而定的。此外，对一些规模不大且工程地质条件简单的场地，或有建筑经验的地区，可以简化勘察阶段。

## 4.1.5 工程地质勘察方法

工程地质勘察的方法或技术手段，包括工程地质测绘、勘探与取样、原位测试与室内试验、现场检验与监测等几种。

工程地质测绘是勘察的基础工作，一般在勘察的初期阶段进行。这个方法的本质是运用地质、工程地质理论，对地面的地质现象进行观察和描述（图4-4），分析其性质和规律，并借以推断地下地质情况，为勘探、测试工作等其他勘察方法提供依据。在地形地貌和地质条件较复杂的场地，必须进行工程地质测绘；但对于地形平坦、地质条件简单且较狭小的场地，则可采用调查代替工程地质测绘。工程地质测绘是认识场地工程地质条件的经济而有效的方法，高质量的测绘工作能相当准确地推断地下地质情况，起到指导其他勘察方法的作用。

彩色原图

图 4-4　矿山工程地质测绘

　　勘探工作包括物探、钻探和坑探等方法（图 4-5）。它是用来调查地下地质情况的；并且可利用勘探工程取样进行原位测试和监测。应根据勘察目的及岩土的特性选用上述各种勘探方法。物探是一种间接的勘探手段，它的优点是较之钻探和坑探，轻便、经济而迅速，能够及时解决工程地质测绘中难于推断而又亟待了解的地下地质情况，所以常与测绘工作配合使用。它又可作为钻探和坑探的先行或辅助手段。但是，物探成果判释往往具多解性，方法的使用受地形条件等的限制，其成果需用勘探工程来验证。钻探和坑探也称勘探工程，均是直接勘探手段，能可靠地了解地下地质情况，在岩土工程勘察中是必不可少的。其中钻探工作使用最为广泛，可根据地层类别和勘察要求选用不同的钻探方法。当钻探方法难以查明地下地质情况时，可采用坑探方法。坑探工程的类型较多，应根据勘察要求选用。勘探工程一般都需要动用机械和动力设备，耗费人力、物力较多，有些勘探工程施工周期又较长，而且受到许多条件的限制，因此使用这种方法时应具有经济观点，布置勘探工程需要以工程地质测绘和物探成果为依据，避免盲目性和随意性。

图 4-5　工程地质勘探

原位测试与室内试验的主要目的是为岩土工程问题分析评价提供所需的技术参数，包括岩土的物性指标、强度参数、固结变形特性参数、渗透性参数和应力、应变时间关系的参数等。原位测试一般都借助于勘探工程进行，是详细勘察阶段的一种主要勘察方法（图 4-6）。各项试验工作在岩土工程勘察中占有重要的地位。原位测试与室内试验相比，各有优缺点。前者的优点是：试样不脱离原来的环境，基本上在原始应力条件下进行试验；所测定的岩土体尺寸大，能反映宏观结构对岩土性质的影响，

图 4-6 工程地质原位测试

代表性好；试验周期较短，效率高；尤其对难以采样的岩土层仍能通过试验评定其工程性质。缺点是：试验时的应力路径难以控制；边界条件较复杂；有些试验耗费人力、物力较多，不可能大量进行。后者使用的历史较久，其优点是：试验条件比较容易控制（边界条件明确，应力应变条件可以控制等）；可以大量取样。主要的缺点是：试样尺寸小，不能反映宏观结构和非均质性对岩土性质的影响，代表性差；试样不可能真正保持原状，而且有些岩土也很难取得原状试样。可见两者的优缺点是互补的，应相辅相成，配合使用，以便经济有效地取得所需的技术参数。

现场检验与监测是构成岩土工程系统的一个重要环节，大量工作在施工和运营期间进行；但是这项工作一般需在高级勘察阶段开始实施，所以又被列为一种勘察方法。它的主要目的在于保证工程质量和安全，提高工程效益。现场检验的含义包括施工阶段对先前岩土工程勘察成果的验证核查，以及岩土工程施工监理和质量控制。现场监测则主要包含施工作用和各类荷载对岩土反应性状的监测、施工和运营中的结构物监测及对环境影响的监测等方面。检验与监测所获取的资料，可以反求出某些工程技术参数，并以此为依据及时修正设计，使之在技术和经济方面优化。此项工作主要是在施工期间进行，但对有特殊要求的工程以及一些对工程有重要影响的不良地质现象，应在建筑物竣工运营期间继续进行。

岩土工程分析评价与成果报告是岩土工程勘察成果的总结性文件。在工程地质测绘、勘探、测试和搜集已有资料的基础上，根据任务要求、勘察阶段、地质条件和工程特点等进行。主要工作内容包括：岩土参数的分析与选定、岩土工程分析评价、反演分析、勘察成果报告及应附的图表。对于不同的岩土工程勘察等级，其分析评价和成果报告要求有所不同。各种勘察方法的选择和应用、工作的布置和工作量大小，需根据建筑物的类型、岩土工程勘察等级以及勘察阶段来确定。

## 4.2 工程地质测绘

### 4.2.1 意义和特点

工程地质测绘是岩土工程勘察的基础工作，在诸项勘察方法中最先进行。按一般勘察

程序，主要是在可行性研究和初步勘察阶段安排此项工作。但在详细勘察阶段，为了对某些专门的地质问题做补充调查，也进行工程地质测绘。

工程地质测绘是指运用地质、工程地质理论，对与工程建设有关的各种地质现象进行观察和描述，初步查明拟建场地或各建筑地段的工程地质条件。将工程地质条件诸要素采用不同的颜色、符号（地质图图例标准画法见附录），按照精度要求标绘在一定比例尺的地形图上，并结合勘探、测试和其他勘察工作的资料，编制成工程地质图。这一重要的勘察成果可对场地或各建筑地段的稳定性和适宜性做出评价。

工程地质测绘所需仪器设备简单，耗费资金较少，工作周期又短，所以岩土工程师应力图通过它获取尽可能多的地质信息，对建筑场地或各建筑地段的地面地质情况有深入的了解，并对地下地质情况有较准确的判断，为布置勘探、测试等其他勘察工作提供依据。高质量的工程地质测绘还可以节省其他勘察方法的工作量，提高勘察工作的效率。

根据研究内容的不同，工程地质测绘可分为综合性测绘和专门性测绘两种。综合性工程地质测绘是对场地或建筑地段工程地质条件诸要素的空间分布以及各要素之间的内在联系进行全面综合的研究，为编制综合工程地质图提供资料。在测绘地区如果从未进行过相同的或更大比例尺的地质或水文地质测绘，那就必须进行综合性工程地质测绘。专门性工程地质测绘是对工程地质条件的某一要素进行专门研究，如第四纪地质、地貌、边坡变形破坏等；研究它们的分布、成因、发展演化规律等。所以专门性测绘是为编制专用工程地质图或工程地质分析图提供资料的。无论何种工程地质测绘，都是为工程的设计、施工服务的，都有其特定的研究目的。

工程地质测绘具有如下特点：

（1）工程地质测绘对地质现象的研究，应围绕建筑物的要求而进行。对建筑物安全、经济和正常使用有影响的不良地质现象，应详细研究其分布、规模、形成机制、影响因素，定性和定量分析其对建筑物的影响（危害）程度，并预测其发展演化趋势，提出防治对策和措施。而对那些与建筑物无关的地质现象则可以粗略一些，甚至不予注意。这是工程地质测绘与一般地质测绘的重要区别。

（2）工程地质测绘要求的精度较高。对一些地质现象的观察描述，除了定性阐明其成因和性质外，还要测定必要的定量指标，例如岩土物理力学参数，节理裂隙的产状、隙宽和密度等。所以应在测绘工作期间，配合以一定的勘探、取样和试验工作，携带简易的勘探和测试器具。

（3）为了满足工程设计和施工的要求，工程地质测绘经常采用大比例尺专门性测绘。各种地质现象的观测点需借助于经纬仪、水准仪等精密仪器测定其位置和高程，并标测于地形图，以保证必要的准确度。

### 4.2.2　范围和精度

#### 4.2.2.1　测绘范围

工程地质测绘不像一般的区域地质或区域水文地质测绘那样，严格按比例尺大小由地理坐标确定测绘范围，而是根据拟建建筑物的需要在与该项工程活动有关的范围内进行。原则上，测绘范围应包括场地及其邻近的地段。

适宜的测绘范围，既能较好地查明场地的工程地质条件，又不至于浪费勘察工作量。

根据实践经验，由以下三个方面确定测绘范围，即拟建建筑物的类型和规模、设计阶段以及工程地质条件的复杂程度和研究程度。

建筑物的类型、规模不同，与自然地质环境相互作用的广度和强度也就不同，确定测绘范围时首先应考虑到这一点。例如，大型水利枢纽工程的兴建，由于水文和水文地质条件急剧改变，往往引起大范围自然地理和地质条件的变化；这一变化甚至会导致生态环境的破坏和影响水利工程本身的效益及稳定性。此类建筑物的测绘范围必然很大，应包括水库上、下游的一定范围，甚至上游的分水岭地段和下游的河口地段都需要进行调查。房屋建筑和构筑物一般仅在小范围内与自然地质环境发生作用，通常不需要进行大面积工程地质测绘。

在工程处于初期设计阶段时，为了选择建筑场地，一般都有若干个比较方案，它们相互之间有一定的距离。为了进行技术经济论证和方案比较，应把这些方案场地包括在同一测绘范围内，测绘范围显然是比较大的。但当建筑场地选定之后，尤其是在设计的后期阶段，各建筑物的具体位置和尺寸均已确定，就只需在建筑地段的较小范围内进行大比例尺的工程地质测绘。可见，工程地质测绘范围是随着建筑物设计阶段的提高而缩小的。此外，工程地质条件越复杂，研究程度越差，工程地质测绘范围就越大。

### 4.2.2.2　测绘比例尺

工程地质测绘的比例尺大小主要取决于设计要求。建筑物设计的初期阶段属选址性质的，一般往往有若干个比较场地，测绘范围较大，而对工程地质条件研究的详细程度并不高，所以采用的比例尺较小。但是，随着设计工作的进展，建筑场地的选定，建筑物位置和尺寸越来越具体明确，范围越宜缩小，而对工程地质条件研究的详细程度越宜提高，所以采用的测绘比例尺就需逐渐加大。当进入到设计后期阶段时，为了解决与施工、运用有关的专门地质问题，所选用的测绘比例尺可以很大。在同一设计阶段内，比例尺的选择则取决于场地工程地质条件的复杂程度以及建筑物的类型、规模及其重要性。工程地质条件复杂、建筑物规模巨大而又重要者，就需采用较大的测绘比例尺。总之，各设计阶段所采用的测绘比例尺都限定于一定的范围之内。

现行《岩土工程勘察规范》规定工程地质测绘及其调查的范围应包括场地及其附近地段，测绘的比例尺满足以下要求：

（1）测绘比例尺，可行性研究勘察阶段可选用1：5000～1：50000，属小、中比例尺测绘。

（2）初步勘察阶段1：2000～1：10000，属中、大比例尺测绘。

（3）详细勘察阶段1：500～1：2000，属大比例尺测绘。

（4）条件复杂时比例尺可适当放大；对工程有重要影响的地质单元体，可采用扩大比例尺表示。

### 4.2.2.3　测绘精度

工程地质测绘的精度包含两层意思，即对野外各种地质现象观察描述的详细程度，以及各种地质现象在工程地质图上表示的详细程度和准确程度。为了确保工程地质测绘的质量，这个精度要求必须与测绘比例尺相适应。

对野外各种地质现象观察描述的详细程度，在过去的工程地质测绘规程中是根据测绘比例尺和工程地质条件复杂程度的不同，以每平方千米测绘面积上观测点的数量和观测线的长度来控制的。现行《岩土工程勘察规范》对此不作硬性规定，而原则上提出观测点布置目的性要明确，密度要合理，要具有代表性。地质观测点的数量以能控制重要的地质界线并能说明工程地质条件为原则，以利于岩土工程评价。为此，要求将地质观测点布置在地质构造线、地层接触线、岩性分界线、不同地貌单元及微地貌单元的分界线、地下水露头以及各种不良地质现象分布的地段。观测点的密度应根据测绘区的地质和地貌条件、成图比例尺及工程特点等确定。一般控制在图上的距离为 2~5cm。例如在 1：5000 的图上，地质观测点实际距离应控制在 100~250m。此控制距离可根据测绘区内工程地质条件复杂程度的差异，并结合对具体工程的影响而适当加密或放宽。在该距离内应做沿途观察，将点、线观察结合起来，以克服只孤立地做点上观察而忽视沿途观察的偏向。当测绘区的地层岩性、地质构造和地貌条件较简单时，可适当布置"岩性控制点"，以备检验。地质观测点应充分利用天然的和已有的人工露头。当露头不足时，应根据测绘区的具体情况布置一定数量的勘探工作揭露各种地质现象。尤其在进行大比例尺工程地质测绘时，所配合的勘探工作是必不可少的。

为了保证测绘填图的质量，在图上所划分的各种地质单元应尽量详细。但是，由于绘图技术条件的限制，应规定单元体的最小尺寸。现行《岩土工程勘察规范》对此未作统一规定，以便在实际工作中因地、因工程而宜。但是，为了更好地阐明测绘区工程地质条件和解决岩土工程实际问题，对工程有重要影响的地质单元体，如滑坡、软弱夹层、溶洞、泉、井等，必要时在图上可采用扩大比例尺表示。

为了保证各种地质现象在图上表示的准确程度，在任何比例尺的图上，建筑地段的各种地质界线（点）在图上的误差不得超过 3mm，其他地段不应超过 5mm。所以实际允许误差为上述数值乘以比例尺的分母。

地质观测点定位所采用的标测方法，对成图的质量有重要意义。根据不同比例尺的精度要求和工程地质条件复杂程度，地质观测点一般采用的定位标测方法为：小、中比例尺采用目测法和半仪器法（借助于罗盘、气压计、测绳等简单的仪器设备）；大比例尺采用仪器法（借助于经纬仪、水准仪等精密仪器）。但是，有特殊意义的地质观测点，如重要的地层岩性分界线、断层破碎带、软弱夹层、地下水露头以及对工程有重要影响的不良地质现象等，在小、中比例尺测绘时也宜用仪器法定位。

### 4.2.3　方法和程序

#### 4.2.3.1　资料收集

在正式开始工程地质测绘之前，应收集相关资料以保证测绘工作的正常有序进行。应收集的资料包括如下几个方面：

（1）区域地质资料：如区域地质图、地貌图、地质构造图、地质剖面图等。

（2）遥感资料：地面摄影和航空（卫星）摄影相片。

（3）气象资料：区域内各主要气象要素，如年平均气温、降水量、蒸发量，对冻土分布地区还要了解冻结深度。

（4）水文资料：测区内水系分布图、水位、流量等资料。

（5）地震资料：测区及附近地区地震发生的次数、时间、震级和造成破坏的情况。

（6）水文及工程地质资料：地下水的主要类型、赋存条件和补给条件、地下水位及变化情况、岩土透水性及水质分析资料、岩土的工程性质和特征等。

（7）建筑经验：已有建筑物的结构、基础类型及埋深、采用的地基承载力、建筑物的变形及沉降观测资料。

### 4.2.3.2 踏勘

现场踏勘是在收集研究资料的基础上进行的，目的在于了解测区的地形地貌及其他地质情况和问题，以便于合理布置观测点和观测路线，正确选择实测地质剖面位置，拟订野外工作方法。

踏勘的内容和要求如下：

（1）根据地形图，在测区范围内按固定路线进行踏勘，一般采用"之"字形曲折迂回而不重复的路线，穿越地形、地貌、地层、构造、不良地质作用等有代表性的地段。

（2）踏勘时，应选择露头良好、岩层完整有代表性的地段作出野外地质剖面，以便熟悉和掌握测区岩层的分布特征。

（3）寻找地形控制点的位置，并抄录坐标、标高等资料。

（4）访问和收集洪水及其淹没范围等情况。

（5）了解测区的供应、经济、气候、住宿、交通运输等条件。

### 4.2.3.3 测绘方法

工程地质测绘和调查的方法与一般地质测绘相近，主要是沿一定观察路线做沿途观察和在关键地点（或露头点）上进行详细观察描述。选择的观察路线应当以短的线路观测到最多的工程地质条件和现象为标准。在进行区域较大的中比例尺工程地质测绘时，一般穿越岩层走向或横穿地貌、自然地质现象单元来布置观测路线。大比例尺工程地质测绘路线以穿越走向为主布置，但须配合部分追索界线的路线，以圈定重要单元的边界。在大比例尺详细测绘时，应追索走向和追索单元边界来布置路线。

在工程地质测绘和调查过程中，最重要的是要把点与点、线与线之间观察到的现象联系起来，克服孤立地在各个点上观察现象、沿途不连续观察和不及时对现象进行综合分析的偏向。也要将工程地质条件与拟进行的工程活动的特点联系起来，以便能确切预测两者之间相互作用的特点。此外，还应在路线测绘过程中将实际资料、各种界线反映在外业图上，并逐日清绘在室内底图上，及时整理、及时发现问题和进行必要的补充观测。

相片成图法是利用地面摄影或航空（卫星）摄影相片，在室内根据判读标志，结合所掌握的区域地质资料，将判明的地层岩性、地质构造、地貌、水系和不良地质作用，调绘在单张相片上，并在相片上选择若干地点和路线，去实地进行校对和修正，绘成底图，最后再转绘成图。由于航测照片、卫星照片能在大范围内反映地形地貌、地层岩性及地质构造等物理地质现象，可以迅速让人对测区有一个较全面整体的认识，因此与实地测绘工作相结合，能起到减少工作量、提高精度和速度的作用。特别是在人烟稀少、交通不便的偏远山区，充分利用航片及卫星照片更具有特殊、重要的意义。这一方法在大型工程的初级勘察阶段（选址勘察和初步勘察）效果较为显著，尤其是对铁路、高速公路的选线，大型水利工程的规划选址阶段，其作用更为明显。

工程地质实地测绘和调查的基本方法如下：

（1）路线穿越法：沿着一定的路线（应尽量使路线与岩层走向、构造线方向及地貌单元相垂直，并应尽量使路线的起点具有较明显的地形、地物标志；此外，应尽量使路线穿越露头较多、硬盖层较薄的地段），穿越测绘场地，把走过的路线正确地填绘在地形图上，并沿途详细观察和记录各种地质现象和标志，如地层界线、构造线、岩层产状、地下水露头、各种不良地质作用，将它们绘制在地形图上。路线法一般适合于中、小比例尺测绘。

（2）布点法：布点法是工程地质测绘的基本方法，即根据不同比例尺预先在地形图上布置一定数量的观测路线和观测点。观测点一般布置在观测路线上，但观测点的布置必须有具体的目的，如为了研究地质构造线、不良地质作用、地下水露头等。观测线的长度必须能满足其具体观测目的的需要。布点法适合于大、中比例尺的测绘工作。

（3）追索法：它是指沿着地层走向、地质构造线的延伸方向或不良地质作用的边界线进行布点追索，其主要目的是查明某一局部的岩土工程问题。追索法是在路线穿越法和布点法的基础上进行的，是一种辅助测绘方法。

### 4.2.3.4　测绘程序

（1）阅读已有的地质资料，明确工程地质测绘和调查中需要重点解决的问题，编制工作计划。

（2）利用已有遥感影像资料，如对卫星照片、航测照片进行解译，对区域工程地质条件做出初步的总体评价，以判明不同地貌单元各种工程地质条件的标志。

（3）现场踏勘。选定观测路线，选定测制标准剖面的位置。

（4）正式测绘开始。测绘中随时总结整理资料，及时发现问题，及时解决，使整个工程地质测绘和调查工作目的更明确，测绘质量更高，工作效率更高。

## 4.2.4　测绘内容

在工程地质测绘过程中，应自始至终以查明场地及其附近地段的工程地质条件和预测建筑物与地质环境间的相互作用为目的。因此，工程地质测绘研究的主要内容是工程地质条件的诸要素；此外，还应搜集调查自然地理和已建建筑物的有关资料。下面将分别论述各项研究内容的研究意义、要求和方法。

### 4.2.4.1　地层岩性

地层岩性是工程地质条件最基本的要素和研究各种地质现象的基础，所以是工程地质测绘最主要的研究内容。

工程地质测绘对地层岩性研究的内容包括：（1）确定地层的时代和填图单位；（2）各类岩土层的分布、岩性、岩相及成因类型；（3）岩土层的正常层序、接触关系、厚度及其变化规律；（4）岩土的工程性质等。

不同比例尺的工程地质测绘中，地层时代的确定可直接利用已有的成果。若无地层时代资料，应寻找标准化石、做孢子花粉分析或请有关单位协助解决。填图单位应按比例尺大小来确定。小比例尺工程地质测绘的填图单位与一般地质测绘是相同的。但是中、大比例尺小面积测绘时，测绘区出露的地层往往只有一个"组""段"，甚至一个"带"的地层单位，按一般地层学方法划分填图单位不能满足岩土工程评价的需要，应按岩性和工程性质的差异等做进一步划分。例如，砂岩、灰岩中的泥岩、页岩夹层，硬塑黏性土中的淤泥质土，它们的岩性和工程性质迥异，必须单独划分出来。确定填图单位时，应注意标志层的寻找。所谓"标志层"，是指岩性、岩相、层位和厚度都较稳定，且颜色、成分和结构等具特征标志，地面出露又较好的岩土层。

工程地质测绘中对各类岩土层还应着重以下内容的研究：

（1）沉积岩类：软弱岩层和次生夹泥层的分布、厚度、接触关系（图4-7）和性状等；泥质岩类的泥化和崩解特性；碳酸盐岩及其他可溶盐岩类的岩溶现象。

图4-7　角度不整合现象

彩色原图

（2）岩浆岩类：侵入岩的边缘接触面，风化壳的分布、厚度及分带情况，软弱矿物富集带等；喷出岩的喷发间断面，凝灰岩分布及其泥化情况，玄武岩中的柱状节理（图4-8）、气孔等。

图4-8　玄武岩柱状节理

彩色原图

（3）变质岩类：片麻岩类的风化，其中软弱变质岩带或夹层以及岩脉的特性；软弱矿物及泥质片岩类、千枚岩（图4-9）、板岩的风化、软化和泥化情况等。

（4）第四纪土层：成因类型和沉积相，所处的地貌单元，土层间接触关系以及与下伏基岩的关系；建筑地段特殊土的分布、厚度、延续变化情况、工程特性以及与某些不良地质现象形成的关系等。建筑地段不同成因类型和沉积相土层之间的接触关系，可以利用微地貌研究以及配合简便勘探工程来确定。

彩色原图

图 4-9　千枚岩手标本

在采用自然历史分析法研究的基础上，还应根据野外观察和运用现场简易测试方法所取得的物理力学性质指标，初步判定岩土层与建筑物相互作用时的性能。

### 4.2.4.2　地质构造

地质构造对工程建设的区域地壳稳定性、建筑场地稳定性和工程岩土体稳定性来说，都是极重要的因素；而且它又控制着地形地貌、水文地质条件和不良地质现象的发育和分布。所以地质构造通常是工程地质测绘的主要内容。

工程地质测绘对地质构造研究的内容包括：（1）岩层的产状及各种构造型式的分布、形态和规模；（2）软弱结构面（带）的产状及其性质，包括断层的位置、类型、产状、断距、破碎带宽度及充填胶结情况；（3）岩土层各种接触面及各类构造岩的工程特性；（4）晚近期构造活动的形迹、特点及与地震活动的关系等。

对于隧道工程，要注意查明其是否处于几个构造体系的复合部位。因为在这些部位，构造系统往往彼此联系，形成复杂的构造体系，褶皱、断裂发育，岩层构造变动强烈，岩体破碎。需根据岩层出露情况分析褶皱、断裂构造的类型及其相互关系。如在背斜轴部及其邻近地区，容易出现多期次的断裂构造，彼此互相叠加，形成复杂的断裂系统。而在向斜轴部及其邻近地区（图 4-10），由于变形过程处于挤压状态，故其断裂构造往往不如背斜发育。

彩色原图

图 4-10　向斜

对于断裂构造，要查明它们的性质、产状、破碎带和影响带宽度及延伸情况，断层破碎带的岩性特征和含水情况等。由于断层是软弱带，岩石破碎，并有互相摩擦的镜面，强度低，易于变形，当开挖隧道遇到断层时，围岩极易发生坍塌、滑移，还可能有大量地下水从断层中流出，给施工带来危害。

在工程地质测绘中研究地质构造时，要运用地质历史分析和地质力学的原理和方法，以查明各种构造结构面（带）的历史组合和力学组合规律。既要对褶皱、断裂等大的构造形迹进行研究，又要重视节理、裂隙等小构造的研究，尤其在大比例尺工程地质测绘中，小构造研究具有重要的实际意义。因为小构造直接控制着岩土体的完整性、强度和透水性，是岩土工程评价的重要依据。

在工程地质研究中，节理、裂隙泛指普遍、大量地发育于岩土体内，各种成因的、延展性较差的结构面；其空间展布数米至二三十米，无明显宽度。构造节理、劈理、原生节理、层间错动面、卸荷裂隙、次生剪切裂隙等均属此类。

对于节理、裂隙应重点研究以下三个方面：（1）节理、裂隙的产状、延展性、穿切性和张开性；（2）节理、裂隙面的形态、起伏差、粗糙度，充填胶结物的成分和性质等；（3）节理、裂隙的密度或频度。具体的研究方法在前面章节中已有详细讨论，不再赘述。

由于节理、裂隙研究对岩体工程尤为重要，所以在工程地质测绘中必须进行专门的测量统计，以搞清它们的展布规律和特性，尤其要深入研究建筑地段内占主导地位的节理、裂隙及其组合特点，分析它们与工程作用力的关系。

目前国内在工程地质测绘中，节理、裂隙测量统计结果一般用图解法表示，常用的有玫瑰图、极点图和等密度图（图4-11）三种。近年来，基于节理、裂隙测量统计的岩体结构面网络计算机模拟，在岩体工程勘察、设计中已得到较广泛的应用。

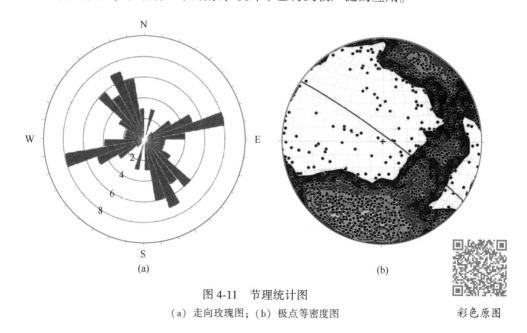

图4-11 节理统计图

（a）走向玫瑰图；（b）极点等密度图

彩色原图

在强震区重大工程场地可行性研究勘察阶段工程地质测绘时，应研究晚近期的构造活动，特别是全新世地质时期内有过活动或近期正在活动的"全新活动断裂"，应通过地形地貌、地质、历史地震和地表错动、地形变以及微震测震等标志，查明其活动性质和展布规律，并评价其对工程建设可能产生的影响。必要时，应根据工程需要和任务要求，配合地震部门进行地震地质和宏观震害调查。

### 4.2.4.3　地貌

地貌与岩性、地质构造、第四纪地质、新构造运动、水文地质以及各种不良地质现象的关系密切。研究地貌可借以判断岩性、地质构造及新构造运动的性质和规模，搞清第四纪沉积物的成因类型和结构，以及了解各种不良地质现象的分布和发展演化历史、河流发育史等（图 4-12）。由于第四纪地质与地貌的关系密切，在平原区、山麓地带、山间盆地以及有松散沉积物覆盖的丘陵区进行工程地质测绘时，应着重于地貌研究，并以地貌作为工程地质分区的基础。

图 4-12　主要地貌单元示意图

彩色原图

工程地质测绘中地貌研究的内容有：（1）地貌形态特征、分布和成因；（2）划分地貌单元，地貌单元形成与岩性、地质构造及不良地质现象等的关系；（3）各种地貌形态和地貌单元的发展演化历史。上述各项研究内容大多是在小、中比例尺测绘中进行的。在大比例尺工程地质测绘中，则应侧重于微地貌与工程建筑物布置以及岩土工程设计、施工关系等方面的研究。

### 4.2.4.4　水文地质

在工程地质测绘中研究水文地质的主要目的，是为研究与地下水活动有关的岩土工程问题和不良地质现象提供资料。例如，对深部工程进行水文地质勘查时，应研究断层带和裂隙密集带的含水性、导水性、富水地段的位置及其与地下水活动的关系，并对工程涌水量进行预测。因此，水文地质条件也是一项重要的研究内容。

在工程地质测绘过程中对水文地质条件的研究，应从地层岩性、地质构造、地貌特征和地下水露头的分布、类型、水量、水质等入手，并结合必要的勘探、测试工作，查明测区内地下水的类型、分布情况和埋藏条件；含水层、透水层和隔水层（相对隔水层）的分布，各含水层的富水性和它们之间的水力联系；地下水的补给、径流、排泄条件及动态变化；地下水与地表水之间的补、排关系；地下水的物理性质和化学成分等，在此基础上分析水文地质条件对岩土工程实践的影响。

泉、井等地下水的天然和人工露头以及地表水体的调查，有利于阐明测区的水文地质条件。故应对测区内各种水点进行普查，并将它们标测于地形底图上。对其中有代表性的以及与岩土工程有密切关系的水点，还应进行详细研究，布置适当的监测工作，以掌握地下水动态和孔隙水压力变化等。泉、井调查内容可参阅水文地质学教程的有关内容。

### 4.2.4.5　不良地质现象

不良地质现象研究的目的是评价建筑场地的稳定性，并预测其对各类岩土工程的不良影响。由于不良地质现象直接影响建筑物的安全、经济和正常使用，所以工程地质测绘时对测区内影响工程建设的各种不良地质现象必须详加研究。

研究不良地质现象要以地层岩性、地质构造、地貌和水文地质条件的研究为基础，并收集气象、水文等自然地理因素资料。研究内容包括：各种不良地质现象（岩溶、滑坡、崩塌、泥石流、冲沟、河流冲刷、岩石风化等）的分布、形态、规模、类型和发育程度，分析它们的形成机制和发展演化趋势（图4-13），并预测其对工程建设的影响。

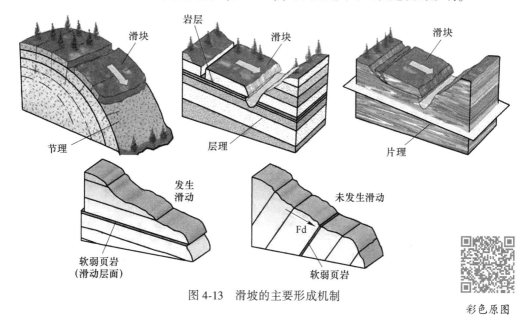

图4-13　滑坡的主要形成机制

彩色原图

## 4.2.5　遥感技术的应用

### 4.2.5.1　意义和特点

遥感技术包括航空摄影技术、航空遥感技术和航天遥感技术，它们所提供的遥感图像视野广阔、影像逼真、信息丰富，因而可应用于地质研究（图4-14）。自20世纪70年代中期以来，我国开始陆续引进和研究现代遥感技术，并将其应用于工程地质测绘与制图中。实践证明，它能加速地质调查、节省地面测绘的工作量，提高测绘精度和填图质量。

遥感技术一般在勘察初期阶段的小、中比例尺工程地质测绘中应用。主要工作是解译遥感图像资料。不同遥感图像的比例尺大小是：航空照片（简称航片）1∶25000～

1：100000；陆地卫星影像（简称卫片）不同时间多波段的 1：250000～1：500000 黑白相片和假彩色合成或其他增强处理的图像；热红外图像 1：5000。一般于测绘工作开始之前，在搜集到的遥感图像上进行目视解译（此时应结合所搜集到的区域地质和物探资料等进行），勾画出地质草图，以指导现场踏勘。通过踏勘，又可以起到在野外验证解译成果的作用。在测绘过程中，遥感图像资料可用来校正所填绘的各种地质体和地质现象的位置和尺寸，或补充填图内容，为工程地质测绘提供确切的信息。

图 4-14   遥感图像     彩色原图

对各种地质体和地质现象主要依靠解译标志进行目视解译。所谓解译标志，指的是具有地质意义的光谱信息和几何信息，如目标物的色调、色彩、形状、大小、结构、阴影等图像特征。由于各种解译目标的物理-化学属性不同，所以具有不同的解译标志组合。此外，不同的遥感图像资料，其解译依据也不相同。航片的比例尺一般较大，主要依据目标物的几何特征解译；卫片则很难分辨出目标物的几何特征，主要依据其光谱信息解译。热红外图像记录的是地面物体间热学性质的差别，其解译标志虽然与前两者一样，但含义与之不同。在对航片进行解译时，一般要做立体观察，以提高解译效果。即利用航空立体镜对航片做立体像观察，以获得直观的三维光学立体模型。

### 4.2.5.2 目视解译方法

#### A 地层岩性

地层岩性目视解译的主要内容，是识别不同的岩性（或岩性组合）和圈定其界线；此外，推断各岩层的时代和产状，分析各种岩性在空间上的变化、相互关系以及与其他地质体的关系。岩性地层单位的分辨程度和划分的粗细程度，取决于图像分辨率的高低、岩性地层单位之间波谱特征的差异程度、图形特征反差大小以及它们的出露程度。由于航片的分辨率高，所以它识别岩性地层单位的效果通常较卫片要好。实践证明，岩类分布面积广、岩类间的色调和性质差异大，则容易识别解译；反之，则难以识别解译。

地层岩性的影像特征，主要表现为色调（色彩）和图形两个方面。前者反映了不同岩类的波谱特征，后者是区分不同岩类的主要形态标志。不同颜色、成分和结构构造的岩性，由于反射光谱的能力不同，其波谱特征就有差异。同一岩性的地表遭受风化情况不同，它的波谱特征也有一定变化。因此可以根据不同岩性的波谱特征的规律来识别它们。不同岩类的空间产状形态和构造类型各有特色，并在遥感图像上表现为不同类型和不同规模的图形特征，因此也就可以依据图形特征识别不同的岩类（图 4-15）。

岩性地层目视解译前，首先要将解译地区的第四系松散沉积物圈出来，然后划分三大岩类的界线，最后详细解译各种岩性地层。利用航片识别第四系松散沉积物的成因类型并

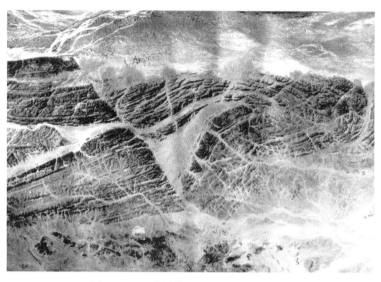

图 4-15　遥感影像显示的地层岩性特征

确定其与基岩的分界线是比较容易的，但要详细划分岩性则比较困难。由于它与地形地貌关系密切，所以可以结合地形地貌形态的研究以确定沉积物的类型。沉积岩类普遍适用的解译标志是层理所造成的图像，一般都具有直线的或曲线的条带状图形特征，其岩性差异则可以通过不同的色调反映出来。岩浆岩类的波谱特征有明显规律可循。一般情况下，超基性、基性岩浆岩反射率低，它们在遥感图像上多呈深色调或深色彩；而中性、酸性岩浆岩则反射率中等至偏高，因此图色调或色彩较浅。与周围的围岩相比，岩浆岩的色调较为均匀一致。这类岩石在遥感图像上的图形特征，侵入岩常反映出各种形状的封闭曲线；而喷发岩的图形特征则较复杂。一般喷发年代新的火山熔岩流很容易辨认，而老的火山熔岩解译程度就低，尤其是夹在其他地层中的薄层熔岩夹层，几乎无法解译。变质岩种类繁杂，较上述两大岩类解译效果要差些。一般情况下，色调特征正变质岩与岩浆岩相近，副变质岩与沉积岩和部分喷发岩接近，而图形特征则比较复杂，解译时应慎重分辨。

　　B　地质构造

　　利用遥感图像解译和分析地质构造效果较好。一般来说，利用卫片可观察到巨型构造的形象，而航片解译中，小型构造形迹效果较好。

　　地质构造目视解译的内容，主要包括岩层产状、褶皱和断裂构造、火山机制、隐伏构造、活动构造、线性构造和环状构造等的解译以及区域构造的分析。下面简要讨论与工程地质测绘关系较密切的内容。

　　由沉积岩组成的褶皱构造，在遥感图像上表现为色调不一的平行条带状色带，或是圆形、椭圆形及不规则环带状的色环。尤其当褶皱范围内岩层露头较好、岩性差异较大时，则表现得尤为醒目。但是，水平岩层和季节性干涸的湖泊边缘有时也会出现圈闭的环形图像，解译时需注意区别。褶皱构造依图形特征，可区分出平缓的、紧闭的、箱状的和梳状的等。在构造变动强烈的地区，由于构造遭受破坏，因此识别时较为困难，需借助于其他的解译标志。由新构造活动引起的大面积穹状隆起的平缓褶皱，较难于识别，这时可利用水系分析标志解译。在确定了褶皱存在之后，就要进一步解译背斜或向斜。这方面的解译标志较多，可参阅有关文献。

断裂构造是一种线性构造。所谓线性构造，指的是遥感图像上与地质作用有关或受地质构造控制的线性影像。线性构造较之岩性地层和褶皱的解译效果要好些。在遥感图像上影像越明显的断裂，其年代可能越新，所以在航（卫）片上可以直接解译活动断裂（图4-16）。断裂构造也主要借助于图形和色调两类标志来解译。形态标志较多，可分为直接标志和间接标志两种。在遥感图像上，地质体被切断、沉积岩层重复或缺失以及破碎带的直接出露等，可作为直接解译标志。间接解译标志则有线性负地形、岩层产状突变、两种截然不同的地貌单元相接、地貌要素错开、水系变异、泉水和不良地质现象呈线性分布等。断裂构造色调解译标志远不如形态解译标志作用明显，一般只能作为间接标志。因为引起色调差异的原因很多，有不少是非构造因素造成的，解译时应慎重加以分辨。由于活动断裂都是控制和改造构造地貌和水系格局的，因此在遥感图像上仔细研究构造地貌和水系格局及其演变形迹，可以揭示这类断裂。此外，松散沉积物掩盖的隐伏断裂也可以通过水系和地貌特征以及色调变化等综合分析来识别。

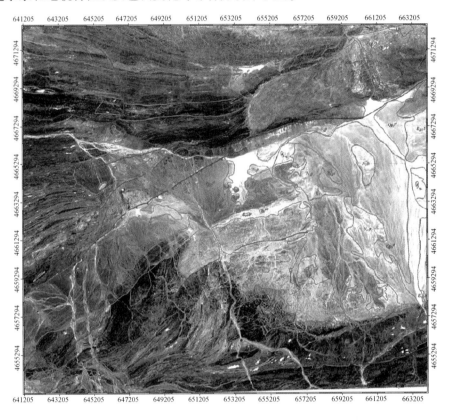

图 4-16   遥感图像解译断层

彩色原图

### C   水文地质

水文地质解译内容主要包括控制水文地质条件的岩性、构造和地貌要素，以及植被、地表水和地下水天然露头等现象。进行解译时，如果能利用不同比例尺的遥感图像进行研究对比，可以取得较好的效果。尤其是大的褶皱和断裂构造，应先进行卫片和小比例尺航片的解译，然后进行大比例尺航片的解译。进行水文地质解译的航片以采用旱季摄影的为好。

利用航片进行地下水天然露头（泉、沼泽等）解译，所编制的地下水露头分布图效用较大。据此图可确定地下水出露位置，描述附近的地形地貌特征、地下水出露条件、涌水状况及大致估测涌水量大小，并可进一步推断测绘区含水层的分布、地下水类型及其埋藏条件。

实践证明，红外摄影和热红外扫描图像对水文地质解译效用独特。由于水的热容量大，保温作用强，因此有地下水与周围无地下水的地段、地下水埋藏较浅与周围地下水埋藏较深的地段，都存在温度差别（季节温差及昼夜温差）。利用红外摄影和热红外扫描对温度的高分辨率（0.01~0.1℃），可以寻找浅埋地下水的储水构造场所（如充水断层、古河道潜水），探查岩溶区的暗河管道、库坝区的集中渗漏通道等。

多波段陆地卫星影像对解译大范围的水文地质现象，如松散沉积物掩盖区大型隐伏构造以及平原区挽近地质时期凹陷和隆起区的地下水分布状况，也具有较好的作用。

D　地貌和不良地质现象

在工程地质测绘中，一般采用大比例尺卫片（1∶250000）和航片来解译地貌和不良地质现象。

地貌和不良地质现象的遥感图像解译，历来为从事岩土工程和工程地质的工程技术人员所重视，因为这两项内容解译效果最为理想，而且可以揭示其与地层岩性、地质构造之间的内在联系，为之提供良好的解译标志。地貌解译应与第四系松散沉积物解译结合进行。通过地貌解译还可提供地下水分布的有关资料。从工程实用观点讲，地貌和不良地质现象的解译，可直接为工程选址、地质灾害防治等提供依据，所以在城镇、厂矿、道路和水利工程勘察的初期阶段必须进行。

由于地貌和不良地质现象的发展演化过程往往比较快，因此利用不同时期的遥感图像进行对比研究效果更好，可以对其发展趋势以及对工程的不良影响程度做初步评价。对各种地貌形态和不良地质现象的具体解译内容和方法，这里不再论述，可参阅有关文献。

### 4.2.5.3　工作程序和方法

遥感地质作为一种先进的地质调查工作方法，其具体工作大致可划分为准备工作、初步解译、野外调查、室内综合研究、成图与编写报告等阶段。现将各阶段工作内容和方法简要论述如下：

（1）准备工作阶段：本阶段的主要任务，是做好遥感地质调查的各项准备工作和制订工作计划。主要的工作内容是搜集工作区各类遥感图像资料和地质、气象、水文、土壤、植被、森林以及不同比例尺的地形图等各种资料。搜集的遥感图像数量，同一地区应有2~3套，一套制作镶嵌略图，一套用于野外调绘，一套用于室内清绘。应准备好有关的仪器、设备和工具。制订具体工作计划时，选定工作重点区，提出完成任务的具体措施。

（2）初步解译阶段：遥感图像初步解译是遥感地质调查的基础。室内的初步解译要依据解译标志，结合前人地质资料等，编制解译地质略图。如果有条件的话，应利用光学增强技术来处理遥感图像，以提高解译效果。解译地质图是本阶段的工作成果，利用它来选择野外踏勘路线和实测剖面位置，并提出重点研究地段。

（3）野外调查阶段：此阶段的主要工作是踏勘和现场检验。踏勘工作应先期进行，其目的是了解工作区的自然地理、经济条件和地质概况。踏勘时携带遥感图像，以核实各典型地质体和地质现象在相片上的位置，并建立它们的解译标志。需选择一些地段进行重点研究，并实测地层剖面。现场检验工作的主要内容，是全面检验解译成果，在一定间距内穿越一些路线，采集必要的岩土样和水样。此期间一定要加强室内整理。本阶段工作可与工程地质测绘野外作业同时进行，遥感解译的现场检验地质观测点数，宜为工程地质测绘观测点数的 30%~50%。

（4）室内综合研究、成图与编写报告阶段：这一阶段的任务是最后完成各种正式图件，编写遥感地质调查报告，全面总结测区内各地质体和地质现象的解译标志、遥感地质调查的效果及工作经验等。应将初步解译、野外调查和其他方法所取得的资料，集中转绘到地形图上，然后进行图面结构分析。对图中存在的问题及图面结构不合理的地段，进行修正和重新解译，以求得确切的结果。必要时要野外复验或进行图像光学增强处理等措施，直至整个图面结构合理为止。经与各项资料核对无误后，便可定稿和清绘图件。最后，根据任务要求编写遥感地质调查报告，附以遥感图像解译说明书和典型相片图册等资料。

# 4.3  工程地质勘探

## 4.3.1  任务和手段

### 4.3.1.1  勘探的任务

岩土工程勘探的任务，主要有以下各项：

（1）详细研究建筑场地或建筑地段的岩土体和地质构造。研究各地层的岩性特征、厚度及其横向变化，按岩性详细划分地层，尤其须注意软弱岩层的岩性及其空间分布情况；确定天然状态下各岩土层的结构和性质；基岩的风化深度和不同风化程度的岩石性质，划分风化带；研究岩层的产状；断层破碎带的位置、宽度和性质；节理、裂隙发育程度及随深度的变化，做裂隙定量指标的统计。

（2）研究水文地质条件。了解岩土的含水性，查明含水层、透水层和隔水层的分布、厚度、性质及其变化，各含水层地下水的水位（水头）、水量和水质；借助水文地质试验和监测，了解岩土的透水性和地下水动态变化。

（3）研究地貌和不良地质现象。查明各种地貌形态，如河谷阶地、洪积扇、斜坡等的位置、规模和结构；研究各种不良地质现象，如滑坡的范围、滑动面位置和形态、滑体的物质和结构；研究岩溶的分布、发育深度、形态及充填情况等。

（4）取样及提供野外试验条件。从勘探工程中采取岩土样和水样，供室内岩土试验和水质分析鉴定使用；在勘探工程中可做各种原位测试，如载荷试验、标准贯入试验、剪切试验、波速测试等岩土物理力学性质试验，岩体地应力量测，水文地质试验以及岩土体加固与改良的试验等。

（5）提供检验与监测的条件。利用勘探工程布置岩土体性状、地下水和不良地质现象的监测、地基加固与改良和桩基础的检验与监测。

（6）其他。如进行孔中摄影及孔中电视、喷锚支护灌浆处理钻孔、基坑施工降水钻孔、灌注柱钻孔、施工廊道和导坑等。

### 4.3.1.2 勘探的手段

岩土工程勘探常用的手段有钻探工程、坑探工程及地球物理勘探三类。

钻探和坑探工程是直接勘探手段，能较可靠地了解地下地质情况。钻探工程是使用最广泛的一类勘探手段，普遍应用于各类工程的勘探；由于它对一些重要的地质体或地质现象有时可能会误判、遗漏，所以也称它为"半直接"勘探手段。坑探工程勘探人员可以在其中观察编录，以掌握地质结构的细节；但是重型坑探工程耗资高，勘探周期长，使用时应具经济观点。地球物理勘探简称物探，是一种间接的勘探手段，它可以简便而迅速地探测地下地质情况，且具有立体透视性的优点。但其勘探成果具多解性，使用时往往受到一些条件的局限。考虑到三类勘探手段的特点，布置勘探工作时应综合使用，互为补充。

上述三种勘探手段在不同勘察阶段的使用应有所侧重。可行性研究勘察阶段的任务，是对拟建场地的稳定性和适宜性做出评价，主要进行工程地质测绘，勘探往往是配合测绘工作而开展的，而且较多地使用物探手段，钻探和坑探主要用来验证物探成果和取得基准剖面。初步勘察阶段应对建筑地段的稳定性做出岩土工程评价，勘探工作比重较大，以钻探工程为主，并利用勘探工程取样，做原位测试和监测。在详细勘察阶段，须提出详细的岩土工程资料和设计所需的岩土技术参数，并对基础设计、地基处理以及不良地质现象的防治等具体方案做出论证和建议，以满足施工图设计的要求。因此须进行直接勘探，与其配合还应进行大量的原位测试工作。各类工程勘探坑孔的密度和深度都有详细严格的规定。在复杂地质条件下或特殊的岩土工程（或地区），还应布置重型坑探工程。此阶段的物探工作主要为测井，以便沿勘探井孔研究地质剖面和地下水分布等。

钻探、坑探和物探的原理和方法，在相关教程中论述，本节重点论述这三类勘探手段在岩土工程勘察中的适用条件、所能解决的主要问题、编录要求，以及勘探工作的布置和施工等问题。

## 4.3.2 钻探和岩心编录

### 4.3.2.1 钻探要求

（1）岩心采取率要求较高。对岩层做岩心钻探（图4-17）时，一般完整和较完整岩体不应低于80%，较破碎和破碎岩石不应低于65%。对于工程建筑物至关重要、需重点查明的软弱夹层、断层破碎带、滑坡的滑动带等地质体和地质现象，为保证获得较高的岩心采取率，应采用相应的钻进方法。例如，尽量减少冲洗液用量或采用干钻，采取双层岩心管连续取心，降低钻速，缩短钻程。当需确定岩石质量指标 RQD 时，应采用 75mm 口径的（N型）双层岩心管和采用金刚石钻头。

（2）钻孔水文地质观测和水文地质试验是岩土工程钻探的重要内容，借以了解岩土的含水性，发现含水层并确定其水位（水头）和涌水量大小，掌握各含水层之间的水力联系，测定岩土的渗透系数等。为此，在钻进过程中应按水文地质钻探的要求，做好孔中水位测量、测定冲洗液消耗量及钻孔涌水量、测量水温等工作。为了保证准确地测定地下水位和水文地质试验工作的正常进行，必须按含水层位置和试验工作的要求，确定孔身结构

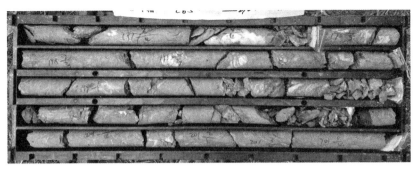

图 4-17　钻孔岩心　　　　　　　　彩色原图

和钻进方法。对不同含水层要分层止水，加以隔离。按照水文地质试验工作的要求，一般抽水试验钻孔的直径，在土层中应不小于 325mm，在基岩中应不小于 146mm，压水试验钻孔的直径为 59~150mm。根据换径次数及位置，即可确定孔身结构。为了保证取得准确的水文地质参数，必须采取干钻或清水钻进，不允许使用泥浆加固孔壁的措施。此外，钻孔不能发生弯曲，孔壁要光滑规则，同一孔径段应大小一致。上述各项要求应在钻探操作工艺上给予满足。

（3）在钻进过程中，为了研究岩土的工程性质，经常需要采取岩土样。坚硬岩石的取样可利用岩心，但其中的软弱夹层和断层破碎带取样时，必须采取特殊措施。为了取得质量可靠的原状岩（土）样，需配备取样器，并应注意取样方法和操作工序，尽量使岩（土）样不受或少受扰动。

### 4.3.2.2　钻进技术

#### A　双层岩心管钻进

双层岩心管钻进是复杂地层中最普遍采用的一种钻进技术。一般岩心钻采用的是单层岩心管，其主要的缺点是钻进时冲洗液直接冲刷岩心，致使软弱、破碎岩层的岩心被破坏。而双层岩心管钻进时，岩心进入内管，冲洗液自钻杆流下后，在内、外两管壁间隙循环，并不进入内管冲刷岩心，所以能有效地提高岩心采取率。

双层岩心管有双层单动和双层双动两类结构，以前者为优。金刚石钻头钻进一般都采用双层单动岩心管。这种钻进技术是在钻头内部使用岩心卡簧采取岩心的，在外管上还镶有扩孔器。不经扰动，所以不仅钻进效率高，因单动岩心管当岩心进入后不再经受扰动，岩心采取率及岩心质量也较高。

#### B　套钻和岩心定向钻进

此项钻进工艺是黄河水利委员会勘测设计院于 20 世纪 80 年代中期研制成功的，它有效地保证了软弱夹层和破碎地层获取高质量的岩心。

钻进的工艺过程如下：采用金刚石钻具以 91mm 孔径钻进至预定的复杂地层深度后，先用直径 46mm 的导向钻具在钻孔中心钻出一个约 1m 深的小孔，然后插筋并灌注化学黏结剂，待凝固后，再以 91mm 孔径用随钻定向钻具钻进并取出岩心。岩心采取率几乎可以达到 100%，而且能准确地测得孔内岩层的产状，但是所采取的岩心不能作为力学试验的样品。

### C 绳索取心钻进

绳索取心钻进技术是小口径金刚石钻进技术发展到高级阶段的标志。此项钻进技术的主要优点是：（1）有利于穿透破碎易坍塌地层；（2）提高岩心采取率及取芯的质量；（3）节省辅助工作时间，提高钻进效率；（4）延长钻头使用寿命，降低成本。

绳索取心钻进可以直接从专用钻杆内用绳索将装有岩心的内管提到地面上取出岩心，简化了钻进工序（图4-18）。我国东北水电勘测设计院与美国某公司共同研制成功了与此项钻进技术相配套的 SGS-1 型不提钻气压栓塞，可以同时提高钻孔压水试验的效率和质量，已在国内水利水电工程地质勘测中推广使用。

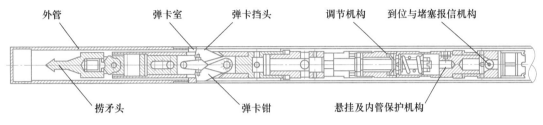

图 4-18　绳索取心钻杆结构

### 4.3.2.3 钻孔编录

钻孔观测与编录包括以下内容：

（1）岩心观察、描述和编录。对岩心的描述包括地层岩性、分层深度、岩土性质等方面。不同类型岩土体的描述内容如下：

碎石土：颗粒级配；粗颗粒形状、母岩成分、风化程度，是否起骨架作用；充填物的成分、性质、充填程度；密实度；层理特征。

砂类土：颜色；颗粒级配；颗粒形状和矿物成分；湿度；密实度；层理特征。

粉土和黏性土：颜色；稠度状态；包含物；致密程度；层理特征。

岩石：颜色；矿物成分；结构和构造；风化程度及风化表现形式，划分风化带；坚硬程度；节理、裂隙发育情况，裂隙面特征及充填胶结情况，裂隙倾角、间距，进行裂隙统计。必要时作岩心素描。

作为文字记录的辅助资料是岩土心样。岩土心样不仅对原始记录的检查核对是必要的，而且对施工开挖过程的资料核对，发生纠纷时的取证、仲裁，也有重要的价值。因此应在一段时间内妥善保存。目前已有一些工程勘察单位用岩心的彩色照片代替实物。

通过对岩心的各种统计，可获得岩心采取率、岩心获得率和岩石质量指标（RQD）等定量指标。

岩心采取率是指所取岩心的总长度与本回次进尺的百分比。总长度包括比较完整的岩心和破碎的碎块、碎屑和碎粉物质。

岩心获得率是指比较完整的岩心长度与本回次进尺的百分比。它不计入不成形的破碎物质。

岩石质量指标（RQD）是指在取出的岩心中，只选取长度大于 10cm 的柱状岩心长度与本回次进尺的百分比。岩石质量指标是岩体分类和评价地下洞室围岩质量的重要指标。该指标只有在统一标准的钻进操作条件下才具有可比性。按照国际通用标准，应采用直径

75mm（N型）双层岩心管金刚石钻头的钻具。

上述三项指标可反映岩石的坚硬和完整程度。显然，同一回次进尺的岩心采取率最大，岩心获得率次之，而岩石质量指标（RQD）值则最小。

每回次取出的岩心应顺序排列，按有关规定进行编号、装箱和保管，并注明所取原状土样、岩样的数量和取样深度。

（2）钻孔水文地质观测。钻进过程中应注意和记录冲洗液消耗量的变化。发现地下水后，应停钻测定其初见水位及稳定水位。如系多层含水层需分层测定水位时，应检查分层止水情况，并分层采取水样和测定水温。准确记录各含水层顶、底板标高及其厚度。

（3）钻进动态观察和记录。钻进动态能提供许多地质信息，所以钻孔观测、编录人员必须做好此项工作。在钻进过程中注意换层的深度、回水颜色变化、钻具陷落、孔壁坍塌、卡钻、埋钻和涌沙现象等，结合岩心以判断孔内情况。如果钻进不平稳，孔壁坍塌及卡钻，岩心破碎且采取率低，就表明岩层裂隙发育或处于构造破碎带中。岩心钻探时冲洗液消耗量变化一般与岩体完整性有密切关系，当回水很少甚至不回水时，则说明岩体破碎或岩溶发育，也可能揭露了富水性较强的含水层。

为了对钻孔中情况有直观的印象，国内水利水电勘察单位使用的钻孔摄像和钻孔电视，可以对孔内岩层裂隙发育程度及方向、风化程度、断层破碎带、岩溶洞穴和软弱泥化夹层等，获取较为清晰的照片和图像。这无疑提高了钻探工作的质量和钻孔利用率。

（4）钻探资料整理。钻探工作结束后，应进行钻孔资料整理。主要成果资料如下：

1）钻孔柱状图。钻孔柱状图是钻孔观测与编录的图形化，它是钻探工作最主要的成果资料。土层钻孔和岩层钻孔的钻孔柱状图图形不同。

钻孔柱状图是将每一钻孔内岩土层情况按一定的比例尺编制成柱状图，并做简明的描述。在图上还应在相应的位置上标明岩心采取率、冲洗液消耗量、地下水位、岩心风化分带、孔中特殊情况、代表性的岩土物理力学性质指标以及取样深度等。如果孔内做过测井和试验的话，也应将其成果在相应的位置上标出。所以，钻孔柱状图实际上是反映钻探工作的综合成果。

2）钻孔操作及水文地质日志图。

3）岩心素描图及其说明。

### 4.3.3  坑探

坑探工程也叫掘进工程、井巷工程，它在岩土工程勘探中占有一定的地位。与一般的钻探工程相比较，其特点是：勘察人员能直接观察到地质结构，准确可靠，且便于素描；可不受限制地从中采取原状岩土样和用作大型原位测试。尤其对研究断层破碎带、软弱泥化夹层和滑动面（带）等的空间分布特点及其工程性质等，更具有重要意义。坑探工程的缺点是：使用时往往受到自然地质条件的限制，耗费资金大而勘探周期长；尤其是重型坑探工程不可轻易采用。

岩土工程勘探中常用的坑探工程有探槽、试坑、浅井、竖井（斜井）、平硐和石门（平巷）（图4-19）。其中，前三种为轻型坑探工程，后三种为重型坑探工程。现将不同坑探工程的特点和适用条件列于表4-4中。

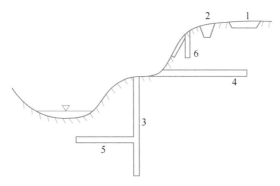

图 4-19　工程地质常用的坑探类型示意图
1—探槽；2—试坑；3—竖井；4—平硐；5—石门；6—浅井

**表 4-4　各种坑探工程的特点和适用条件**

| 名称 | 特　点 | 适 用 条 件 |
|---|---|---|
| 探槽 | 在地表深度小于 3~5m 的长条形槽子 | 剥除地表覆土，揭露基岩，划分地层岩性，研究断层破碎带；探查残殕积层的厚度和物质结构 |
| 试坑 | 从地表向下，铅直的、深度小于 3~5m 的圆形或方形小坑 | 局部剥除覆土，揭露基岩；做载荷试验、渗水试验，取原状土样 |
| 浅井 | 从地表向下，铅直的、深度 5~15m 的圆形或方形井 | 确定覆盖层及风化层的岩性及厚度；做载荷试验，取原状土样 |
| 竖井（斜井） | 形状与浅井相同，但深度大于 15m，有时需支护 | 了解覆盖层的厚度和性质，作风化壳分带、软弱夹层分布、断层破碎带及岩溶发育情况、滑坡体结构及滑动面等；布置在地形较平缓、岩层又较缓倾的地段 |
| 平硐 | 在地面有出口的水平坑道，深度较大，有时需支护 | 调查斜坡地质结构，查明河谷地段的地层岩性、软弱夹层、破碎带、风化岩层等；做原位岩体力学试验及地应力量测，取样；布置在地形较陡的山坡地段 |
| 石门（平巷） | 不出露地面而与竖井相连的水平坑道，石门垂直岩层走向，而平巷平行岩层走向 | 了解河底地质结构、做试验等 |

坑探工程的观察、描述是反映坑探工程第一性地质资料的主要手段。所以在掘进过程中，岩土工程师应认真、仔细地做好此项工作。观察、描述的内容包括：

（1）地层岩性的划分。第四系堆积物的成因、岩性、时代、厚度及空间变化和相互接触关系；基岩的颜色、成分、结构构造、地层层序以及各层间接触关系；应特别注意软弱夹层的岩性、厚度及其泥化情况。

（2）岩石的风化特征及其随深度的变化，作风化壳分带。

（3）岩层产状要素及其变化，各种构造形态；注意断层破碎带及节理、裂隙的研究；断裂的产状、形态、力学性质；破碎带的宽度、物质成分及其性质；节理裂隙的组数、产状、穿切性、延展性、隙宽、间距（频度），有必要时作节理裂隙的素描图和统计测量。

（4）水文地质情况。如地下水渗出点位置、涌水点及涌水量大小等。

坑探工程展视图是坑探工程编录的主要内容，也是坑探工程所需提交的主要成果资料。所谓展视图，就是沿坑探工程的壁、底面所编制的地质断面图，按一定的制图方法将三维空间的图形展开在平面上。由于它所表示的坑探工程成果一目了然，故在岩土工程勘探中被广泛应用。不同类型坑探工程展视图的编制方法和表示内容有所不同，其比例尺应视坑探工程的规模、形状及地质条件的复杂程度而定，一般采用 1∶25~1∶100。下面介绍探槽（图 4-20）、试坑（浅井、竖井）和平硐展示图的编制方法。

图 4-20  探槽照片

彩色原图

（1）探槽展视图：首先进行探槽的形态测量。用罗盘确定探槽中心线的方向及其各段的变化，水平（或倾斜）延伸长度、槽底坡度。在槽底或槽壁上用皮尺作一基线（水平或倾斜方向均可），并用小钢尺从零点起逐渐向另一端实测各地质现象，按比例尺绘制于方格纸上。这样便得到探槽底部或一壁的地质断面图。除槽壁和槽底外，有时还要将端壁断面图绘出。作图时需考虑探槽延伸方向和槽底坡度的变化，遇此情况时则应在转折处分开，分段绘制。

（2）试坑（浅井、竖井）展视图：此类铅直坑探工程的展视图，也应先进行形态测量，然后作四壁和坑（井）底的地质素描。其展开的方法也有两种：一种是四壁辐射展开法，即以坑（井）底为平面，将四壁各自向外翻倒投影而成。一般适用于作试坑展视图。另一种是四壁平行展开法，即四壁连续平行排列。它避免了四壁辐射展开法因探井较深导致的缺陷。所以这种展开法一般适用于浅井和竖井。四壁平行展开法的缺点是，当探井四壁不直立时图中无法表示。

（3）平硐展视图：平硐在掘进过程中往往需要支护，所以应及时做地质编录。平硐展视图从硐口作起，随掌子面不断推进而分段绘制，直至掘进结束。其具体做法是：最先画出硐底的中线，平硐的宽度、高度、长度、方向以及各种地质界线和现象，都是以这条中线为准绘出的（图 4-21）。当中线有弯曲时，应于弯曲处将位于凸出侧的硐壁裂一岔口，以调整该壁内侧与外侧的长度。如果弯曲较大时，则可分段表示。硐底的坡度用高差曲线表示。

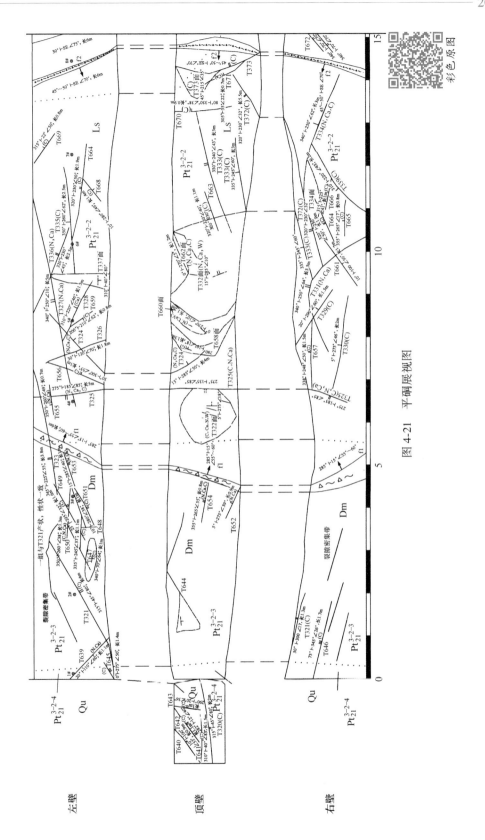

图 4-21　平硐展视图

### 4.3.4 地球物理勘探

#### 4.3.4.1 基本原理

地球物理勘探简称物探，它是用专门的仪器来探测各种地质体物理场的分布情况，对其数据及绘制的曲线进行分析解释，从而划分地层，判定地质构造、各种不良地质现象的一种勘探方法。由于地质体具有不同的物理性质（导电性、弹性、磁性、密度、放射性等）和不同的物理状态（含水率、空隙性、固结程度等），因此为利用物探方法研究各种不同的地质体和地质现象提供了物理前提。所探测的地质体各部分间以及该地质体与周围地质体之间的物理性质和物理状态差异越大，就越能获得比较满意的结果。应用于岩土工程勘察中的物探，则称之为工程物探。

物探的优点是：设备轻便、效率高；在地面、空中、水上或钻孔中均能探测；易于加大勘探密度、深度和从不同方向敷设勘探线网，构成多方位数据阵，具有立体透视性的特点。但是，这类勘探方法往往受到非探测对象的影响和干扰以及仪器测量精度的局限，其分析解释的结果就显得较为粗略，且具多解性。为了获得较确切的地质成果，在物探工作之后，还常用勘探工程（钻探和坑探）来验证。为了使物探这一间接勘探手段在工程勘察中有效地发挥作用，岩土工程师在利用物探资料时，必须较好地掌握各种被探查地质体的典型曲线特征，将数据反复对比分析，排除多解。并与地质调查相结合，以获得正确单一的地质结论。

#### 4.3.4.2 主要作用与要求

岩土工程勘察中可在下列方面采用地球物理勘探：

（1）作为钻探的先行手段，了解隐蔽的地质界线、界面或异常点；

（2）在钻孔之间增加地球物理勘探点，为钻探成果的内插、外推提供依据；

（3）作为原位测试手段，测取岩土体的波速、动弹性模量、动剪切模量、卓越周期、电阻率、放射性辐射参数、土对金属的腐蚀性等。

地球物理勘探的应用应具备下列条件：被探测对象与周围介质之间有明显的物理性质差异；被探测对象具有一定的埋藏深度和规模，且地球物理异常具有足够的强度；能抑制干扰，区分有用信号和干扰信号；在有代表性地段进行方法的有效性试验。

#### 4.3.4.3 主要分类

物探工作的种类较多，表4-5中所列为物探分类及其在岩土工程中的应用。在岩土工程勘察中运用最普遍的是电阻率法和地震折射波法。此外，近年来地质雷达和声波测井的运用效果也较好。

**表 4-5　物探分类及其在岩土工程中的应用**

| 类别 | 方法名称 | | 适用范围 |
|---|---|---|---|
| 直流电法 | 电阻率法 | 点剖面法 | 寻找追索断层破碎带和岩溶范围，探查基岩起伏和含水层、滑坡体，圈定冻土带 |
| | | 电测深法 | 探测基岩埋深和风化层厚度、地层水平分层，探测地下水，圈定岩溶发育 |
| | 充电法 | | 测量地下水流速流向，追索暗河和充水裂隙带，探测废弃金属管道和电缆 |
| | 自然电场法 | | 测量地下水流速流向和补给关系，寻找河床和水库渗漏点 |
| | 激发极化法 | | 寻找地下水和含水岩溶 |

| 类别 | 方法名称 | 适 用 范 围 |
|---|---|---|
| 交流电法 | 电磁法 | 小比例尺工程地质水文地质填图 |
| | 无线电波透视法 | 调查岩溶和追索圈定断层破碎带 |
| | 甚低频法 | 寻找基岩破碎带 |
| 地震勘探 | 折射波法 | 工程地质分层变化，探测基岩埋深和起伏变化，查明含水层埋深及厚度，追索断层破碎带，圈定大型滑坡体厚度和范围，进行风化壳分带 |
| | 反射波法 | 工程地质分层 |
| | 波速测量 | 测量地基土动弹性力学参数 |
| | 地脉动测法 | 研究地震场地稳定性与建筑物共振破坏，划分场地类型 |
| 磁法勘探 | 区域磁测 | 圈定第四系覆盖下侵入岩界限和裂隙带、接触带 |
| | 微磁测 | 工程地质分区，圈定有含铁磁性底沉积物的岩溶 |
| 重力勘探 | | 探查地下空洞 |
| 声波勘探 | 声幅测量 | 探查洞室工程的岩石应力松弛范围，研究岩体完整性及动弹性力学参数 |
| | 声呐法 | 河床断面测量 |
| 放射性勘探 | γ 径法迹 | 寻找地下水和岩石裂隙 |
| | 地面放射性测量 | 区域性工程地质填图 |
| 测井 | 电法测井 | 确定含水层位置，划分咸淡水界限，调查溶洞和裂隙破碎带 |
| | 放射性测井 | 调查地层孔隙度和确定含水层位置 |
| | 声波测井 | 确定断裂破碎带和溶洞位置，进行风化壳分带、工程岩体分类 |

#### 4.3.4.4 电阻率法的应用

电阻率法是依靠人工建立直流电场，在地表测量某点垂直方向或水平方向的电阻率变化，从而推断地质体性状的方法。它主要可以解决下列地质问题：

（1）确定不同的岩性，进行地层岩性的划分。

（2）探查褶皱构造形态，寻找断层。

（3）探查覆盖层厚度、基岩起伏及风化壳厚度。

（4）探查含水层的分布情况、埋藏深度及厚度，寻找充水断层及主导充水裂隙方向。

（5）探查岩溶发育情况及滑坡体的分布范围。

（6）寻找古河道的空间位置。

电阻率法包括电测深法和电剖面法，它们又各有许多变种，在岩土工程勘察中应用最广的是对称四极电测深法、环形电测深法、对称剖面法和联合剖面法。

应用对称四极电测深法来确定电阻率有差异的地层，探查基岩风化壳、地下水埋深或寻找古河道，解释效果较好。电测剖面法可以被用来探查松散覆盖层下基岩面起伏和地质构造，了解古河道位置，寻找溶洞等。运用联合剖面法可以较为准确地推断断裂带的位置（图 4-22）。

为了使电阻率法在岩土工程勘察中发挥较好的作用，须注意它的使用条件。

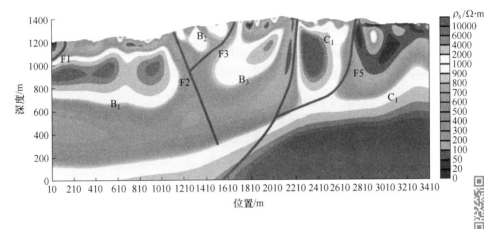

图 4-22　典型大地电阻率剖面及推断的断层位置

彩色原图

（1）地形比较平缓，具有便于布置极距的一定范围。

（2）被探查地质体的大小、形状、埋深和产状，必须在人工电场可控制的范围之内；而且其电阻率应较稳定，与围岩背景值有较大差异。

（3）场地内应有电性标准层存在。该标准层的电阻率在水平方向和垂直方向上均保持稳定，且与上下地层的差值较大；有明显的厚度，倾角不大于 20°，埋深不太大；在其上部无屏蔽层存在。

（4）场地内无不可排除的电磁干扰。

# 4.4　矿区工程地质勘察

## 4.4.1　勘察阶段及任务

矿区工程地质勘察工作通常划分为普查阶段、详查阶段和勘探阶段，各阶段的基本任务如下。

普查阶段：大致查明工作区的工程地质条件，初步划分工程地质勘察类型，概略评价区域工程地质条件对矿床开发的影响，为详查工作与矿山远景规划提供依据。

详查阶段：基本查明矿区的工程地质条件，划分工程地质勘察类型，分析矿床充水因素，预测可能影响矿床开采的主要工程地质和环境地质问题，为矿床初步技术经济评价、矿山总体建设规划和矿区勘探设计提供依据。

勘探阶段：查明矿区工程地质条件（图 4-23），评价矿体顶底板工程地质特征、井巷围岩或露天采矿场岩体质量和稳定性，分析和评价开采条件下可能发生的主要工程地质问题，预测可能出现的主要地质灾害，提出防治措施；查明矿区水文地质条件及矿床充水因素，预测矿井（坑）涌水量，评估突水灾害危险性，对矿床水资源综合利用进行评价，指出供水水源方向，提出含水层保护建议；调查评价矿区的地质环境质量，预测矿床开发可能引起的主要环境地质问题，提出防治建议。

图 4-23　野外露头测量　　　　　　　彩色原图

### 4.4.2　勘察内容

依据矿体、围岩工程地质特征、主要工程地质问题出现的层位，将矿区工程地质勘察分为五类。

（1）松散、软弱岩类：以砂、砂砾石、黏性土、弱胶结的砂质、黏土质岩石为主的岩类（图 4-24）。岩体稳定性取决于岩性、岩层结构和饱水情况。勘查中应着重查明岩（土）体的岩性、结构及其物理力学特征。

图 4-24　松散岩体　　　　　　　　　彩色原图

（2）碎裂岩类：具有碎裂结构或碎斑结构的岩类，是原岩在较强的应力作用下破碎而形成的。碎裂岩完整性差、强度大大降低，呈弹塑性介质，稳定性差（图 4-25）。岩体的稳定性取决于结构面的展布及其组合特征。勘查中应着重查明Ⅱ、Ⅲ、Ⅳ、Ⅴ级结构面的分布、产状、延伸情况、充填物、粗糙度及其组合关系。

（3）块状岩类：以火成岩、结晶变质岩为主的岩类。块状结构，岩体稳定性取决于构造破碎带、蚀变带及风化带的发育程度，一般岩体稳定性好（图 4-26）。勘察中应着重查明Ⅱ、Ⅲ、Ⅳ级结构面的分布、产状、延伸情况、充填物、粗糙度及其组合关系；蚀变带的宽度、破碎程度；风化带深度及风化程度。

图 4-25 碎裂岩体　　　　　　　图 4-26 块状岩体　　　　　彩色原图

（4）层状岩类：以碎屑岩、沉积变质岩、火山沉积岩为主的岩类。层状结构，岩体各向异性，强度变化大。岩体稳定性主要取决于层间软弱面、软弱夹层、构造破碎及岩体风化程度。勘查中应着重查明岩层组合特征；软弱夹层分布位置、数量、黏土矿物成分、厚度及其水理、物理力学性质；构造破碎带的成因、发育规模、充填物情况、导水性质等。

（5）特殊岩类：可溶岩类以碳酸盐岩为主，其次为硫酸盐岩、盐岩等岩类，工程地质条件一般较复杂，勘查中应着重查明岩溶和蚀变带的空间分布和发育程度，可溶岩的溶解性，构造对可溶岩的改造程度，溶蚀洞穴的规模及充填情况，第四系松散层和软弱层的分布、厚度、岩性、结构和物理力学性质；膨胀岩类勘查中应着重查明膨胀岩（土）体的岩性、矿物、产状、分布、节理、裂隙、膨胀性等物理力学性质，所处的地貌单元，地表水和地下水水文状况，以及气象资料等。

根据地形、地貌、地层岩性、地质构造、岩体风化及岩溶发育程度、第四系覆盖层厚度、地下水静水压力等因素，将工程地质勘查的复杂程度划分为三型：

简单型：地形地貌条件简单，地形有利于自然排水，地层岩性单一，风化土（岩）层厚度小，地质构造简单，岩溶不发育，岩体结构以块状或厚层状结构为主，岩石强度高，稳定性好，不易发生矿山工程地质问题。

中等型：地层岩性较复杂，地质构造发育，风化及岩溶作用中等或有软弱夹层及局部破碎带和饱水砂层等因素影响岩体稳定，局部地段易发生矿山工程地质问题。

复杂型：地层岩性复杂，岩体破碎，风化程度高，岩溶作用强，构造破碎带发育，区域新构造活动强烈或松散软弱层厚度大、含水砂层多、分布广，地下水具有较大的静水压力，矿山工程地质问题经常发生且较普遍。

### 4.4.3 勘察要求

#### 4.4.3.1 勘察阶段要求

普查阶段：收集资料，大致了解勘察区开发建设的工程地质条件，初步划分矿区工程地质勘察类型。

详查阶段：基本查明矿区的工程地质条件，划分矿区工程地质勘察类型，分析可采矿体顶底板工程地质特征、露采矿区剥离物及边坡的工程地质特征，对可能影响勘察区开发建设的工程地质条件做出评价。

勘探阶段：该阶段的基本要求包括以下方面。

（1）在研究矿区地层岩性、厚度及分布规律的基础上，应划分岩（土）体的工程地质岩组，查明对矿床开采不利的软弱岩组的性质、产状与分布。

（2）应详细查明矿区所处构造部位，主要构造线方向，各级结构面的分布、产状、形态、张开度、充填胶结特征、规模、充水情况及其组合关系与力学效应，确定结构面的级别及主要不良优势结构面，指出其对矿床开采的影响。对活动构造区，应查明活动断裂对矿床开采的影响。划分和圈定易产生岩爆的岩体层位、地段位置，提出预防措施。

（3）详细查明矿体及围岩的岩体结构、岩体质量，对岩体质量及其稳定性做出评价，露天采场应对边坡稳定性提出评价意见。对于活动构造区应查明活动断裂对矿床开采的影响。

（4）在查明地形地貌、地层、构造、水文地质条件的基础上，进行工程地质分区，详细论述各分区的工程地质特征。

（5）可溶岩类矿床应详细查明岩溶发育主要层位、深度、发育程度和主要特征、充水、充填情况、连通性及表部覆盖层的厚度、岩性、结构特征；对多层可溶性岩层，应对各可溶性岩层对矿床开采的影响做出初步评价。膨胀岩类矿床应详细查明膨胀岩（土）体的种类、物理化学性质、所在地貌单元及地下水的状况。

（6）应详细查明岩体的风化程度、风化带厚度、风化带界面及标高、强风化带的物理力学性质。对于强蚀变矿区，应确定主要蚀变作用，圈定蚀变范围。

（7）应系统、完整地测定露采和井采影响范围内各种岩石（土）及主要软弱结构面的物理力学参数。

（8）在高地应力矿区应专门进行地应力测量，确定现今地应力场分布特征。

#### 4.4.3.2 勘察工程布置原则

勘察工程布置原则如下：

（1）勘察工程应能控制采矿工程可能影响的范围。

（2）在详查的基础上，已确定开采方式的矿区，勘察工程的布置应结合开采方式。

（3）井下开采矿区的主要工作量应放在首采地区（段），兼顾深部。根据工程地质条件复杂程度，沿矿体走向和倾向以工程地质剖面控制。

（4）应重视地表工程地质测绘和地质孔的岩心编录等基础工作，结合采矿工程需要，布置工程地质勘察剖面。工程地质钻孔应与地质、水文地质孔相结合，一孔多用。

（5）应重视开采引起的地裂缝的调查，结合水准测量确定地面塌陷范围及其沉降值，仍处于变化期间的地裂缝应设置长期变形监测点。

矿区工程地质勘察工程量见表 4-6。

**表 4-6　矿区工程地质勘察工程量表**

| 项目 | 阶段 | 工程地质条件复杂程度 | | |
| --- | --- | --- | --- | --- |
| | | 简单型 | 中等型 | 复杂型 |
| 工程地质测绘<br>比例尺 | 详查 | 1∶50000~1∶10000 | | |
| | 勘探 | 1∶10000~1∶2000 | | |
| 钻孔工程地质<br>编录占地质孔数<br>/% | 详查 | 5~10 | 10~15 | 15~20 |
| | 勘探 | 10~20 | 20~30 | 30~50 |
| 工程地质钻孔<br>/个 | 详查、<br>勘探 | 一般不布置 | | 根据需要布置 |
| 工程地质剖面/条 | 详查 | — | 1~2 | 2~3 |
| | 勘探 | 0~1 | 2~3 | 3~5 |
| 室内岩（土）样 | 详查、<br>勘探 | 不同工程地质岩组分层取样，井工开采主要可采矿层控制顶板 30m、底板 20m<br>及井巷围岩位置，露天采场控制坑底 30~50m。取样数：每种岩石不少于 3 组，每<br>组岩块数按试验项目确定；松散岩类按岩性、厚度取样，剥离物强度勘察不受<br>此限 | | |

注：每条勘察剖面由 2~5 个工程地质孔或具有工程地质编录的地质孔、水文地质孔组成。

### 4.4.3.3　工程地质测绘

测绘范围及精度：工程地质测绘范围为采矿工程可能影响的边界外 200~300m。详查阶段的比例尺为 1∶50000~1∶10000，勘探阶段的比例尺为 1∶10000~1∶2000。

测绘内容：

（1）划分工程地质岩组，详细调查软弱岩组的性质、产状、分布及其工程地质特征。

（2）调查矿区内软弱夹层及各类结构面的分布、物质组成、胶结程度、结构面的特征及组合关系。

（3）按岩组和不同构造部位进行节理裂隙统计，测量其产状、宽度、密度及延伸长度，编制节理走向或倾向玫瑰花图或极射赤平投影图，确定优势节理裂隙发育方向。

（4）应对矿体主要围岩的风化特征进行研究，划分岩体的强弱风化带。必要时应通过室内研究矿物蚀变程度来确定。

（5）应对自然斜坡和人工边坡进行实地测定，研究边坡坡高、坡面形态与岩体结构的关系；调查各种物理地质现象。

（6）对矿区工程地质条件有影响的地下水露头点、含水岩层与隔水层接触界面特征、构造破碎带的水理性质，应进行重点调查。

（7）详细调查生产矿井及相邻矿山的各类工程地质问题；调查露采边坡变形特征、变形类型、形成条件和影响因素，井巷变形破坏特征、支护情况，变形破坏与软弱层、破碎带、节理裂隙发育带等结构面的关系。

典型矿区工程地质图见图 4-27。

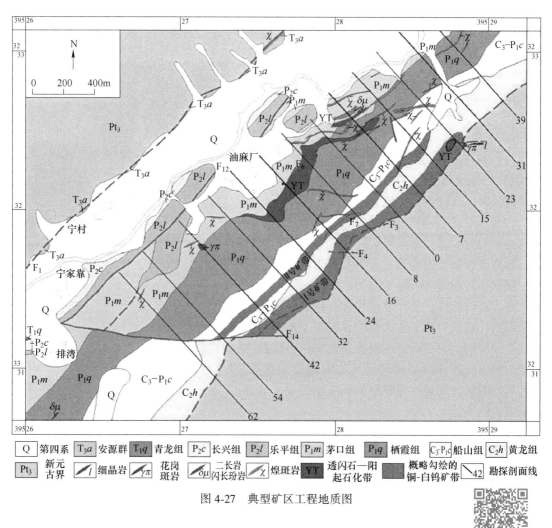

图 4-27 典型矿区工程地质图

### 4.4.3.4 钻探及钻孔编录

钻探要求：

（1）钻孔应根据工程地质分区，布置在重要边界部位和主要控制性剖面上。

（2）露采矿区钻探深度宜控制到最终坡脚或坑底以下 30～50m；井下开采矿区钻探深度控制到矿床主要储量标高以下 30～50m。

（3）钻孔孔径以满足采取岩、土物理力学试验样和开展必要的孔内测试的规格为准。

（4）要求全部取心钻进，岩心采取率根据不同的勘察目的确定。

（5）应进行物探测井，结合钻探地质剖面，确定岩石风化带深度、构造破碎带、岩溶发育带及层间软弱夹层的分布部位。

（6）进行钻孔波速测试，获得钻孔中岩体动力参数，确定岩体风化带、构造破碎带、裂隙密集带等的位置、厚度。

（7）进行钻孔电视成像探测，查明孔壁岩体不良结构面的发育程度、节理裂隙产状，研究优势结构面的空间分布规律。

钻孔工程地质编录内容包括：岩心描述、岩心长度统计，绘制钻孔柱状图；统计节理裂隙；确定钻孔中流砂层、破碎带、裂隙密集带、风化带与软弱夹层、岩溶发育带、蚀变带的位置和深度；可按工程地质岩组用点荷载仪测定岩石力学指标。按钻进回次测定岩石质量指标 RQD，确定不同岩组 RQD 值的范围和平均值，并根据 RQD 值划分岩体质量等级，进行岩体完整性评价。

### 4.4.4　坑道工程地质编录

（1）对于矿区的勘察坑道，应全部进行工程地质编录，工程地质条件简单的矿区可适当减少，有生产坑道时可选择典型坑道进行。

（2）坑道工程地质编录内容包括：对坑道所揭露的岩层划分岩组，重点观察描述软弱夹层、风化带、构造破碎带、蚀变带、岩溶发育带的特征、分布、产状、溶蚀现象（图 4-28）；系统采取岩（矿）石物理力学试验样；统计节理裂隙；详细描述地下水活动对井巷围岩稳定性的影响，确定工程地质问题发生的位置，对不稳定地段掘进与支护方法提出建议。坑道变形地段必要时设置工程地质观测点，进行长期观测。测量计算巷道的长度支护率，表述巷道支护的方式。

图 4-28　巷道工程地质调查

彩色原图

## 4.5　铁路隧道工程地质勘察

### 4.5.1　勘察阶段及要求

新建铁路工程地质勘察按踏勘、初测、定测、补充定测分阶段开展工作，各阶段分别对应预可行性研究、可行性研究、初步设计、施工图四个设计阶段。

铁路工程地质勘察的基本要求是：工程地质勘察前，应充分收集、分析现有区域和同类工程地质资料，明确工作重点，制订勘察大纲。对于控制线路方案及影响铁路安全的地质复杂地段或工程地质问题，应进行专项地质工作。工程地质勘察地质点的布置应根据勘察阶段、地貌特征、露头情况、地质复杂程度确定。勘探点布置应具有代表性，针对不同工程布设，能控制重要地质界线，勘探数量和深度应满足设计要求。工程地质勘察应重视工程地质调绘、工程勘探、地质测试、资料综合分析和文件编制过程中的每一环节，保证地质资料准确、可靠。工程地质勘察工作应根据勘察阶段、区域及工程类型、工程场地地质条件、勘察手段的适宜性，统筹考虑勘察手段选配，开展综合勘察工作。对地质条件特殊或有特殊要求的工程，应根据其特殊性，选择相适应的工程勘探、地质测试方法，获取所需的地质参数，满足工程设计要求。在初测阶段应根据工程的设置情况，提出应进行开展相关地震安全性评价的工程项目和需进行地震动峰值加速度区划界线复核地段的建议。

铁路工程地质勘察对遥感地质解译的基本要求是：新建铁路的踏勘及初测阶段，应充分利用遥感数据，并与野外工程地质调绘密切配合，为线路方案比选及时、准确地提供地质资料。应根据勘察要求和目的、地区工程地质特点，选择适宜的遥感数据。应充分利用遥感图像地质解译，认识地质构造，地层岩性，水文地质特征，不良地质形态、规模，特殊岩土分布范围等自然特征，也可利用不同时期的遥感数据对区域地质条件或不良地质进行动态分析。遥感图像地质解译应按准备工作、初步解译外业验证调查与复核解译、最终解释与资料编制的程序开展工作。在地质条件复杂的地区进行大面积工程地质选线时，宜采用多平台、多波段、多时相的遥感图像地质解译。解译成果应编制遥感图像地质解译图。

铁路工程地质勘察对工程地质调绘的基本要求是：工程地质调绘应充分收集、分析勘察区的各种地质资料，重视利用遥感地质解译成果，紧密结合工程设置，合理、有效地布置工程勘探、地质测试工作，为线路方案比选、工程建设场地的工程地质评价、工程修建对周边环境的影响评价和工程设计提供地质资料。工程地质调绘的范围应满足线路方案选择、工程设计、地质病害处理及图件比例要求。地质构造复杂、不良地质发育的地段，应扩大地质调绘范围。地质观测点应设置在具有代表性的岩层露头、地层接触界线、断层及重要的节理、地下水露头、不良地质界线等处；密度应根据场地地质条件、露头情况、成图比例和工程设置情况确定。地层单元的划分应根据勘察阶段、成图比例、岩性与工程的关系确定。全线工程地质图，地层单元宜划分到系，影响线路方案的地层，应划分到统；详细工程地质图，地层单元宜划分到统，地质条件复杂的应划分到组；对于第四系地层，应按成因类型、时代及岩性进行划分；工点工程地质图，地层单元宜划分到统，当构造复杂、不良地质发育或受地层控制时，地层单元应划分到组，必要时可细划至段。

铁路工程地质勘察对物探的基本要求是：物探应根据场地地质概况和各种方法的适用性，合理选用物探方法。铁路工程地质勘察中，测定沿线大地导电率、岩土层的波速、岩土体电阻率、放射性辐射参数、振动强度等，计算卓越周期等参数宜采用物探方法。探测隐伏的地质界线、界面、含水层以及岩溶洞穴、土洞、人为坑洞等，以及探测钻孔间及外延段地质情况时，宜采用物探方法作为辅助手段探查。在地质条件复杂地段采用物探方法进行工程地质勘察时，应采用综合物探方法。物探提供的成果资料，应与钻探及其他地质勘察资料综合分析、互相验证。

铁路工程地质勘察对钻探及取样的基本要求是：钻探及简易勘探应根据勘测阶段、工程要求和场地地层情况，选择适宜的钻机类型，采用合理的钻进方法，单独或配合使用。控制性重要钻孔宜与物探、原位测试等手段配合，获取多方面地质参数。利用钻探方法采取原状岩（土）样时，应根据地层情况，选定钻孔孔径、取样器类型、规格及施钻方法，取样技术要求应符合有关技术规程要求。量测地下水的水量、流向、流速等水文地质参数时，钻孔应按有关规定进行提水或抽水等试验及观测工作，必要时进行压水或注水试验。含水层较多，各层水质、水量变化较大时，应结合工程需要分层止水进行测定及试验。进行长期观测的勘探孔应加固孔口，并设标志桩，按要求定期观测。勘探深度较浅，或钻探方法难以准确查明地质情况，或难以保证原状岩（土）样质量时，宜采用探井（坑）、槽探、洞探等挖探方法。钻探及简易勘探应绘制反映地层层序的柱状图，并有文字描述。确定层面方位时，探井（坑）除文字描述外，还应绘制展视图，展视图应反映井壁及底部岩性、地层分界的方位、构造特征、取样及原位测试位置。代表性部位宜附彩色照片。

铁路工程地质勘察对隧道工程选址的基本要求是：

（1）隧道应选择在地质构造简单、地层单一、岩体完整等工程地质条件较好的地段，以隧道轴线垂直岩层走向最为有利（图 4-29）。

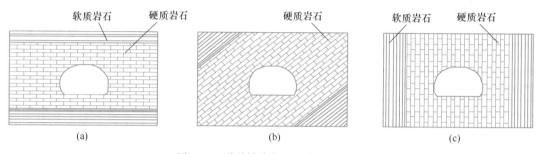

图 4-29　隧道轴线与地层产状的关系
（a）近水平岩层；（b）倾斜岩层；（c）直立岩层

（2）隧道应避开断层破碎带，当必须穿过时，宜与之垂直或以大角度穿过。

（3）隧道应避开岩溶强烈发育区、地下水富集区、有害气体及放射性地层、地层松软地带，当必须通过时，应开展专门研究工作，预测隧道通过上述地段可能产生的地质问题。

（4）地质构造复杂、岩体破碎、堆积层厚等工程地质条件较差的傍山隧道，宜向山脊线内移，加长隧道，避免短隧道群。

（5）隧道洞口应选择在山坡稳定、覆盖层薄、无不良地质处，宜早进洞、晚出洞；寒区隧道洞口宜避开冻土现象发育地段；洞身宜避开地下冰及地下水发育地带。

（6）隧道顺褶曲构造轴线布置时，宜避绕褶曲轴部破碎带，选择在地质条件较好的一侧翼部通过（图 4-30）。

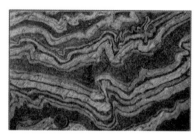

图 4-30　隧道轴线与褶皱的位置关系

彩色原图

（7）隧道宜避开高地应力区，不能避开时，洞轴宜平行最大主应力方向。

## 4.5.2　勘察内容

隧道工程地质勘察内容包括：

（1）查明隧道通过地段地形、地貌、地层、岩性、地质构造。岩质隧道应着重查明岩层层理、片理、节理、软弱结构面的产状及组合形式，断层、褶皱的性质、产状、宽度及破碎程度。

（2）查明隧道通过地段是否通过煤层、气田、膨胀性地层、采空区、有害矿体及富集放射性物质的地层等，并进行工程地质条件评价。

（3）查明不良地质、特殊岩土对隧道的影响，评价隧道可能发生的地质灾害，特别是对洞口及边仰坡的影响，提出工程措施意见。

（4）对于深埋隧道，应预测隧道洞身地温情况。

（5）深埋及构造应力集中地段，对于坚硬、致密、脆性岩层应预测岩爆的可能性，对于软质岩层应预测围岩大变形的可能性。

（6）对于隧道浅埋段及洞口段应查明覆盖层厚度、岩体的风化和破碎程度、含水情况，评价其对隧道洞身围岩及洞口边、仰坡稳定的影响。

（7）对于傍山隧道，外侧洞壁较薄时，应预测偏压危害。

（8）应根据地质调绘、物探及验证性钻探、测试成果资料，综合分析岩性、构造、地下水状态、初始地应力状态等围岩地质条件，结合岩体完整性指数、岩体纵波速度等，分段确定隧道围岩分级。

（9）当设置有横洞、平行导坑、斜井、竖井等辅助坑道时，应查明其工程地质条件。

（10）多年冻土地区隧道还应查明冻土类型、分布、特征，地下水的类型、补给、径流、排泄条件及动态特征；多年冻土的下限深度及其洞身的冻土工程地质条件。

隧道水文地质勘察内容包括：

（1）查明隧道通过地段的井、泉情况，分析水文地质条件，判明地下水的类型、水质、侵蚀性、补给来源等，预测洞身最大及正常分段涌水量，并取样做水质分析。

（2）在岩溶发育区，应分析突水、突泥的危险，充分估计隧道施工诱发地面塌陷和地表水漏失等破坏环境条件的问题，并提出相应工程措施意见。

（3）特长隧道、长度 3km 及以上的岩溶隧道、水文地质条件复杂的长隧道应进行专门的水文地质勘察与评价工作。

## 4.5.3　各阶段勘察重点

### 4.5.3.1　踏勘阶段

踏勘阶段的工程地质勘察工作包括下列内容：

（1）概略了解线路通过区域的地层、岩性、地质构造、地震动参数区划、水文地质等及其与线路的关系，初步评价线路通过地区的工程地质条件。

（2）对于控制线路方案的越岭地段，了解其地层、岩性、地质构造、水文地质及不良地质等的概略情况，提出越岭方案的比选意见。

（3）对于控制线路方案的不良地质和特殊岩土地段，概略地了解其类型、性质、范围及其发生、发展的概况，提出对铁路工程危害程度的评估意见和对线路方案的比选意见。

（4）了解沿线既有及拟建的大型水库及矿区情况，分析其对线路方案的影响。

（5）对于地震动峰值加速度大于 0.4$g$ 的地区，应进行地震危害的专门研究，提出线路方案的比选意见和下一阶段勘测的注意事项。

### 4.5.3.2　初测阶段

初测阶段的工程地质勘察工作包括下列内容：

（1）初步查明沿线的地形地貌、地层岩性、地质构造、水文地质特征等工程地质条件，确定沿线的岩土施工工程分级。

（2）初步查明各类不良地质和特殊岩土的成因、类型、性质、范围、发生发展及分布规律、对线路的危害程度，提出线路通过的方式和部位；对于由于工程修建而可能出现的地质病害，预测其发生和发展的趋势及对线路方案的影响。

（3）初步查明地质复杂及控制和影响线路方案的重大路基工点、大桥、隧道、区段站及以上大站等的工程地质条件，为各类工程位置选择和工程设计提供地质资料。

（4）配合相关专业对沿线大型或重点建筑材料场地进行材料质量及储量的工程地质勘察工作，并做出工程地质评价。

（5）对于地形地质条件复杂的地段，应扩大地质调查范围，为多方案线路方案比选提供地质资料，对重大工程地质问题开展专项地质工作。

对于隧道工程，一般隧道可做代表性勘探、测试工作，并在沿线工程地质分段说明中简要叙述隧道工程地质条件和围岩分级。特长隧道、控制线路方案的长隧道、多线隧道宜采用遥感图像地质解译、地质调绘、综合物探测试和少量钻探相结合的方法为隧道位置和施工方法的选择、工程地质条件评价提供资料，宜沿洞身纵断面布置物探、钻探、测试工作。对采用钻爆法施工长度大于 5km 且地质条件复杂的越岭隧道、采用掘进机及盾构法施工的隧道、水下隧道等应进行地质因素的风险性评价。对于采用全断面岩石掘进机法施工的隧道，应初步查明隧道区的工程地质和水文地质条件，确定影响采用掘进机法施工的地质因素、分布段落、长度及所占比例，评价其影响程度，为判定隧道工程能否采用掘进机施工提供必要的地质依据。

由于通过常规的钻探无法采取软弱或破碎岩样以获得物理力学参数，对高地应力软岩带、岩组分布复杂，隧道通过段落长、预测隧道开挖发生围岩大变形的可能性大、变形等级高，且对工程设计（或投资）有较大影响的高地应力软岩地段，采用探洞进行勘察，一方面能取得可靠的岩体原位试验参数及地应力数值，另一方面还能进行变形监测及支护参数等试验。

### 4.5.3.3 定测阶段

定测阶段的工程地质勘察工作包括下列内容：

（1）熟悉可行性研究资料及方案比选过程，补充收集有关区域地质及工程地质资料。

（2）研究可行性研究报告批复意见及定测勘察要求，结合工程地质条件提出对线路方案的改善意见。

（3）工程地质勘察工作全面开展前，宜统一技术工作标准，提出工程地质勘察中的注意事项。

（4）配合有关专业进行沿线会勘，实地了解线路位置概略情况及可能出现的局部修改方案地段的工程地质条件。

（5）工程地质勘察工作应采用综合勘察方法，资料整理时应进行综合分析。

（6）工程地质勘察工作宜按工点进行，应结合区域地质条件，详细查明场地质条件，合理布置勘探、测试工作。

对于采用全断面岩石掘进机法施工的隧道，应针对经初测地质工作判明能够使用掘进机法施工的隧道工程，查明工程涉及的主要地层岩性和断裂构造发育特征，为掘进机选型、设计及配套设备提供各类定量地质参数。详细划分隧道围岩掘进机工作条件等级，明确需要采用钻爆法提前处理的具体段落及长度，为隧道掘进机法施工设计、辅助处理方案设计提供详细的地质资料。

#### 4.5.3.4　补充定测阶段

补充定测阶段工程地质勘察应根据工程勘察要求，在定测阶段工程地质勘察资料的基础上，充分利用既有工程地质资料，进行工程地质补充勘察工作，提供沿线各类工程施工图设计所需工程地质资料。按工点核对、补充地质调绘资料。地质条件复杂工点、尚遗留地质疑点时，应从影响因素入手，多角度反复调查，详细查明场地地质条件。修改、补充详细工程地质图，为修改详细工程地质纵断面图收集资料。影响施工安全并已设点进行观测的站点，应继续进行观测。

#### 4.5.3.5　施工阶段

对于采用钻爆法施工的隧道（图4-31），应核对、监测和编录工程地质条件的变化情况，必要时应进行洞外地质调查和勘探，及时修正隧道围岩分级，改进施工方案。发现坍塌预兆时，应分析其对继续掘进的影响，并提出应采取的工程措施。岩溶隧道施工中应对溶洞发育特征、突然涌水、涌泥进行预测，对岩溶水排泄引发的地表水或地下水疏干、地面塌陷等进行调查和预测，必要时应对隧道基底岩溶发育情况进行物探普查及钻探验证工作。长隧道、特长隧道和地质复杂的隧道在施工过程中应加强地质监测，对隧道围岩变化位置、涌水量、断层带等开展超前地质预报工作，预防突发性地质灾害的发生，保证施工顺利进行。

图4-31　钻爆法施工隧道

彩色原图

对于采用全断面岩石掘进机（TBM）法施工的隧道，应开展超前地质预报工作，为掘进机法施工组织管理，掘进参数选择以及防治地质灾害等提供依据，指导掘进机施工；在掘进机施工过程中，及时分析掘进机掘进效率与地质参数的相关关系，确定各种围岩条件下掘进机施工的最优方案和合理的掘进机推力、扭矩等掘进参数。

施工阶段地质编录的主要内容包括：掌子面状态，主要软弱结构面的产状和地质特征，优势节理组的位置、产状、间距、长度、风化状况、张开度、充填情况等，岩体完整性，地下水状态，以及掌子面地质素描图和地质描述。此外，对于已发生高地应力下硬岩典型脆性破坏现象（岩爆、片帮等）的隧道，还应详细记录破坏的位置、规模、深度、发生过程及施工信息等。

## 4.6　水利水电工程地质勘察

### 4.6.1　勘察阶段和要求

水利水电工程地质勘察分为规划、项目建议书、可行性研究、初步设计、招标设计和施工详图设计等阶段。

### 4.6.2　各阶段勘察内容

#### 4.6.2.1　规划阶段

（1）了解规划河流、河段或工程的区域地质和地震概况。

（2）了解规划河流、河段或工程的工程地质条件，为各类型水资源综合利用工程规划选点、选线和合理布局进行地质论证。重点了解近期开发工程的地质条件。

（3）了解梯级坝址及水库的工程地质条件和主要工程地质问题，论证梯级兴建的可能性。

（4）了解引调水工程、防洪排涝工程、灌区工程、河道整治工程等的工程地质条件。

（5）对规划河流（段）和各类规划工程天然建筑材料进行普查。

#### 4.6.2.2　可行性研究阶段

（1）进行区域构造稳定性研究，确定场地地震动参数，并对工程场地的构造稳定性做出评价。

区域构造背景研究包括：收集研究坝址周围半径不小于150km范围内的沉积建造、岩浆活动、火山活动、变质作用、地球物理场异常、表层和深部构造、区域性活断层、现今地壳形变、现代构造应力场、第四纪火山活动情况及地震活动性等资料，进行Ⅱ级、Ⅲ级大地构造单元和地震区（带）划分，复核区域构造与地震震中分布图。收集与利用区域地质图，调查坝址周围半径不小于25km范围内的区域性断裂，鉴定其活动性。当可能存在活动断层时，应进行坝址周围半径8km范围内的坝区专门性构造地质测绘，测绘比例尺可选用1：50000～1：10000。评价活断层对坝址的影响。

活断层的直接判定标志包括以下各点：

1）错动晚更新世（$Q_3$）以来地层的断层。

2）断裂带中的构造岩或被错动的脉体，经绝对年龄测定，最新一次错动年代距今10万年以内。

3）根据仪器观测，沿断裂有大于0.1mm/a的位移。

4）沿断层有历史和现代中震、强震震中分布，或有晚更新世以来的古地震遗迹，或有密集而频繁的近期微震活动。

5）在地质构造上，证实与已知活断层有共生或同生关系的断裂。

（2）初步查明工程区及建筑物的工程地质条件、存在的主要工程地质问题，并做出初步评价。

发电引水线路勘察包括以下内容：

1）初步查明引水线路地段地形地貌特征和滑坡、泥石流等不良物理地质现象的分布、规模。

2）初步查明引水线路地段地层岩性，覆盖层厚度，物质组成和松散、软弱、膨胀等工程性质不良岩土层的分布及其工程地质特性。隧洞线路还应初步查明喀斯特发育特征、放射性元素及有害气体等。

3）初步查明引水线路地段的褶皱、断层、破碎带等各类结构面的产状、性状、规模、延伸情况及岩体结构等，初步评价其对边坡和隧洞围岩稳定的影响。

4）初步查明引水线路岩体风化、卸荷特征，初步评价其对渠道、隧洞进出口、傍山浅埋及明管铺设地段的边坡和洞室稳定性的影响。

5）初步查明引水线路地段地下水位，主要含水层，汇水构造和地下水溢出点的位置、高程，补排条件等，初步评价其对引水线路的影响。隧洞尚应初步查明与地表溪沟连通的断层破碎带、喀斯特通道等的分布，初步评价掘进时突水（泥）、涌水的可能性及其对围岩稳定和周边环境的可能影响。

6）进行岩土体物理力学性质试验，初步提出有关物理力学参数。

7）进行隧洞围岩工程地质初步分类。

地下厂房勘察除了上述内容外，还包括：

1）初步查明地下厂房和洞群（图4-32）布置地段的岩性组成和岩体结构特征及各类结构面的产状、性状、规模、空间展布和相互切割组合情况，初步评价其对顶拱、边墙、洞群间岩体、交岔段、进出口以及高压管道上覆岩体等稳定性的影响。

图 4-32　水电站地下厂房

彩色原图

2）初步查明地下厂房地段地应力、地温、有害气体和放射性元素等情况，初步评价其影响。

### 4.6.2.3　初步设计阶段

初步设计阶段地下厂房系统勘察包括以下内容：

（1）查明厂址区的地形地貌条件、沟谷发育情况，岩体风化、卸荷、滑坡、崩塌、变形体及泥石流等不良物理地质现象。

（2）查明厂址区地层岩性、岩体结构，特别是松散、软弱、膨胀、易溶和喀斯特化岩层的分布。

（3）查明厂址区岩层的产状，断层破碎带的位置、产状、规模、性状及裂隙发育特征，分析各类结构面的组合关系。

（4）查明厂址区水文地质条件，含水层、隔水层、强透水带的分布及特征。可溶岩区应查明喀斯特水系统分布，预测掘进时发生突水（泥）的可能性，估算最大涌水量及其对围岩稳定的影响，提出处理建议。确定外水压力折减系数。

（5）进行岩体物理力学性质试验，提出有关物理力学参数。

（6）进行原位地应力测试，分析地应力对围岩稳定的影响，预测岩爆的可能性和强度，提出处理建议。

（7）查明岩层中的有害气体或放射性元素的赋存情况。

（8）地下厂房系统应分别对顶拱、边墙、端墙、洞室交叉段等进行围岩工程地质分类。

（9）根据厂址区的工程地质条件和围岩类型，提出对地下厂房位置和轴线方向选择的建议，并对地下厂房、主变压器室、调压井（室）方案的边墙、顶拱、端墙进行稳定性评价。

初步设计阶段隧洞勘察包括以下内容：

（1）查明隧洞沿线的地形地貌条件和物理地质现象、过沟地段、傍山浅埋段和进出口边坡的稳定条件。

（2）查明隧洞沿线的地层岩性，特别是松散、软弱、膨胀、易溶和喀斯特化岩层的分布。

（3）查明隧洞沿线岩层产状、主要断层、破碎带和节理裂隙密集带的位置、规模、性状及其组合关系。隧洞穿过活断层时应进行专门研究。

（4）查明隧洞沿线的地下水位、水温和水化学成分，特别要查明涌水量丰富的含水层、汇水构造、强透水带以及与地表溪沟连通的断层、破碎带、节理裂隙密集带和喀斯特通道，预测掘进时突水（泥）的可能性，估算最大涌水量，提出处理建议。提出外水压力折减系数。

（5）可溶岩区应查明隧洞沿线的喀斯特发育规律，主要洞穴的发育层位、规模、充填情况和富水性。洞线穿越大的喀斯特水系统或喀斯特洼地时应进行专门研究。

（6）查明隧洞进出口边坡的地质结构、岩体风化、卸荷特征，评价边坡的稳定性，提出开挖处理建议。

（7）提出各类岩体的物理力学参数。结合工程地质条件进行围岩工程地质分类。

（8）查明过沟谷浅埋隧洞上覆岩土层的类型、厚度及工程特性，岩土体的含水特性和渗透性，评价围岩的稳定性。

（9）对于跨度较大的隧洞，应查明其主要软弱结构面的分布和组合情况，并结合岩体应力评价顶拱、边墙和洞室交叉段岩体的稳定性。

（10）查明压力管道地段上覆岩体厚度和岩体应力状态，高水头压力管道地段还应调查上覆山体的稳定性、侧向边坡的稳定性、岩体的地质结构特征和高压水渗透特性。

对于深埋长隧洞，还应查明可能产生高外水压力、突涌水（泥）的水文地质、工程地质条件，可能产生围岩较大变形的岩组及大断裂破碎带的分布及特征、地应力特征、地温分布特征等。

常规的物探方法对深部地质体的探测效果不理想。近年来，国内一些单位进行了有益的尝试，如黄河勘测规划设计有限公司、中水北方勘测规划设计有限公司和铁道部第一勘测规划设计研究院等采用多种物探方法，包括可控源音频大地电磁测深（CSAMT）和大地电磁频谱探测（MD）等方法，对深部地质结构进行探测，取得了一些成果。

钻探是最常用的勘探手段，但对于深埋长隧洞线路钻孔深度大，而有效进尺少，因此利用率很低。另外，深埋长隧洞工程区通常是高山峡谷地区，交通不便，实施钻探困难，无法规定钻孔的间距。但选择合适位置布置深孔是必要的，在孔内应尽可能地进行地应力、地温、地下水位、岩体渗透性等测试，以取得更多的资料。

#### 4.6.2.4　招标设计阶段

招标设计阶段主要任务是复核初步设计阶段的主要勘察成果，并查明初步设计阶段遗留的工程地质问题及勘察报告审查中提出的工程地质问题等。勘察方法和工作量应根据地质问题的复杂程度确定，并根据具体情况补充地质测绘、勘探与试验工作。

#### 4.6.2.5　施工阶段

随着工程开挖的不断进行，岩土体实际状况逐渐暴露（图 4-33）。因此，从开始开挖到施工结束的整个施工期间均要进行地质编录和观测，不断积累资料。通过地质编录和观测检验前期勘察成果，预测不良地质现象，对施工方法提出建议，为工程验收和运行期研究有关问题提供地质资料。

彩色原图

图 4-33　水电站地下厂房第一层开挖后形貌

施工阶段地质编录的主要内容与铁路隧道工程基本一致，采用观察、素描、实测、摄影、录像等手段编录和测绘开挖揭露的地质现象，并采用波速、点荷载强度、回弹值等测试方法鉴定岩体质量。大型地下洞室及深埋隧洞关键部位需布设监测仪器及监测孔，对岩体内部破裂及位移开展长期监测，根据监测数据的变化调整施工方案，同时，利用监测数据进行动态反馈分析，进一步了解施工阶段围岩稳定性及其变化。

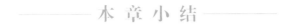

## 本 章 小 结

本章主要讲解深部岩体工程地质勘察的对象、内容、方法，以及矿山、铁路、水利水电等行业的深部岩体工程地质勘察相关内容。通过本章学习，期望学生能够理解工程地质勘察在各类岩土工程中的基础性作用，以及深部岩体工程地质勘察的侧重点，并掌握各类工程地质条件的基本勘察方法。

## 思 考 题

1. 工程地质条件包括哪些内容？
2. 工程地质勘察的主要任务是什么？
3. 工程地质勘察主要包括哪些阶段？
4. 工程地质勘察包括哪些方法？
5. 工程地质测绘的主要内容包括什么？
6. 遥感解译的主要原理是什么？
7. 工程地质勘探各方法的优势和不足是什么？
8. 矿区工程地质勘察的重点是什么？
9. 铁路隧道建设期间地质勘察的重点是什么？
10. 水利水电工程地质勘察的主要阶段及各阶段勘察内容是什么？

# 附录 地质图图例

地质图图例的标准画法根据国家标准《区域地质图图例》（GB/T 958—2015）的要求，此处仅列出地质填图时常用的图例，方便查阅。

附表1 地质点状要素图例

| 项目 | 名称 | 图例 | 制图参数 |
|------|------|------|----------|
| 地质观测点 | 观测路线及观测点 | | 圆径2 |
| | 天然露头观测点 | ○ | 圆径2 |
| | 人工露头观测点 | ◑ | 圆径2 |
| | 矿化点 | ◉Cu | 圆径2 |
| 标本样品采集点 | 标本采集地段及编号 | △726 | 等边三角形空心，边长2.5 |
| | 岩心标本 | ⊗45 | 圆径2 |
| | 构造标本 | ⊖111 | 圆径2 |
| | 岩石物性标本 | □58 | 宽×高，2×2 |
| | 水化学样 | ⊖112 | 圆径2 |

**附表 2　地质构造图例**

| 项目 | 名称 | 图例 | 制图参数 |
|------|------|------|----------|
| 地质界线 | 实测地质界线 | | 基本线宽 0.1 |
| | 推测地质界线 | | 基本线宽 0.1，线长 3，线距 1 |
| | 实测角度不整合界线 | | 点径 0.15，点距 1，点打在新地层一方 |
| | 推测角度不整合界线 | | 点径 0.15，点距 1，线长 3，线距 1，点打在新地层一方 |
| | 岩相界线 | | 点径 0.15，点距 1，点黑色 |
| | 花岗岩体侵入围岩接触界线 | | 短线 2，箭头表示接触面产状 |
| | 角度不整合 | | 基本线宽 0.1 |
| | 平行不整合 | | 基本线宽 0.1，线长 2，线距 1 |
| | 接触性质不明 | | 点径 0.3，点距 0.5 |
| 产状要素 | 地层 | | 基本线宽 0.15，线长 5，短线 1，长线表示走向，短线表示倾向，数字 30 表示倾角，下同 |
| | 片理 | | 线长 5，线距 0.5，短线 1 |

续附表 2

| 项目 | 名称 | 图例 | 制图参数 |
|------|------|------|----------|
| 产状要素 | 片麻理 | | 线长 5，短线 1 |
| | 劈理 | | 线长 5，线距 1 |
| | 节理 | | 线长 5，矩形高 0.5 |
| | 裂隙 | | 线长 5，短线 1 |
| | 面理 | | 线长 5，三角阴齿 1 |
| | 断层阶步 | | 线长 5，双斜线与长线夹角 60°，实线为断层走向，数字为阶步方向与断层面上的倾伏角 |
| | 断层擦痕 | | 线长 5，实线为断层走向，数字为擦痕方向与断层面上的倾伏角 |
| 断裂构造 | 实测性质不明断层 | | 基本线宽 0.25 |
| | 推测性质不明断层 | | 线长 4，线距 1 |
| | 实测正断层 | | 基本线宽 0.15，短线 1，箭头 2，箭头指示断层面倾向，数字为断层面倾角，短线指示上盘相对移动的方向 |
| | 实测逆断层 | | |

续附表2

| 项目 | 名称 | 图例 | 制图参数 |
|---|---|---|---|
| 断裂构造 | 实测左行走滑断层 | | 长箭头3，短箭头2，长箭头指示相对位移方向 |
| | 压性断裂 | | 基本线宽0.15，短线1，短线距1 |
| | 张性断裂 | | |
| | 扭性断裂 | | 基本线宽0.15，短齿线1，齿与线夹角30°，齿呈锐角指向所在盘相对扭动方向 |
| | 断层破碎带 | | 三角1，间距2，点径0.3 |
| | 韧性剪切带 | Ds(2) | 短线宽0.25，长3，线距1 |
| | 实测活动断层 | | 基本线宽0.25 |
| | 航卫片解译断层 | | 基本线宽0.3，点径0.3，线长3 |
| 褶皱构造（填图尺度或构造专题图） | 背斜轴线 | | 基本线宽1 |
| | 向斜轴线 | | 基本线宽1，空格宽0.3 |
| | 复式背斜 | | 基本线宽1，箭头长1.5 |

续附表 2

| 项目 | 名称 | 图例 | 制图参数 |
|------|------|------|----------|
| 褶皱构造<br>（填图尺度或<br>构造专题图） | 复式向斜 | | 基本线宽 1，箭头长 1.5 |
| | 倒转背斜 | | 基本线宽 1，细线宽 0.15 |
| | 倒转向斜 | | 基本线宽 1，箭头指向轴面倾向 |
| 褶皱构造（露头尺<br>度或一般地质图） | 背斜轴线 | | 基本线宽 0.25，箭头 3 |
| | 向斜轴线 | | 短线长 3，短线间距 1 |
| | 复式背斜轴线 | | 箭头长 1.5，距离 2 |
| | 复式向斜轴线 | | 短线长 3，线距 1 |
| | 倒转背斜 | | 基本线宽 0.25，细线宽 0.15，箭头指向轴面倾向 |
| | 倒转向斜 | | |
| 沉积岩原生构造 | 水平层理 | | 基本线宽 0.1 |
| | 板状交错层理 | | |

230

| 项目 | 名称 | 图例 | 制图参数 |
|---|---|---|---|
| 沉积岩原生构造 | 缝合线 | | 基本线宽0.1 |
| | 对称波痕 | | |

### 附表3 地质成因图例

| 项目 | 名称 | 图例 | 制图参数 |
|---|---|---|---|
| 第四纪沉积相 | 冲积相 | | 基本线宽0.1 |
| | 洪积相 | | |
| | 坡积相 | | |
| | 残积相 | | |
| | 冰碛相 | | |
| | 湖积相 | | |
| | 海积相 | | |
| 区域变质岩（相）带 | 低级变质带 | | 基本线宽0.1，三角符号高为1，三角符号间距10 |

| 项目 | 名称 | 图例 | 制图参数 |
|------|------|------|----------|
| 区域变质岩（相）带 | 中级变质带 | | 基本线宽 0.1，三角符号高为 1，三角符号间距 10 |
| | 高级变质带 | | |

**附表 4　岩石花纹图例**

| 项目 | 名称 | 图例 | 制图参数 |
|------|------|------|----------|
| 沉积岩 | 角砾岩 | | 基本线宽 0.1，宽×高 1.5×1.5 |
| | 砾岩 | | 基本线宽 0.1，砾径 2×1 |
| | 砂岩 | | 粒径 0.3 |
| | 粉砂岩 | | 粒径 0.1 |
| | 页岩 | | 基本线宽 0.1 |
| | 泥岩 | | 线长 2 |
| | 黏土岩 | | 基本线宽 0.1 |
| | 灰岩 | | 基本线宽 0.1 |
| | 白云岩 | | 基本线宽 0.1，双线间距 1 |

| 项目 | 名称 | 图例 | 制图参数 |
|---|---|---|---|
| 侵入岩 | 斜长岩 | | 基本线宽 0.1，粗线 0.15 |
| | 辉长岩 | | 基本线宽 0.1 |
| | 辉绿岩 | | 基本线宽 0.1，粗线 0.3 |
| | 玢岩 | | 基本线宽 0.1 |
| | 闪长岩 | | |
| | 二长岩 | | |
| | 正长岩 | | |
| | 花岗岩 | | 基本线宽 0.15 |
| | 花岗闪长岩 | | 基本线宽 0.1 |
| | 煌斑岩 | | 基本线宽 0.1，粗线 0.3 |
| 喷出岩 | 玄武岩 | | 基本线宽 0.1 |

续附表 4

| 项目 | 名称 | 图例 | 制图参数 |
|------|------|------|----------|
| 喷出岩 | 安山岩 | | 基本线宽 0.1 |
| | 流纹岩 | | |
| | 粗面岩 | | |
| | 流纹质角砾岩 | | |
| 脉岩 | 基性岩脉 | | 绿色，C100，Y100 |
| | 中性岩脉 | | 蓝色，C100，M100 |
| | 酸性岩脉 | | 红色，M100，Y100 |
| | 矿脉 | | 黄褐色，M35，Y100 |
| 变质岩 | 板岩 | | 粗线 0.3，基本线宽 0.1，内线间距 0.5 |
| | 碳质板岩 | | |
| | 千枚岩 | | 基本线宽 0.1，虚线实部长 2.5，虚部长 0.5 |

| 项目 | 名称 | 图例 | 制图参数 |
|---|---|---|---|
| 变质岩 | 绢云千枚岩 | | 基本线宽 0.1，虚线实部长 2.5，虚部长 0.5 |
| | 片岩 | | 基本线宽 0.1 |
| | 石英片岩 | | |
| | 绿泥片岩 | | |
| | 片麻岩 | | |
| | 花岗片麻岩 | | |
| | 麻粒岩 | | 基本线宽 0.1，虚线实部长 2.5，虚部 2.5，点径 0.15 |
| | 变粒岩 | | |
| | 大理岩 | | 基本线宽 0.1，两平行线间距 0.5 |
| | 榴辉岩 | | 基本线宽 0.1，圆径 1.5 |
| | 角岩 | | 基本线宽 0.1 |

| 项目 | 名称 | 图例 | 制图参数 |
|---|---|---|---|
| 变质岩 | 矽卡岩 | | 基本线宽 0.1 |
| | 石英岩 | | 基本线宽 0.1，两平行线间距 0.5 |
| 蚀变岩 | 矽卡岩化 | | 基本线宽 0.1 |
| | 角岩化 | | 基本线宽 0.1，点径 0.5、0.35、0.2 |
| | 大理岩化 | | 基本线宽 0.1，短线长 2，线间距 0.5 |
| | 黄铁矿化 | | 基本线宽 0.1，宽×高 1.5×1.5 |
| | 钾长石化 | | 基本线宽 0.1，宽×高 1.3×1.5 |
| | 绿泥石化 | | 基本线宽 0.1 |
| | 蛇纹石化 | | |
| 构造岩 | 压碎角砾岩 | | |
| | 碎裂岩 | | |

| 项目 | 名称 | 图例 | 制图参数 |
|---|---|---|---|
| 构造岩 | 糜棱岩 | | 线距 2 |
| | 混合岩 | | |

参 考 文 献

[1] 舒良树. 普通地质学 [M]. 4版. 北京：地质出版社，2016.

[2] 张倬元，王士天，王兰生，等. 工程地质分析原理 [M]. 4版. 北京：地质出版社，2016.

[3] 刘佑荣，唐辉明. 岩体力学 [M]. 北京：化学工业出版社，2008.

[4] 罗金海，梁文天，于在平. 构造地质学 [M]. 北京：高等教育出版社，2018.

[5] 钱七虎，李树忱. 深部岩体工程围岩分区破裂化现象研究综述 [J]. 岩石力学与工程学报，2008，27（6）：7.

[6] 马栋. 深埋岩溶对隧道安全影响分析及处治技术研究 [D]. 北京：北京交通大学，2012.

[7] 李新平，汪斌，周桂龙. 我国大陆实测深部地应力分布规律研究 [J]. 岩石力学与工程学报，2012，31（z1）：2875-2880.

[8] 许模，毛邦燕，张强. 现代深部岩溶研究进展与展望 [J]. 地球科学进展，2008，23（5）：6.

[9] 朱珍德，郭海庆. 裂隙岩体水力学基础 [M]. 北京：科学出版社，2007.

[10] 陈剑平，石丙飞，王清. 工程岩体随机结构面优势方向的表示法初探 [J]. 岩石力学与工程学报，2005，24（2）：5.

[11] 孙广忠. 岩体力学的进展——岩体结构力学 [J]. 岩石力学与工程学报，1991，10（2）：5.

[12] 黄润秋. 复杂岩体结构精细描述及其工程应用 [M]. 北京：科学出版社，2004.

[13] 谷德振. 岩体工程地质力学基础 [M]. 北京：科学出版社，1979.

[14] 王大纯. 水文地质学基础 [M]. 北京：地质出版社，1986.

[15] 邱楠生，胡圣标，何丽娟. 沉积盆地地热学 [M]. 北京：中国石油大学出版社，2019.

[16] 贾洪彪，唐辉明，刘佑荣，等. 岩体结构面三维网络模拟理论与工程应用 [M]. 北京：科学出版社，2008.

[17] 孙广忠. 岩体结构力学 [M]. 北京：科学出版社，1988.

[18] 蔡美峰. 岩石力学与工程 [M]. 北京：科学出版社，2004.

[19] 张有天. 岩石水力学与工程 [M]. 北京：中国水利水电出版社，2005.

[20] 陈剑平，肖树芳，王清等. 随机不连续面三维网络计算机模拟原理 [M]. 长春：东北师范大学出版社，1995.

[21] 王思敬，杨志法，刘竹华. 地下工程岩体稳定性分析 [M]. 北京：科学出版社，1984.

[22] 冯夏庭，肖亚勋，丰光亮，等. 岩爆孕育过程研究 [J]. 岩石力学与工程学报，2019，38（4）：649-673.

[23] 冯夏庭，陈炳瑞，明华军，等. 深埋隧洞岩爆孕育规律与机制：即时型岩爆 [J]. 岩石力学与工程学报，2012，31（3）：433-444.

[24] 陈炳瑞，冯夏庭，明华军，等. 深埋隧洞岩爆孕育规律与机制：时滞型岩爆 [J]. 岩石力学与工程学报，2012，31（3）：561-569.

[25] 刘国锋，冯夏庭，江权，等. 白鹤滩大型地下厂房开挖围岩片帮破坏特征、规律及机制研究 [J]. 岩石力学与工程学报，2016，35（5）：865-878.

[26] 向天兵，冯夏庭，江权，等. 大型洞室群围岩破坏模式的动态识别与调控 [J]. 岩石力学与工程学报，2011，30（5）：2045-2052.

[27] 吴文平，冯夏庭，张传庆，等. 深埋硬岩隧洞围岩的破坏模式分类与调控策略 [J]. 岩石力学与工程学报，2011，30（9）：1782-1802.

[28] 单治钢，周春宏. 锦屏二级水电站深埋隧洞的主要工程地质问题及对策 [C]. 中国水力发电工程学会地质及勘探专业委员会中国水利电力物探科技信息网2012年学术年会论文集，2012：91-98.

[29] 周春宏. 深埋条件下绿泥石片岩洞段的变形特征 [J]. 科技通报，2015，31（3）：108-111.

[30] 刘宁, 张传庆, 褚卫江, 等. 深埋绿泥石片岩变形特征及稳定性分析 [J]. 岩石力学与工程学报, 2013, 32 (10): 871-883.

[31] 单治钢. 锦屏二级深埋隧洞岩溶发育程度的宏观地质预报及其验证 [J]. 山东大学学报 (工学版), 2009, 39 (S2): 96-99.

[32] 单治钢. 锦屏二级水电站深埋隧洞综合地质超前预报 [J]. 山东大学学报 (工学版), 2009, 39 (S2): 100-102.

[33] 张春生, 周垂一, 刘宁. 锦屏二级水电站深埋特大引水隧洞关键技术 [J]. 隧道建设 (中英文), 2017, 37 (11): 1492-1499.

[34] 刘宝臣, 向志坤, 林玉山, 等. 锦屏二级水电站隧洞工程岩溶涌突水机理 [J]. 桂林工学院学报, 2008, 28 (4): 484-488.

[35] MARTIN C D, KAISER P K, McCREATH D R. Hoek-Brown parameters for predicting the depth of brittle failure around tunnels [J]. Canadian Geotechnical Journal, 1999, 36 (1): 136-151.

[36] 肖广智. 不良、特殊地质条件隧道施工技术及实例 (一) [M]. 北京: 人民交通出版社, 2015.

[37] 肖广智. 不良、特殊地质条件隧道施工技术及实例 (二) [M]. 北京: 人民交通出版社, 2015.

[38] 肖广智. 不良、特殊地质条件隧道施工技术及实例 (三) [M]. 北京: 人民交通出版社, 2016.

[39] 李前, 张志呈. 矿山工程地质学 [M]. 成都: 四川科学技术出版社, 2008.

[40] 蓝俊康, 郭纯青. 水文地质勘测 [M]. 北京: 中国水利水电出版社, 2008.

[41] 李术才. 隧道突水突泥灾害源超前地质预报理论与方法 [M]. 北京: 科学出版社, 2015.

[42] 杨怀玉, 许再良. 铁路工程勘察钻探技术 [M]. 北京: 中国铁道出版社, 2013.

[43] 项伟, 唐辉明. 岩土工程勘察 [M]. 北京: 化学工业出版社, 2012.

[44] 王奎华. 岩土工程勘察 [M]. 2 版. 北京: 中国建筑工业出版社, 2016.

[45] HOEK E, KAISER P K, BAWDEN W F. Support of Underground Excavations in Hard Rock [M]. Rotterdam: A. A. Balkema, 1998.

[46] 中华人民共和国水利部. 水利水电工程地质勘察规范: GB 50487—2008 [S]. 北京: 中国计划出版社, 2008.

[47] 中国地质调查局水文地质环境地质研究所. 矿区水文地质工程地质勘察规范: GB/T 12719—2021 [S]. 北京: 中国标准出版社, 2021.

[48] 中国地质调查局发展研究中心. 区域地质图图例: GB/T 958—2015 [S]. 北京: 中国标准出版社, 2015.

[49] 国家铁路局. 铁路工程地质勘察规范: TB 10012—2019 [S]. 北京: 中国铁道出版社, 2019.

[50] 中华人民共和国水利部. 工程岩体分级标准: GB/T 50218—2014 [S]. 北京: 中国计划出版社, 2014.